中国农业标准经典收藏系列

最新中国农业行业标准

第七辑

种植业分册

农业标准出版研究中心　编

中 国 农 业 出 版 社

出 版 说 明

2011年初，我中心出版了《中国农业标准经典收藏系列·最新中国农业行业标准》（共六辑），将2004—2009年由我社出版的1 800多项标准汇编成册，得到了广大读者的一致好评。无论从阅读方式还是从参考使用上，都给读者带来了很大方便。为了加大农业标准的宣贯力度，扩大标准汇编本的影响，满足和方便读者的需要，我们在总结以往出版经验的基础上策划了《最新中国农业行业标准·第七辑》。

以往的汇编本专业细分不够，定价较高，且忽视了专业读者群体。本次汇编弥补了以往的不足，对2010年出版的280项农业标准进行了专业细分，根据专业不同分为畜牧兽医、水产、种植业、土壤肥料、植保、农机、公告和综合8个分册。

本书收集整理了2010年由农业部发布的蔬菜、水果、花卉、食用菌、热带作物和粮食作物等品种的有关等级规格、技术规范和温室建造等方面的农业行业标准38项，并在书后附有8个标准公告供参考。

特别声明：

1. 汇编本着尊重原著的原则，除明显差错外，对标准中涉及的量、符号、单位和编写体例均未做统一改动。

2. 从印制工艺的角度考虑，原标准中的彩色部分在此只给出黑白图片。

本书可供农业生产人员、标准管理干部和科研人员使用，也可供大中专院校师生参考。

农业标准出版研究中心

2011年10月

目　　录

附录

ICS 65.020
B 61

中华人民共和国农业行业标准

NY/T 528—2010
代替 NY/T 528—2002

食用菌菌种生产技术规程

Code of practice for spawn production of edible mushroom

2010-05-20 发布　　　　2010-09-01 实施

中华人民共和国农业部 发布

前　言

本标准按照 GB/T 1.1—2009 给出的规则起草。

本标准代替 NY/T 528—2002《食用菌菌种生产技术规程》，与 NY/T 528—2002 相比主要技术变化如下：

——修改了适用范围（见 1，2002 年版第 1 章）；

——增加了两个术语（见 3.1、3.10）；

——修改了“环境卫生要求”（见 4.2.2，2002 年版 4.2.2）；

——修改了“使用品种和种源”（见 4.5，2002 年版 4.5）；

——修改了“容器”（见 4.7.1，2002 年版 4.7.1）；

——删除了“分装”（见 2002 年版 4.7.4）；

——修改了“灭菌效果的检查方法”（见 4.7.5，2002 年版 4.7.6）；

——增加了“接种点要求”（见 4.7.7.5）；

——修改了“培养条件要求”（见 4.7.9，2002 年版 4.7.10）；

——修改了留样的贮存温度（见 4.7.13，2002 年版 4.7.14）；

——增加了“标签、标志、包装、运输和贮存”（见 5）。

本标准的附录 A 和附录 B 为规范性附录。

本标准由中华人民共和国农业部种植业管理司提出并归口。

本标准起草单位：农业部微生物肥料和食用菌菌种质量监督检验测试中心、中国农业科学院农业资源与农业区划研究所、中国农业科学院食用菌工程技术研究中心。

本标准主要起草人：张金霞、黄晨阳、高巍、郑素月、张瑞颖、胡清秀、陈强。

本标准于 2002 年 8 月首次发布，本次为第一次修订。

食用菌菌种生产技术规程

1 范围

本标准规定了食用菌菌种生产的场地、厂房设置和布局、设备设施、使用品种、生产工艺流程、技术要求、标签、标志、包装、运输和贮存等。

本标准适用于不需要伴生菌的各种各级食用菌菌种生产。

2 规范性引用文件

下列文件对于本文件的应用是必不可少的。凡是注日期的引用文件,仅注日期的版本适用于本文件。凡是不注日期的引用文件,其最新版本(包括所有的修改单)适用于本文件。

GB 191 包装储运图示标志(GB 191—2008,ISO 780:1997,MOD)

GB 9688 食品包装用聚丙烯成型品卫生标准

GB/T 12728—2006 食用菌术语

NY/T 1742—2009 食用菌菌种通用技术要求

3 术语和定义

GB/T 12728—2006 界定的术语,以及下列术语和定义适用于本文件。为了便于使用,以下重复列出了 GB/T 12728—2006 中的一些术语和定义。

3.1

食用菌 edible mushroom

可食用的大型真菌,包括食用、食药兼用和药用三大类用途的种类。

注:改写 GB/T 12728—2006,定义 2.1.4。

3.2

品种 variety

经各种方法选育出来的具特异性、一致(均一)性和稳定性可用于商业栽培的食用菌纯培养物。

[GB/T 12728—2006,2.5.1]

3.3

菌种 spawn

生长在适宜基质上具结实性的菌丝培养物,包括母种、原种和栽培种。

[GB/T 12728—2006,2.5.6]

3.4

母种 stock culture

经各种方法选育得到的具有结实性的菌丝体纯培养物及其继代培养物。也称一级种、试管种。

[GB/T 12728—2006,2.5.7]

3.5

原种 mother spawn

由母种移植、扩大培养而成的菌丝体纯培养物。也称二级种。

[GB/T 12728—2006,2.5.8]

3.6

栽培种　planting spawn

由原种移植、扩大培养而成的菌丝体纯培养物。栽培种只能用于栽培，不可再次扩大繁殖菌种。也称三级种。

［GB/T 12728—2006，2.5.9］

3.7

种木　wood-pieces

采用一定形状和大小的木质颗粒或树枝培养的纯培养物，也称种粒或种枝。

注：改写 GB/T 12728—2006，定义 2.5.24。

3.8

固体培养基　solid medium

以富含木质纤维素或淀粉类天然物质为主要原料，添加适量的有机氮源和无机盐类，具一定水分含量的培养基。常用的主要原料有：木屑、棉籽壳、秸秆、麦粒、谷粒、玉米粒等，常用的有机氮源有麦麸、米糠等，常用的无机盐类有硫酸钙、硫酸镁、磷酸二氢钾等。固体培养基包括以阔叶树木屑为主要原料的木屑培养基、以草本植物为主要原料的草料培养基、以禾谷类种子为主要原料的谷粒培养基、以粪草为主要原料的粪草发酵料培养基、以种粒或种枝为主要原料的种木培养基、以棉籽壳为主要原料的棉籽壳培养基等。

3.9

种性　characters of variety

食用菌的品种特性，是鉴别食用菌菌种或品种优劣的重要标准之一。一般包括对温度、湿度、酸碱度、光线和氧气的要求，抗逆性、丰产性、出菇迟早、出菇潮数、栽培周期、商品质量及栽培习性等农艺性状。

注：改写 GB/T 12728—2006，定义 2.5.4。

3.10

批次　spawn batch

同一来源、同一品种、同一培养基配方、同一天接种、同一培养条件和质量基本一致的符合规定数量的菌种。每批次数量母种≥50 支、原种≥200 瓶(袋)、栽培种≥2 000 瓶(袋)。

4　要求

4.1　技术人员

应有与菌种生产所需要的技术人员，包括检验人员。

4.2　场地选择

4.2.1　基本要求

地势高燥，通风良好，排水畅通，交通便利。

4.2.2　环境卫生要求

300 m 之内无规模养殖的禽畜舍、垃圾和粪便堆积场，无污水、废气、废渣、烟尘和粉尘污染源，50 m 内无食用菌栽培场、集贸市场。

4.3　厂房设置和布局

4.3.1　设置和建造

4.3.1.1　总则

有各自隔离的摊晒场、原材料库、配料分装室(场)、灭菌室、冷却室、接种室、培养室、贮存室、菌种检验室等。厂房从结构和功能上应满足食用菌菌种生产的基本需要。

4.3.1.2　摊晒场

地面平整、光照充足、空旷宽阔、远离火源。

4.3.1.3 原材料库

防雨防潮，防虫、防鼠、防火、防杂菌污染。

4.3.1.4 配料分装室(场)

水电方便，空间充足。如安排在室外，应有天棚，防雨防晒。

4.3.1.5 灭菌室

水电安装合理，操作安全，通风良好，排气通畅、进出料方便，热源配套。

4.3.1.6 冷却室

洁净、防尘、易散热。

4.3.1.7 接种室

防尘性能良好，内壁和屋顶光滑，易于清洗和消毒，换气方便，空气洁净。

4.3.1.8 培养室和贮存室

内壁和屋顶光滑，便于清洗和消毒；墙壁厚度适当，利于控温、控湿，便于通风；有防虫防鼠措施。

4.3.1.9 菌种检验室

水电方便，利于装备相应的检验仪器和设备。

4.3.2 布局

应按菌种生产工艺流程合理安排布局，无菌区与有菌区有效隔离。

4.4 设备设施

4.4.1 基本设备

应具有磅秤、天平、高压灭菌锅或常压灭菌锅、净化工作台或接种箱、调温设备、除湿设备、培养架、恒温箱或培养室、冰箱或冷库、显微镜等及常规用具。高压灭菌锅应使用经有资质部门生产与检验的安全合格产品。

4.4.2 基本设施

配料、分装、灭菌、冷却、接种、培养等各环节的设施应配套。冷却室、接种室、培养室和贮存室都要有满足其功能的基本配套设施，如控温设施、消毒设施。

4.5 使用品种和种源

4.5.1 品种

从具相应技术资质的供种单位引种，且种性清楚。不应使用来历不明、种性不清、随意冠名的菌种和生产性状未经系统试验验证的组织分离物作种源生产菌种。

4.5.2 种源质量检验

母种生产单位每年在种源进入扩大生产程序之前，应进行菌种质量和种性检验，包括纯度、活力、菌丝长势的一致性、菌丝生长速度、菌落外观等，并做出菇试验，验证种性。种源出菇试验的方法及种源质量要求，应符合 NY/T 1742—2009 中 5.4 的规定。

4.5.3 移植扩大

母种仅用于移植扩大原种，一支母种移植扩大原种不应超过 6 瓶(袋)；原种移植扩大栽培种，一瓶谷粒种不应超过 50 瓶(袋)，木屑种、草料种不应超过 35 瓶(袋)。

4.6 生产工艺流程

培养基配制→分装→灭菌→冷却→接种→培养(检查)→成品。

4.7 生产过程中的技术要求

4.7.1 容器

4.7.1.1 使用原则

每批次菌种的容器规格要一致。

4.7.1.2 **母种**

使用玻璃试管或培养皿。试管的规格 18 mm×180 mm 或 20 mm×200 mm。棉塞要使用梳棉或化纤棉，不应使用脱脂棉；也可用硅胶塞代替棉塞。

4.7.1.3 **原种**

使用 850 mL 以下、耐 126℃高温的无色或近无色的、瓶口直径≤4 cm 的玻璃瓶或近透明的耐高温塑料瓶，或 15 cm×28 cm 耐 126℃高温符合 GB 9688 卫生规定的聚丙烯塑料袋。各类容器都应使用棉塞，棉塞应符合 4.7.1.2 规定；也可用能满足滤菌和透气要求的无棉塑料盖代替棉塞。

4.7.1.4 **栽培种**

使用符合 4.7.1.3 规定的容器，也可使用≤17 cm×35 cm 耐 126℃高温符合 GB 9688 卫生规定的聚丙烯塑料袋。各类容器都应使用棉塞或无棉塑料盖，并符合 4.7.1.3 规定。

使用耐 126℃高温的具孔径 0.2 μm～0.5 μm 无菌透气膜的聚丙烯塑料袋，长宽厚为 630 mm×360 mm×80 μm，无菌透气膜 2 个，大小 35 mm×35 mm，或 495 mm×320 mm×60 μm，无菌透气膜 1 个，大小 35 mm×35 mm。

4.7.2 **培养原料**

4.7.2.1 **化学试剂类**

化学试剂类原料如硫酸镁、磷酸二氢钾等，要使用化学纯或以上级别的试剂。

4.7.2.2 **生物制剂和天然材料类**

生物制剂如酵母粉和蛋白胨，天然材料如木屑、棉籽壳、麦麸等，要求新鲜、无虫、无螨、无霉、洁净、干燥。

4.7.3 **培养基配方**

4.7.3.1 **母种培养基**

一般应使用附录 A 中第 A.1 章规定的马铃薯葡萄糖琼脂培养基(PDA)或第 A.2 章规定的综合马铃薯葡萄糖琼脂培养基(CPDA)，特殊种类需加入其生长所需特殊物质，如酵母粉、蛋白胨、麦芽汁、麦芽糖等，但不应过富。严格掌握 pH。

4.7.3.2 **原种和栽培种培养基**

根据当地原料资源和所生产品种的要求，使用适宜的培养基配方(见附录 B)，严格掌握含水量和 pH 值，培养料填装要松紧适度。

4.7.4 **灭菌**

培养基配制后应在 4 h 内进锅灭菌。母种培养基灭菌 0.11 MPa～0.12 MPa，30 min。木屑培养基和草料培养基灭菌 0.12 MPa，1.5 h 或 0.14 MPa～0.15 MPa，1 h；谷粒培养基、粪草培养基和种木培养基灭菌 0.14 MPa～0.15 MPa，2.5 h。装容量较大时，灭菌时间要适当延长。灭菌完毕后，应自然降压，不应强制降压。常压灭菌时，在 3 h 之内使灭菌室温度达到 100℃，保持 100℃ 10 h～12 h。母种培养基、原种培养基、谷粒培养基、粪草培养基和种木培养基，应高压灭菌，不应常压灭菌。灭菌时应防止棉塞被冷凝水打湿。

4.7.5 **灭菌效果的检查**

母种培养基随机抽取 3%～5%的试管，直接置于 28℃恒温培养；原种和栽培种培养基按每次灭菌的数量随机抽取 1%作为样品，挑取其中的基质颗粒经无菌操作接种于附录 A.1 规定的 PDA 培养基中，于 28℃恒温培养；48 h 后检查，无微生物长出的为灭菌合格。

4.7.6 **冷却**

冷却室使用前要进行清洁和除尘处理，然后转入待接种的原种瓶(袋)或栽培种瓶(袋)，自然冷却到适宜温度。

4.7.7 接种

4.7.7.1 接种室(箱)的基本处理程序

清洁→搬入接种物和被接种物→接种室(箱)的消毒处理。

4.7.7.2 接种室(箱)的消毒方法

应药物消毒后,再用紫外灯照射。

4.7.7.3 净化工作台的消毒处理方法

应先用75%酒精或新洁尔灭溶液进行表面擦拭消毒,之后预净20 min。

4.7.7.4 接种操作

在无菌室(箱)或净化工作台上严格按无菌操作接种。每一箱(室)接种应为单一品种,避免错种,接种完成后及时贴好标签。

4.7.7.5 接种点

各级菌种都应从容器开口处一点接种,不应打孔多点接种。

4.7.7.6 接种室(箱)后处理

接种室(箱)每次使用后,要及时清理清洁,排除废气,清除废物,台面要用75%酒精或新洁尔灭溶液擦试消毒。

4.7.8 培养室处理

在使用培养室的前两天,采用无扬尘方法清洁,并进行药物消毒杀菌和灭虫。

4.7.9 培养

不同种类或不同品种应分区培养。根据培养物的不同生长要求,给予其适宜的培养温度(多在室温20℃～24℃),保持空气相对湿度在75%以下,通风,避光。

4.7.10 培养期的检查

各级菌种培养期间应定期检查,及时拣出不合格菌种。

4.7.11 入库

完成培养的菌种要及时登记入库。

4.7.12 记录

生产各环节应详细记录。

4.7.13 留样

各级菌种都应留样备查,留样的数量应以每个批号3支(瓶、袋)。草菇在13℃～16℃贮存;除竹荪、毛木耳的母种不适于冰箱贮存外,其他种类有条件时,母种于4℃～6℃贮存;原种和栽培种于1℃～4℃下,贮存至使用者购买后在正常生产条件下该批菌种出第一潮菇(耳)。

5 标签、标志、包装、运输和贮存

5.1 标签、标志

出售的菌种应贴标签。注明菌种种类、品种、级别、接种日期、生产单位、地址电话等。外包装上应有防晒、防潮、防倒立、防高温、防雨、防重压等标志,标志应符合GB 191的规定。

5.2 包装

母种的外包装用木盒或有足够强度的纸盒,原种和栽培种的外包装用木箱或有足够强度的纸箱,盒(箱)内除菌种外的空隙用轻质材料填满塞牢。盒(箱)内附使用说明书。

5.3 运输

各级菌种运输时不得与有毒有害物品混装混运。运输中应有防晒、防潮、防雨、防冻、防震及防止杂菌污染的设施与措施。

5.4 贮存

应在干燥、低温、无阳光直射、无污染的场所贮存。草菇在13℃～16℃贮存；除竹荪、毛木耳母种不适于冰箱贮存外，其他种类有条件时，母种于4℃～6℃、原种和栽培种于1℃～4℃的冰箱或冷库内贮存。

附　录　A
（规范性附录）
母种常用培养基及其配方

A.1　PDA 培养基（马铃薯葡萄糖琼脂培养基）

马铃薯 200 g（用浸出汁），葡萄糖 20 g，琼脂 20 g，水 1 000 mL，pH 自然。

A.2　CPDA 培养基（综台马铃薯葡萄糖琼脂培养基）

马铃薯 200 g（用浸出汁），葡萄糖 20 g，磷酸二氢钾 2 g，硫酸镁 0.5 g，琼脂 20 g，水 1 000 mL，pH 自然。

附 录 B
(规范性附录)
原种和栽培种常用培养基配方及其适用种类

B.1 以木屑为主料的培养基配方

见 B.1.1、B.1.2、B.1.3,适用于香菇、黑木耳、毛木耳、平菇、金针菇、滑菇、猴头菇、真姬菇等多数木腐菌类。

B.1.1 阔叶树木屑 78%,麸皮 20%,糖 1%,石膏 1%,含水量 58%±2%。

B.1.2 阔叶树木屑 63%,棉籽壳 15%,麸皮 20%,糖 1%,石膏 1%,含水量 58%±2%。

B.1.3 阔叶树木屑 63%,玉米芯粉 15%,麸皮 20%,糖 1%,石膏 1%,含水量 58%±2%。

B.2 以棉籽壳为主料的培养基配方

见 B.2.1、B.2.2、B.2.3、B.2.4,适用于黑木耳、毛木耳、金针菇、滑菇、真姬菇、杨树菇、鸡腿菇、猴头菇、侧耳属等多数木腐菌类。

B.2.1 棉籽壳 99%,石膏 1%,含水量 60%±2%。

B.2.2 棉籽壳 84%~89%,麦麸 10%~15%,石膏 1%,含水量 60%±2%。

B.2.3 棉籽壳 54%~69%,玉米芯 20%~30%,麦麸 10%~15%,石膏 1%,含水量 60%±2%。

B.2.4 棉籽壳 54%~69%,阔叶树木屑 20%~30%,麦麸 10%~15%,石膏 1%,含水量 60%±2%。

B.3 以棉籽壳或稻草为主的培养基配方

见 B.3.1、B.3.2、B.3.3,适用于草菇。

B.3.1 棉籽壳 99%,石灰 1%,含水量 68%±2%。

B.3.2 棉籽壳 84%~89%,麦麸 10%~15%,石灰 1%,含水量 68%±2%。

B.3.3 棉籽壳 44%,碎稻草 40%,麦麸 15%,石灰 1%,含水量 68%±2%。

B.4 发酵料培养基配方

见 B.4.1、B.4.2,适用于双孢蘑菇、双环蘑菇、巴氏蘑菇等蘑菇属的种类。

B.4.1 发酵麦秸或稻草(干)77%,发酵牛粪粉(干)20%,石膏粉 1%,碳酸钙 2%,含水量 62%±1%,pH7.5。

B.4.2 发酵棉籽壳(干)97%,石膏粉 1%,碳酸钙 2%,含水量 55%±1%,pH7.5。

B.5 谷粒培养基

小麦、谷子、玉米或高粱 97%~98%,石膏 2%~3%,含水量 50%±1%,适用于双孢蘑菇、双环蘑菇、巴氏蘑菇等蘑菇属的种类,也可用于侧耳属各种和金针菇的原种。

B.6 以种木(枝)为主料的培养基

阔叶树种木 70%~75%,附录 B.1.1 配方的培养基 25%~30%。适用于多数木腐菌类。

ICS 67.08.10
X 24

中华人民共和国农业行业标准

NY/T 844—2010
代替 NY/T 844—2004，NY/T 428—2000

绿色食品　温带水果

Green fodd—Temperate fruits

2010-05-20 发布　　2010-09-01 实施

中华人民共和国农业部 发布

前　言

本标准代替 NY/T 844—2004《绿色食品　温带水果》、NY/T 428—2000《绿色食品　葡萄》。

本标准与 NY/T 844—2004 相比，主要变化如下：

——适用范围增加了柰子、越橘（蓝莓）、无花果、树莓、桑葚和其他，并在要求中增加其相应内容；

——对规范性引用文件进行了增减和修改；

——感官要求中删除了对水果大小的要求；

——卫生要求增加黄曲霉毒素 B_1、仲丁胺、氧乐果项目及其限量；

——对检验规则、包装、运输和贮存分别引用绿色食品标准 NY/T 1055、NY/T 658 和 NY/T 1056。

本标准由中国绿色食品发展中心提出并归口。

本标准主要起草单位：农业部蔬菜水果质量监督检验测试中心（广州）。

本标准主要起草人：王富华、万凯、王旭、李丽、何舞、杨慧、杜应琼。

本标准于 2004 年首次发布，本次为第一次修订。

绿色食品　温带水果

1　范围

本标准规定了绿色食品温带水果的术语和定义、要求、检验方法、检验规则、标志、包装、运输和贮藏。

本标准适用于绿色食品温带水果，包括苹果、梨、桃、草莓、山楂、柰子、越橘（蓝莓）、无花果、树莓、桑葚、猕猴桃、葡萄、樱桃、枣、杏、李、柿、石榴和除西甜瓜类水果之外的其他温带水果。

2　规范性引用文件

下列文件对于本文件的应用是必不可少的。凡是注日期的引用文件，仅注日期的版本适用于本文件。凡是不注日期的引用文件，其最新版本（包括所有的修改单）适用于本文件。

GB/T 191　包装储运图示标志
GB/T 5009.11　食品中总砷及无机砷的测定
GB/T 5009.12　食品中铅的测定
GB/T 5009.15　食品中镉的测定
GB/T 5009.17　食品中总汞及有机汞的测定
GB/T 5009.18　食品中氟的测定
GB/T 5009.19　食品中有机氯农药多组分残留量的测定
GB/T 5009.23　食品中黄曲霉毒素 B_1、B_2、G_1、G_2 的测定
GB/T 5009.34　食品中亚硫酸盐的测定
GB/T 5009.94　植物性食品中稀土的测定
GB/T 5009.123　食品中铬的测定
GB 7718　预包装食品标签通则
GB/T 10650—2008　鲜梨
GB/T 10651—2008　鲜苹果
GB/T 23380　水果、蔬菜中多菌灵残留的测定　高效液相色谱法
NY/T 391　绿色食品　产地环境技术条件
NY/T 393　绿色食品　农药使用准则
NT/T 394　绿色食品　肥料使用准则
NY/T 444—2001　草莓
NY/T 586—2002　鲜桃
NY/T 658　绿色食品　包装通用准则
NY/T 761　蔬菜和水果中有机磷、有机氯、拟除虫菊酯和氨基甲酸酯类农药多残留的测定
NY/T 839—2004　鲜李
NY/T 946　蒜薹、青椒、柑橘、葡萄中仲丁胺残留量测定
NY/T 1055　绿色食品　产品检验规则
NY/T 1056　绿色食品　贮藏运输准则
SB/T 10092—1992　山楂

3　术语和定义

NY/T 391 和 GB/T 10651 中确立的以及下列术语和定义适用于本标准。

3.1

生理成熟 physiological ripe

果实已达到能保证正常完成熟化过程的生理状态。

3.2

后熟 full ripe

达到生理成熟的果实采收后，经一定时间的贮存使果实达到质地变软，出现芳香味的最佳食用状态。

4 要求

4.1 产地环境

应符合 NY/T 391 的规定。

4.2 生产过程农药和肥料使用

应分别符合 NY/T 393 和 NY/T 394 的规定。

4.3 感官指标

4.3.1 苹果

应符合 GB/T 10651—2008 表 1 中二等果及以上等级的规定。

4.3.2 梨

应符合 GB/T 10650—2008 表 1 中二等果及以上等级的规定。

4.3.3 桃

应符合 NY/T 586—2002 表 1 中二等果及以上等级的规定。

4.3.4 草莓

应符合 NY/T 444—2001 表 1 中二等果及以上等级的规定。

4.3.5 山楂

应符合 SB/T 10092—1992 表 1 中二等果及以上等级的规定。

4.3.6 柰子、越橘、无花果、树莓、桑葚、猕猴桃、葡萄、樱桃、枣、杏、李、柿、石榴及其他

应符合表 1 的规定。

表 1 感官指标

项 目	要 求
果实外观	果实完整，新鲜清洁，整齐度好；具有本品种固有的形状和特征，果形良好；无不正常外来水分，无机械损伤、无霉烂、无裂果、无冻伤、无病虫果、无刺伤、无果肉褐变；具有本品种成熟时应有的特征色泽
病虫害	无病虫害
气味和滋味	具有本品种正常气味，无异味
成熟度	发育充分、正常，具有适于市场或贮存要求的成熟度

4.4 理化指标

应符合表 2 的规定。

表 2 理化指标

水果名称	指 标		
	硬度，kg/cm^2	可溶性固形物，%	可滴定酸，%
苹果	≥5.5	≥11.0	≤0.35
梨	≥4.0	≥10.0	≤0.3
葡萄	—	≥14.0	≤0.7
桃	≥4.5[a]	≥9.0	≤0.6
草莓	—	≥7.0	≤1.3

表 2（续）

水果名称		指标		
		硬度，kg/cm²	可溶性固形物，%	可滴定酸，%
山楂		—	≥9.0	≤2.0
柰子		—	≥16.0	≤1.2
越橘		—	≥10.0	≤2.5
无花果		—	≥16.0	—
树莓		—	≥10.0	≤2.2
桑葚		—	≥11.0	—
猕猴桃	生理成熟果		≥6.0	≤1.5
	后熟果		≥10.0	
樱桃		—	≥13.0	≤1.0
枣		—	≥20.0	≤1.0
杏		—	≥10.0	≤2.0
李		≥4.5	≥9.0	≤2.00
柿		—	≥16.0	—
石榴		—	≥15.0	≤0.8

[a] 不适用于水蜜桃。

注：其他未列入的温带水果，其理化指标不作为判定依据。

4.5 卫生指标

应符合表 3 的规定。

表 3 卫生指标

序号	项目	指标
1	无机砷(以 As 计)，mg/kg	≤0.05
2	铅(以 Pb 计)，mg/kg	≤0.1
3	镉(以 Cd 计)，mg/kg	≤0.05
4	总汞(以 Hg 计)，mg/kg	≤0.01
5	氟(以 F 计)，mg/kg	≤0.5
6	铬(以 Cr 计)，mg/kg	≤0.5
7	六六六(BHC)，mg/kg	≤0.05
8	滴滴涕(DDT)，mg/kg	≤0.05
9	乐果(dimethoate)，mg/kg	≤0.5
10	氧乐果(omethoate)，mg/kg	不得检出(<0.02)
11	敌敌畏(dichlorvos)，mg/kg	≤0.2
12	对硫磷(parathion)，mg/kg	不得检出(<0.02)
13	马拉硫磷(malathion)，mg/kg	不得检出(<0.03)
14	甲拌磷(phorate)，mg/kg	不得检出(<0.02)
15	杀螟硫磷(fenitrothion)，mg/kg	≤0.2
16	倍硫磷(fenthion)，mg/kg	≤0.02
17	溴氰菊酯(deltmethrin)，mg/kg	≤0.1
18	氰戊菊酯(fenvalerate)，mg/kg	≤0.2
19	敌百虫(trichlorfon)，mg/kg	≤0.1
20	百菌清(chlorothalonil)，mg/kg	≤1
21	多菌灵(carbendazim)，mg/kg	≤0.5
22	三唑酮(triadimefon)，mg/kg	≤0.2
23	黄曲霉毒素 B_1[a]，μg/kg	≤5
24	仲丁胺[b]，mg/kg	不得检出(<0.7)
25	二氧化硫[b]，mg/kg	≤50

[a] 仅适用于无花果。

[b] 仅适用于葡萄。

5 试验方法

5.1 感官指标

从供试样品中随机抽取 2 kg～3 kg，用目测法进行品种特征、成熟度、色泽、新鲜、清洁、机械伤、霉烂、冻害和病虫害等感官项目的检测。气味和滋味采用鼻嗅和口尝方法进行检验。

5.2 理化指标

5.2.1 硬度

按 GB/T 10651—2008 中附录 C 的规定执行。

5.2.2 可溶性固形物的测定

按 NY/T 839—2004 中附录 B.1 的规定执行。

5.2.3 可滴定酸的测定

按 NY/T 839—2004 中附录 B.2 的规定执行。

5.3 卫生指标

5.3.1 无机砷

按 GB/T 5009.11 规定执行。

5.3.2 铅

按 GB/T 5009.12 规定执行。

5.3.3 镉

按 GB/T 5009.15 规定执行。

5.3.4 总汞

按 GB/T 5009.17 规定执行。

5.3.5 氟

按 GB/T 5009.18 规定执行。

5.3.6 铬

按 GB/T 5009.123 规定执行。

5.3.7 六六六、滴滴涕

按 GB/T 5009.19 规定执行。

5.3.8 乐果、氧乐果、敌敌畏、对硫磷、马拉硫磷、甲拌磷、杀螟硫磷、倍硫磷、敌百虫、百菌清、溴氰菊酯、氰戊菊酯

按 NY/T 761 规定执行。

5.3.9 多菌灵

按 GB/T 23380 规定执行。

5.3.10 三唑酮

按 GB/T 5009.126 规定执行。

5.3.11 黄曲霉毒素 B_1

按 GB/T 5009.23 规定执行。

5.3.12 仲丁胺

按 NY/T 946 规定执行。

5.3.13 二氧化硫

按 GB/T 5009.34 规定执行。

6 检验规则

按照 NY/T 1055 的规定执行。

7 标志、标签

7.1 标志

绿色食品外包装上应印有绿色食品标志,贮运图示按 GB/T 191 规定执行。

7.2 标签

按照 GB 7718 的规定执行。

8 包装、运输和贮存

8.1 包装

按照 NY/T 658 的规定执行。

8.2 运输和贮存

按照 NY/T 1056 的规定执行。

ICS 67.080.10
X 24

中华人民共和国农业行业标准

NY/T 1041—2010
代替 NY/T1041—2006

绿色食品　干果

Green food—Dried fruits

2010-05-20 发布　　2010-09-01 实施

中华人民共和国农业部 发布

前　言

本标准代替 NY/T 1041—2006《绿色食品　干果》。

本标准与 NY/T 1041—2006 相比主要变化如下：

——适用范围增加干枣、杏干(包括包仁杏干)、香蕉片、无花果干、酸梅(乌梅)干、山楂干、苹果干、菠萝干、芒果干、梅干、桃干、猕猴桃干、草莓干和其他 14 个品种，并在要求中增加其相应内容；

——污染物和农药残留的项目与原料水果一致，其指标值以增加倍数表示；

——卫生要求中的食品添加剂增加苯甲酸、糖精钠、环己基氨基磺酸钠、赤藓红、胭脂红、苋菜红、柠檬黄和日落黄项目及其指标值；

——卫生要求中增加黄曲霉毒素 B_1 和展青霉素两个真菌毒素项目及其指标值；

——检验规则、包装、运输和贮存分别引用绿色食品标准 NY/T 1055 、NY/T 658 和 NY/T 1056 。

本标准由中国绿色食品发展中心提出并归口。

本标准起草单位：农业部乳品质量监督检验测试中心。

本标准主要起草人：张宗城、胡红英、薛刚、黄和。

本标准于 2006 年首次发布，本次为第一次修订。

绿色食品　干果

1　范围

本标准规定了绿色食品干果的要求、试验方法、检验规则、标签和标志、包装、运输和贮存。

本标准适用于以绿色食品水果为原料，经脱水，未经糖渍，添加或不添加食品添加剂而制成的荔枝干、桂圆干、葡萄干、柿饼、干枣、杏干(包括包仁杏干)、香蕉片、无花果干、酸梅(乌梅)干、山楂干、苹果干、菠萝干、芒果干、梅干、桃干、猕猴桃干、草莓干等干果；不适用于经脱水制成的樱桃番茄干等蔬菜干品、经糖渍的水果蜜饯以及粉碎的椰子粉、柑橘粉等水果固体饮料。

2　规范性引用文件

下列文件对于本文件的应用是必不可少的。凡是注日期的引用文件，仅注日期的版本适用于本文件。凡是不注日期的引用文件，其最新版本(包括所有的修改单)适用于本文件。

GB/T 191　包装储运图示标志

GB/T 4789.4　食品卫生微生物学检验　沙门氏菌检验

GB/T 4789.5　食品卫生微生物学检验　志贺氏菌检验

GB/T 4789.10　食品卫生微生物学检验　金黄色葡萄球菌检验

GB/T 4789.11　食品卫生微生物学检验　溶血性链球菌检验

GB/T 4789.15　食品卫生微生物学检验　霉菌和酵母计数

GB/T 5009.3　食品中水分的测定

GB/T 5009.23　食品中黄曲霉毒素 B_1、B_2、G_1、G_2 的测定

GB/T 5009.28—2003　食品中糖精钠的测定

GB/T 5009.29　食品中山梨酸、苯甲酸的测定

GB/T 5009.34　食品中亚硫酸盐的测定

GB/T 5009.35　食品中合成着色剂的测定

GB/T 5009.97　食品中环己基氨基磺酸钠的测定

GB 5749　生活饮用水卫生标准

GB/T 5835—2009　干制红枣

GB/T 6682　分析实验室用水规格和试验方法

GB 7718　预包装食品标签通则

GB/T 12456　食品中总酸的测定

JJF 1070　定量包装商品净含量计量检验规则

NY/T 392　绿色食品　食品添加剂使用准则

NY/T 658　绿色食品　包装通用准则

NY/T 750　绿色食品　热带、亚热带水果

NY/T 844　绿色食品　温带水果

NY/T 1055　绿色食品　产品检验规则

NY/T 1056　绿色食品　贮藏运输准则

NY/T 1650　苹果和山楂制品中展青霉素的测定　高效液相色谱法

国家质量监督检验检疫总局令 2005 年第 75 号 《定量包装商品计量监督管理办法》

3 要求

3.1 原料

3.1.1 温带水果应符合 NY/T 844 的要求;热带、亚热带水果应符合 NY/T 750 的要求。

3.1.2 食品添加剂应符合 NY/T 392 的要求。

3.1.3 加工用水应符合 GB 5749 的要求。

3.2 感官

应符合表 1 的规定。

表 1 感 官

品种	项目及指标				
	外观	色泽	气味及滋味	组织状态	杂质
荔枝干	外观完整,无破损,无虫蛀,无霉变	果肉呈棕色或深棕色	具有本品固有的甜酸味,无异味	组织致密	无肉眼可见杂质
桂圆干	外观完整,无破损,无虫蛀,无霉变	果肉呈黄亮棕色或深棕色	具有本品固有的甜香味,无异味,无焦苦味	组织致密	
葡萄干	大小整齐,颗粒完整,无破损,无虫蛀,无霉变	根据鲜果的颜色分别呈黄绿色、红棕色、棕色或黑色,色泽均匀	具有本品固有的甜香味,略带酸味,无异味	柔软适中	
柿饼	完整,不破裂,蒂贴肉而不翘,无虫蛀,无霉变	表层呈白色或灰白色霜,剖面呈橘红至棕褐色	具有本品固有的甜香味,无异味,无涩味	果肉致密,具有韧性	
干枣	外观完整,无破损,无虫蛀,无霉变	根据鲜果的外皮颜色分别呈枣红色、紫色或黑色,色泽均匀	具有本品固有的甜香味,无异味	果肉柔软适中	
杏干	外观完整,无破损,无虫蛀,无霉变	呈杏黄色或暗黄色,色泽均匀	具有本品固有的甜香味,略带酸味,无异味	组织致密,柔软适中	
包仁杏干	外观完整,无破损,无虫蛀,无霉变	呈杏黄色或暗黄色,仁体呈白色	具有本品固有的甜香味,略带酸味,无异味,无苦涩味	组织致密,柔软适中,仁体致密	
香蕉片	片状,无破损,无虫蛀,无霉变	呈浅黄色、金黄色或褐黄色	具有本品固有的甜香味,无异味	组织致密	
无花果干	外观完整,无破损,无虫蛀,无霉变	表皮呈不均匀的乳黄色,果肉呈浅绿色,果籽棕色	具有本品固有的甜香味,无异味	皮质致密,肉体柔软适中	
酸梅(乌梅)干	外观完整,无破损,无虫蛀,无霉变	呈紫黑色	具有本品固有的酸味	组织致密	
山楂干	外观完整,无破损,无虫蛀,无霉变	皮质呈暗红色,肉质呈黄色或棕黄色	具有本品固有的酸甜味	组织致密	
苹果干	外观完整,无破损,无虫蛀,无霉变	呈黄色或褐黄色	具有本品固有的甜香味,无异味	组织致密	
菠萝干	外观完整,无破损,无虫蛀,无霉变	呈浅黄色、金黄色	具有本品固有的甜香味,无异味	组织致密	
芒果干	外观完整,无破损,无虫蛀,无霉变	呈浅黄色、金黄色	具有本品固有的甜香味,无异味	组织致密	
梅干	外观完整,无破损,无虫蛀,无霉变	呈橘红色或浅褐红色	具有本品固有的甜香味,无异味	皮质致密,肉体柔软适中	
桃干	外观完整,无破损,无虫蛀,无霉变	呈褐色	具有本品固有的甜香味,无异味	皮质致密,肉体柔软适中	

表 1 (续)

品种	项 目 及 指 标				
	外 观	色 泽	气味及滋味	组织状态	杂质
猕猴桃干	外观完整,无破损,无虫蛀,无霉变	果肉呈绿色,果籽呈褐色	具有本品固有的甜香味,无异味	皮质致密,肉体柔软适中	无肉眼可见杂质
草莓干	外观完整,无破损,无虫蛀,无霉变	呈浅褐红色	具有本品固有的甜香味,无异味	组织致密	
其他	外观完整,无破损,无虫蛀,无霉变	具有本品固有的色泽	具有本品固有的气味及滋味	具有本品固有的组织状态	

3.3 理化指标

应符合表 2 的规定。

表 2 理化指标

单位为克每百克

项目	指 标									
	香蕉片	荔枝干、桂圆干	桃干	干枣[a]	草莓干、梅干	葡萄干、菠萝干、猕猴桃干、无花果干、苹果干	酸梅(乌梅)干	芒果干、山楂干	杏干(及包仁杏干)	柿饼	其他
水分	≤15	≤25	≤30	干制小枣≤28,干制大枣≤25	≤25	≤20	≤25	≤20	≤30	≤35	去皮干果≤20,带皮干果≤30
总酸(以苹果酸计)	≤1.5	≤1.5	≤2.5	≤2.5	≤2.5	≤2.5	≤6.0	≤6.0	≤6.0	≤6.0	≤6.0

[a] 干制小枣和干制大枣的定义应符合 GB/T 5835—2009 的规定。

3.4 卫生指标

3.4.1 污染物和农药残留

以温带水果和热带、亚热带水果为原料的干果分别执行 NY/T 844 和 NY/T 750 中规定的污染物和农药残留项目,其指标值除保留不得检出或检出限外,均应乘以表 3 规定的倍数。

表 3 污染物和农药残留的倍数

项目	干 果 品 种									
	干枣	无花果干	酸梅(乌梅)干	荔枝干	香蕉干	杏干(及包仁杏干),梅干、桃干	桂圆干、柿饼、山楂干	葡萄干、草莓干	苹果干、猕猴桃干	菠萝干、芒果干	其他
倍数	1.5			2.0				2.5			2.0

3.4.2 食品添加剂

应符合表 4 的规定。

表 4 食品添加剂

单位为毫克每千克

项 目	指 标
二氧化硫	≤50
苯甲酸及其钠盐(以苯甲酸计)	不得检出(<1)

表 4 (续)

项　　目	指　　标
糖精钠	不得检出(<0.15)
环己基氨基磺酸钠	不得检出(<2)
赤藓红[a]	不得检出(<0.72)
胭脂红[a]	不得检出(<0.32)
苋菜红[a]	不得检出(<0.24)
柠檬黄[b]	不得检出(<0.16)
日落黄[b]	不得检出(<0.28)

[a] 仅适用于红色干果。
[b] 仅适用于黄色干果。

3.4.3 真菌毒素

应符合表 5 的规定。

表 5　真菌毒素

单位为微克每千克

项　　目	指　　标
黄曲霉毒素 B_1[a]	不得检出(<0.20)
展青霉素[b]	不得检出(<12)

[a] 仅适用于无花果干。
[b] 仅适用于苹果干和山楂干。

3.4.4 微生物

应符合表 6 的规定。

表 6　微生物

项　　目	指　　标
霉菌,cfu/g	≤50
致病菌(沙门氏菌、志贺氏菌、金黄色葡萄球菌、溶血性链球菌)	不得检出

3.5 净含量

应符合国家质量监督检验检疫总局令 2005 年第 75 号文的规定。

4 试验方法

4.1 感官

称取约 250 g 样品置于白色搪瓷盘中,外观、色泽、组织状态和杂质采用目测方法进行检验,气味和滋味采用鼻嗅和口尝方法进行检验。

4.2 理化指标

4.2.1 水分

按 GB/T 5009.3 的规定执行。

4.2.2 总酸

按 GB/T 12456 的规定执行。

4.3 卫生指标

4.3.1 污染物和农药残留

按 NY/T 844 和 NY/T 750 的规定执行。

4.3.2 食品添加剂

4.3.2.1 二氧化硫

按 GB/T 5009.34 的规定执行。

4.3.2.2 苯甲酸

按 GB/T 5009.29 的规定执行。

4.3.2.3 糖精钠

称取 10.00 g 样品，加入 7 mL 符合 GB/T 6682 一级水要求的实验室用水，破碎打浆，离心过滤，加氨水(1+1)洗涤滤纸上沉淀，并调滤液 pH 至 7 左右，定容至 10 mL，经 0.45 μm 滤膜过滤。按 GB/T 5009.28—2003 中 5.3 和 5.4 测定并计算。

4.3.2.4 环己基氨基磺酸钠

按 GB/T 5009.97 的规定执行。

4.3.2.5 赤藓红、胭脂红、苋菜红、柠檬黄、日落黄

按 GB/T 5009.35 的规定执行。

4.3.3 真菌毒素

4.3.3.1 黄曲霉毒素 B_1

按 GB/T 5009.23 的规定执行。

4.3.3.2 展青霉素

按 NY/T 1650 的规定执行。

4.3.4 微生物

4.3.4.1 霉菌

按 GB/T 4789.15 的规定执行。

4.3.4.2 沙门氏菌

按 GB/T 4789.4 的规定执行。

4.3.4.3 志贺氏菌

按 GB/T 4789.5 的规定执行。

4.3.4.4 金黄色葡萄球菌

按 GB/T 4789.10 的规定执行。

4.3.4.5 溶血性链球菌

按 GB/T 4789.11 的规定执行。

4.4 净含量

按 JJF 1070 的规定执行。

5 检验规则

按 NY/T 1055 的规定执行。

6 标签和标志

6.1 标签

按 GB 7718 的规定执行。

6.2 标志

应有绿色食品标志，贮运图示按 GB/T 191 的规定执行。

7 包装、运输和贮存

7.1 包装

按NY/T 658的规定执行。

7.2 运输和贮存

按NY/T 1056的规定执行。

ICS 67.080.20
B 31

中华人民共和国农业行业标准

NY/T 1834—2010

茭白等级规格

Grades and specifications of water bamboo shoots

2010-05-20 发布　　2010-09-01 实施

中华人民共和国农业部 发布

前　　言

本标准由中华人民共和国农业部种植业管理司提出并归口。

本标准起草单位：农业部农产品质量监督检验测试中心（杭州）、余姚市河姆渡茭白研究中心。

本标准主要起草人：王小骊、王强、胡桂仙、董秀金、符长焕、朱加虹。

茭白等级规格

1 范围

本标准规定了茭白等级规格、包装、标识的要求及参考图片。

本标准适用于鲜食茭白。

2 规范性引用文件

下列文件中的条款通过本标准的引用而成为本标准的条款。凡是注日期的引用文件，其随后所有的修改单(不包括勘误的内容)或修订版均不适用于本标准，然而，鼓励根据本标准达成协议的各方研究是否可使用这些文件的最新版本。凡是不注日期的引用文件，其最新版本适用于本标准。

GB/T 191 包装储运图示标志

GB/T 6543 运输包装用单瓦楞纸箱和双瓦楞纸箱

GB 7718 预包装食品标签通则

GB/T 8855 新鲜水果和蔬菜 取样方法

GB 9687 食品包装用聚乙烯成型品卫生标准

NY/T 1655 蔬菜包装标识通用准则

国家质量监督检验检疫总局令 2005年第75号 定量包装商品计量监督管理办法

3 要求

3.1 等级

3.1.1 基本要求

茭白应符合下列基本要求：

——具有同一品种特征，茭白充分膨大，其成长度达到鲜食要求，不老化；

——外观新鲜、有光泽，无畸形，茭形完整、无破裂或断裂等；

——茭肉硬实、不萎蔫，无糠心；

——无灰茭，无青皮茭，无冻害，无其他较严重的损伤；

——清洁、无杂质，无害虫，无异味，无不正常的外来水分；

——无腐烂、发霉、变质现象；

——壳茭不带根、切口平整，茭壳呈该品种固有颜色，可带3～4片叶鞘，带壳茭白总长度不超过50 cm。

3.1.2 等级划分

在符合基本要求的前提下，茭白分为特级、一级和二级，具体要求应符合表1的规定。

表1 茭白等级

项目	特 级	一 级	二 级
色泽	净茭表皮鲜嫩洁白，不变绿变黄	净茭表皮洁白、鲜嫩，露出部分黄白色或淡绿色	净茭表皮洁白、较鲜嫩，茭壳上部露白稍有青绿色
外形	茭形丰满，中间膨大部分匀称	茭形丰满、较匀称，允许轻微损伤	茭形较丰满，允许轻微损伤和锈斑
茭肉横切面	洁白，无脱水，有光泽，无色差	洁白，无脱水，有光泽，稍有色差	洁白，有色差，横切面上允许有几个隐约的灰白点
茭壳	茭壳包紧，无损伤	茭壳包裹较紧，允许轻微损伤	允许轻微损伤

3.1.3 等级允许误差

等级的允许误差按其茭白个数计，应符合：

a) 按数量计，特级允许有5%的产品不符合该等级的要求，但应符合一级的要求；

b) 按数量计，一级允许有8%的产品不符合该等级的要求，但应符合二级的要求；

c) 按数量计，二级允许有10%的产品不符合该等级的要求，但应符合基本要求。

3.2 规格

3.2.1 规格划分

以茭体部分最大直径为划分规格的指标，在符合基本要求的前提下，茭白分为大(L)、中(M)、小(S)三个规格。具体要求应符合表2的规定。

表2 茭白规格

单位为毫米

规　格	大(L)	中(M)	小(S)
横径	>40	30～40	<30
同一包装中最大和最小直径的差异	≤10		≤5

3.2.2 允许误差范围

规格的允许误差范围按其茭白个数计，特级允许有5%的产品不符合该规格的要求；一级和二级分别允许有10%的产品不符合该规格的要求。

4 包装

4.1 基本要求

同一包装内茭白产品的等级、规格应一致。包装内的产品可视部分应具有整个包装产品的代表性。

4.2 包装材料

包装材料应清洁卫生、干燥、无毒、无污染、无异味，并符合食品卫生要求；包装应牢固，适宜搬运、运输。包装容器可采用塑料袋或内衬塑料薄膜袋的纸箱。采用的塑料薄膜袋质量应符合GB 9687的要求，采用的纸箱则不应有虫蛀、腐烂、受潮霉变、离层等现象，且符合GB/T 6543的规定。特殊情况按交易双方合同规定执行。

4.3 包装方式

包装方式宜采用水平排列方式包装，包装容器应有合适的通气口，有利于保鲜和新鲜茭白的直销。所有包装方式应符合NY/Y 1655的规定。

4.4 净含量及允许短缺量

每个包装单位净含量应根据销售和运输要求而定，不宜超过10 kg。

每个包装单位净含量允许短缺量按国家质量监督检验检疫总局令2005年第75号规定执行。

4.5 限度范围

每批受检样品质量和大小不符合等级、规格要求的允许误差按所检单位的平均值计算，其值不应超过规定的限度，且任何所检单位的允许误差值不应超过规定值的2倍。

5 抽样方法

按GB/T 8855规定执行。抽样数量应符合表3的规定。

表3 抽样数量

批量件数	≤100	101～300	301～500	501～1 000	>1 000
抽样件数	5	7	9	10	15

6 标识

包装箱或袋上应有明显标识，并符合 GB/T 191、GB 7718 和 NY/T 1655 的要求。内容包括产品名称、等级、规格、产品执行标准编号、生产和供应商及其详细地址、产地、净含量和采收、包装日期。若需冷藏保存，应注明储藏方式。标注内容要求字迹清晰、完整、规范。

7 参考图片

茭白包装方式及各等级规格实物图片参见图 1、图 2、图 3。

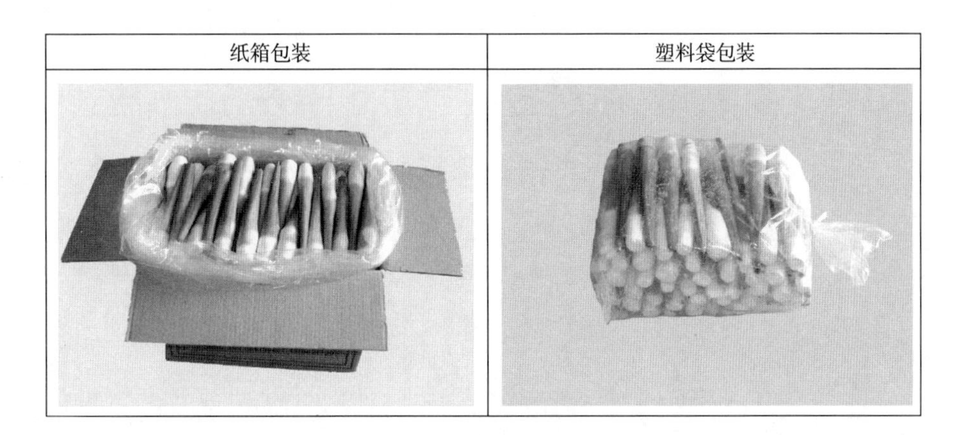

图 1　茭白包装方式

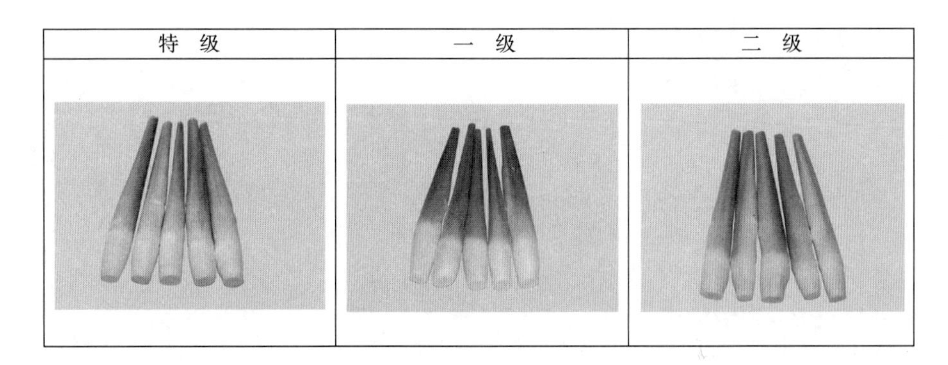

图 2　茭白等级

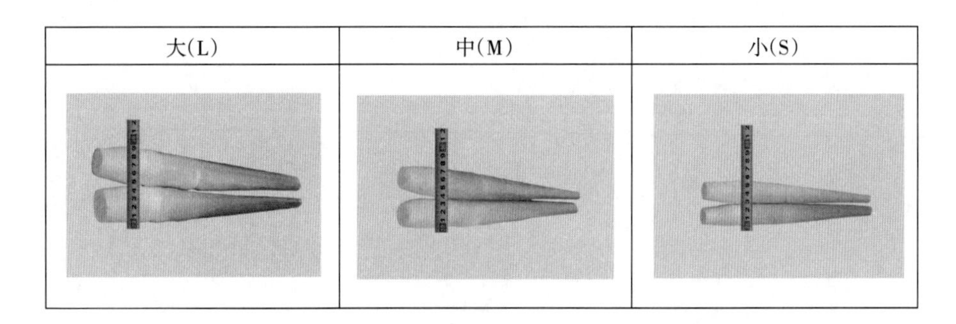

图 3　茭白规格

ICS 67.080.20
B 31

中华人民共和国农业行业标准

NY/T 1835—2010

大葱等级规格

Grades and specifications of welsh onion

2010-05-20 发布　　2010-09-01 实施

中华人民共和国农业部 发布

前　言

本标准由中华人民共和国农业部种植业管理司提出并归口。

本标准起草单位：农业部食品质量监督检验测试中心（济南）、农业部蔬菜质量监督检验测试中心（北京）、章丘市农业局。

本标准主要起草人：滕葳、柳琪、刘肃、钱洪、张丙春、王磊、赵平娟、王文博、李咸利、吕国伟。

大葱等级规格

1 范围

本标准规定了大葱等级规格的要求、抽样方法、包装、标识和参考图片。

本标准适用于大葱，不适用于分葱和楼葱。

2 规范性引用文件

下列文件中的条款通过本标准的引用而成为本标准的条款。凡是注日期的引用文件，其随后所有的修改单(不包括勘误的内容)或修订版均不适用于本标准，然而，鼓励根据本标准达成协议的各方研究是否可使用这些文件的最新版本。凡是不注日期的引用文件，其最新版本适用于本标准。

GB/T 191 包装储运图示标志

GB/T 6543 运输包装用单瓦楞纸箱和双瓦楞纸箱

GB 7718 预包装食品标签通则

GB/T 8855 新鲜水果和蔬菜 取样方法

定量包装商品计量监督管理办法 国家质量监督检验检疫总局令 2005年第75号

3 要求

3.1 等级

3.1.1 基本要求

大葱应符合下列基本要求：

——同一品种或相似品种；

——较清洁；

——基本完好；

——葱白无严重的松软和汁液外溢；

——去除老叶和黄叶；

——无腐烂、变质、异味；

——无病虫害导致的严重病斑和外皮开裂等损伤；

——无冷冻、高温、机械导致的严重损伤。

3.1.2 等级划分

在符合基本要求的前提下，大葱分为特级、一级和二级。各等级应符合表1的规定。

表1 大葱等级

等级	要 求
特级	具有该品种特有的外形和色泽。清洁，整齐，直立，葱白肥厚，松紧适度，质嫩，纤维少，葱白无破裂、空心、汁液外溢和明显失水，无冷冻、病虫害原因引起的病斑及机械等损伤
一级	具有该品种特有的外形和色泽。清洁，整齐，较直立，葱白较肥厚，质嫩，纤维少，葱白基本无破裂、弯曲、汁液外溢，无冷冻、病虫害原因引起的病斑及机械等损伤
二级	清洁，较整齐，允许少量葱白松软、破裂、弯曲和葱白汁液少量外溢，无冷冻、病虫害等原因引起的病斑，允许轻微机械伤

3.1.3 允许误差范围

等级的允许误差范围按其质量计：

a) 特级允许有5%的产品不符合该等级的要求,但应符合一级的要求;
b) 一级允许有10%的产品不符合该等级的要求,但应符合二级的要求;
c) 二级允许有10%的产品不符合该等级的要求,但应符合基本要求。

3.2 规格

3.2.1 规格划分

以大葱葱白长度为划分规格的指标,分为长(L)、中(M)、短(S)三个规格。具体要求应符合表2的规定。

表2 大葱规格

规 格	长(L)	中(M)	短(S)
葱白长度,cm	>50	30~50	<30
同一包装中的允许误差,%	≤15	≤10	≤5

3.2.2 允许误差范围

规格的允许误差范围按数量计:特级允许有5%的产品不符合该规格的要求;一级和二级允许有10%的产品不符合该规格的要求。

4 抽样方法

按GB/T 8855和表3规定执行。

表3 抽样数量

批量件数	≤100	101~300	301~500	501~1 000	>1 000
抽样件数	5	7	9	10	15

5 包装

5.1 基本要求

同一包装内,应为同一地点生产、同一等级和同一规格的产品。包装内的产品可视部分应具有整个包装产品的代表性。

5.2 包装方式

捆扎或纸箱包装。

5.3 包装材质

包装材料应清洁、卫生、干燥、无毒、无异味,符合食品卫生要求。包装纸箱按GB/T 6543规定执行。

5.4 净含量允许负偏差

每扎或每箱质量视具体情况确定,净含量及允许负偏差应符合国家质量监督检验检疫总局令[2005]第75号的规定。

5.5 限度范围

每批受检样品质量和大小不符合等级、规格要求的允许误差按所检单位的平均值计算,其值不应超过规定的限度,且任何所检单位的允许误差值不应超过规定值的2倍。

6 标识

包装物上应有明显标识,内容包括:产品名称、等级、规格、产品的标准编号、生产及供应商单位及详细地址、产地、净含量和采收、包装日期。标注内容应字迹清晰、规范、完整。产品标签应符合GB 7718的规定。

包装外部应注明防晒、防雨要求，若冷藏保存，应注明保存方法。包装标识图示应符合 GB/T 191 要求。

7 图片

大葱包装方式参考图片见图 1。等级、规格实物参考图片分别见图 2 和图 3。

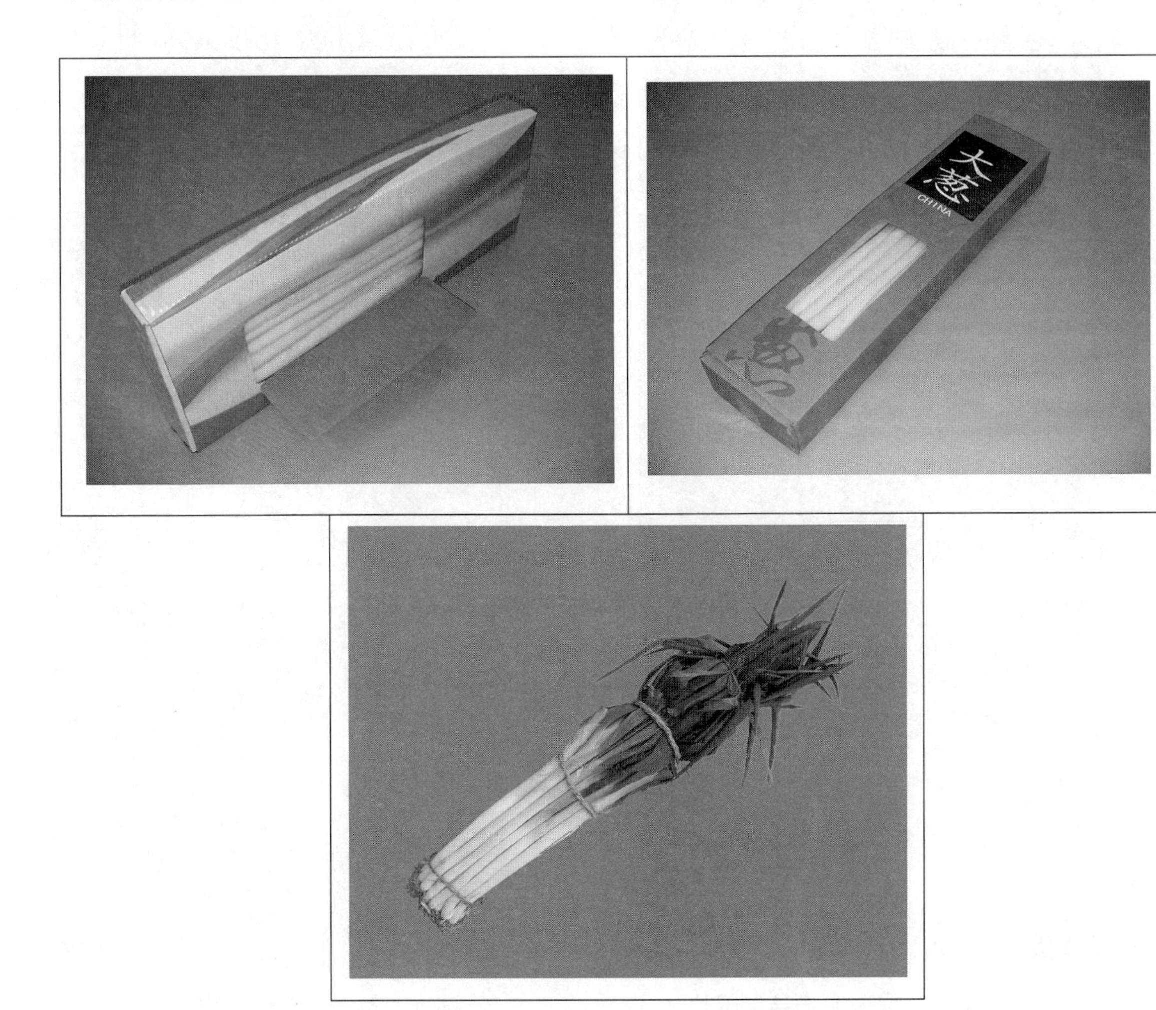

图 1 大葱包装方式实物参考图片

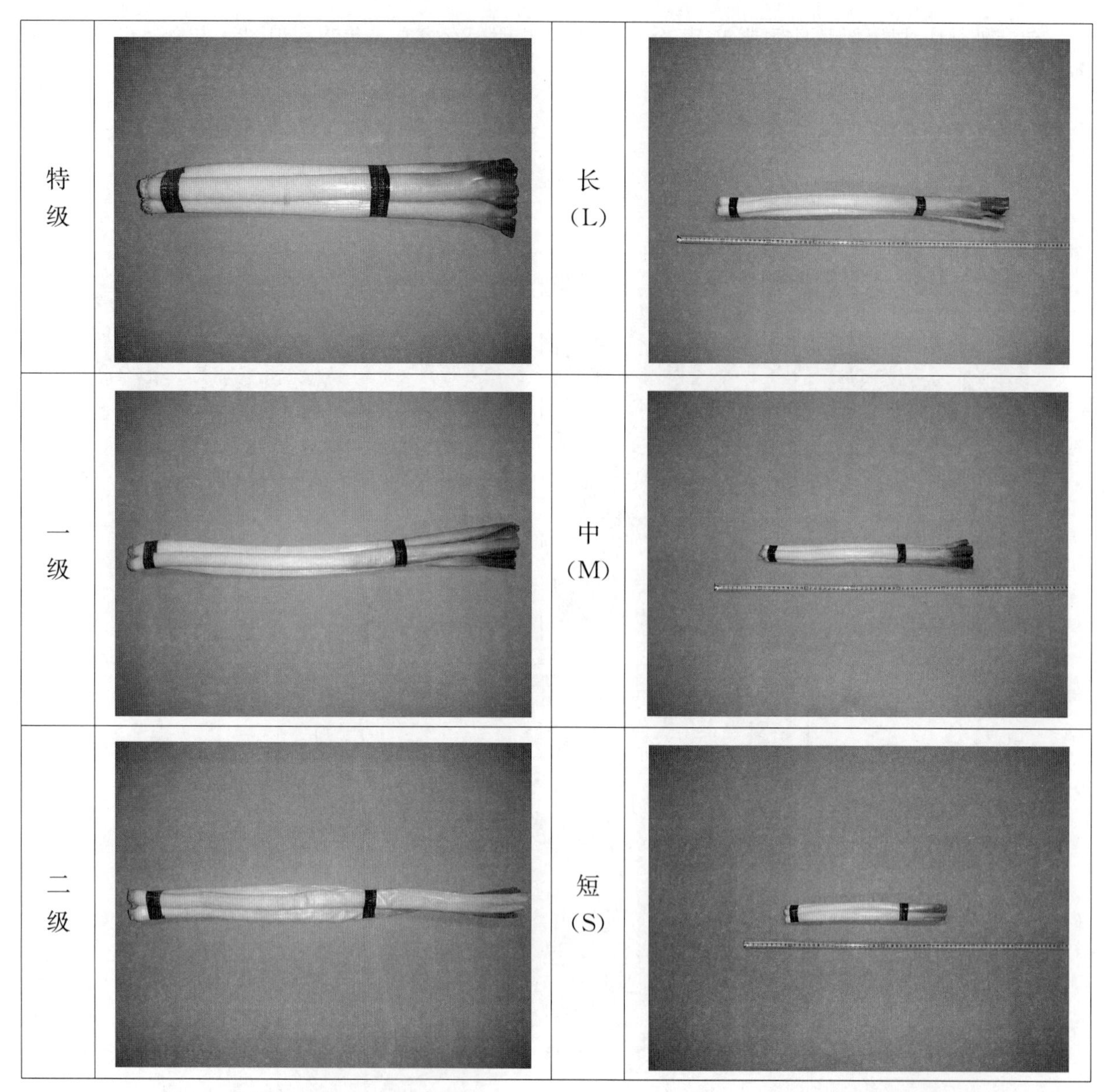

图 2　各等级大葱实物参考图片

图 3　各规格大葱实物参考图片

ICS 67.080.20
B 31

中华人民共和国农业行业标准

NY/T 1836—2010

白灵菇等级规格

Grades and specifications of *Pleurotus nebrodensis*

2010-05-20 发布

2010-09-01 实施

中华人民共和国农业部 发布

前　言

本标准由中华人民共和国农业部种植业管理司提出。

本标准由全国蔬菜标准化技术委员会归口。

本标准起草单位:中国农业科学院农业资源与农业区划研究所、北京格瑞拓普生物科技有限公司、天津市蓟县农技推广中心、北京金信食用菌有限公司。

本标准主要起草人:胡清秀、延淑洁、管道平、陈强、张怀民、杨小红、孔传广、胡小花。

白灵菇等级规格

1 范围

本标准规定了白灵菇的等级规格要求、包装和标识。

本标准适用于白灵菇鲜品。

2 规范性引用文件

下列文件中的条款通过本标准的引用而成为本标准的条款。凡是注日期的引用文件，其随后所有的修改单(不包括勘误的内容)或修订版均不适用于本标准，然而，鼓励根据本标准达成协议的各方研究是否可使用这些文件的最新版本。凡是不注日期的引用文件，其最新版本适用于本标准。

GB/T 191 包装储运图标标志

GB/T 6543 瓦楞纸箱

GB 7718 预包装食品标签通则

GB 8868 蔬菜塑料周转箱

GB 9687 食品包装用聚乙烯成型品卫生标准

GB 9688 食品包装用聚丙烯成型品卫生标准

GB 9689 食品包装用聚苯乙烯成型品卫生标准

GB 11680 食品包装用原纸卫生标准

GB/T 12728 食用菌术语

国家质量监督检验检疫总局 定量包装商品计量监督管理办法

3 术语和定义

GB/T 12728 确立的以及下列术语和定义适用于本标准。

3.1

异色斑点 different color spot

因水渍等原因在菌盖表面产生的黄色或褐色斑块。

3.2

褐变菇 brown fruit body

因物理、化学、生物等因素影响而产生变色的白灵菇子实体。

3.3

残缺菇 disintegrated fruit body

部分破损引起残缺的子实体。

4 要求

4.1 等级

4.1.1 基本要求

根据对每个级别的规定和允许误差，白灵菇应符合下列基本要求：

——无异种菇；

——无异常外来水；

——无异味、霉变、腐烂；

——无虫体、毛发、动物排泄物、泥、蜡、金属等杂质。

4.1.2 等级划分

在符合基本要求的前提下，白灵菇分为A级、B级和等外级。各等级应符合表1的规定。

表1 白灵菇等级划分

项　目	A级	B级	等外级
菌盖形状	掌状形或扇形、近圆形，未经形状修整，菇形端正，一致，有内卷边	菇形端正，形状较一致	形状不规则
颜色	菌盖白色，光洁，无异色斑点	菌盖洁白，允许有轻微异色斑点，菌褶奶黄	菌盖基本洁白，菌盖带有轻微异色斑点，菌褶奶黄
菌盖厚度，mm	≥35	≥25	不限定
菌褶	密实、直立	部分软塌	
单菇质量，g	150～250	125～225	
柄长，mm	≤15	≤25	
硬度	子实体组织致密，手感硬实、有弹性	子实体组织较致密，手感较硬实	组织较松软
褐变菇，%	0	＜2	＜5
残缺菇，%	无	＜2	＜5
畸形菇，%	无	＜5	不限定

4.1.3 允许误差范围

等级的允许误差范围按其质量计：

a) A级允许有8%的产品不符合该等级的要求，但同时应符合B级的要求；

b) B级允许有12%的产品不符合该等级的要求，但同时应符合等外级的要求；

c) 等外级允许有16%的产品不符合该等级的要求，但符合基本要求。

4.2 规格

4.2.1 规格划分

按菌盖大小来划分白灵菇的规格，分3种规格，规格的划分应符合表2的要求。

表2 白灵菇规格

类　　别	小(S)	中(M)	大(L)
菌盖大小，纵径×横径，mm	90～105×80～90	105～125×90～115	125～180×115～140
同一包装内白灵菇菌盖纵径差值，mm	≤10	≤25	≤25

4.2.2 允许误差范围

规格的允许误差范围按其质量计：

a) A级允许有8%的产品不符合该规格的要求；

b) B级允许有12%的产品不符合该规格的要求；

c) 等外级允许有16%的产品不符合该规格的要求。

5 包装

5.1 包装要求

同一包装箱内，应为同一等级、同一规格的产品，包装内的产品可视部分应具有整个包装产品的代表性。

5.2 包装方式

白灵菇可使用食品包装纸或其他食品包装材料包裹后，外包装采用聚苯乙烯包装箱。包装体积可根据客户需求制定。

5.3 包装材质

5.3.1 白灵菇运输包装为聚苯乙烯包装箱，包装材质应符合 GB 9689 和 GB 6543 的规定。

5.3.2 白灵菇内包装所使用的包装材料应符合 GB 11680、GB 9687 和 GB 9688 的规定。

5.4 单位包装中净含量及其允许偏差

单位包装净含量应符合国家质量监督检验检疫总局发布的《定量包装商品计量监督管理办法》之规定，按表 3 要求进行。

表 3 白灵菇单位包装的净含量及其允许偏差

单位净含量	允许负偏差
≤5kg	5.0%
5kg～10kg	1.5%

5.5 限度范围

每批受检样品质量不符合等级、大小不符合规格要求的允许误差，按所检单位的平均值计算，其值不应超过规定的限度，且任何所检单位的允许误差值不应超过规定值的 2 倍。

6 标识

包装标识应符合 GB/T 191 和 GB 7718 的规定，内容包括产品名称、等级、规格、产品的标准编号、生产单位及详细地址、产地、净含量和采收、包装日期，若需冷藏保存，应注明保藏方式。标注内容要求字迹清晰、规范、完整。

7 参考图片

白灵菇不同等级、规格及包装方式的实物彩色图片见图 1、图 2、图 3。

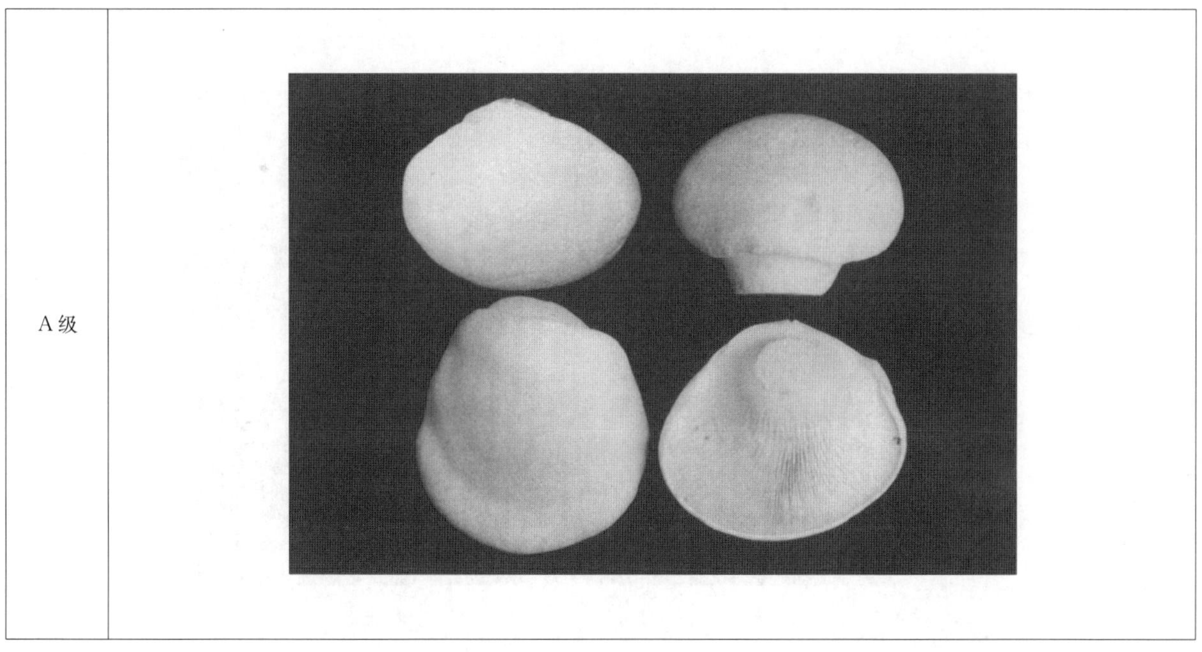

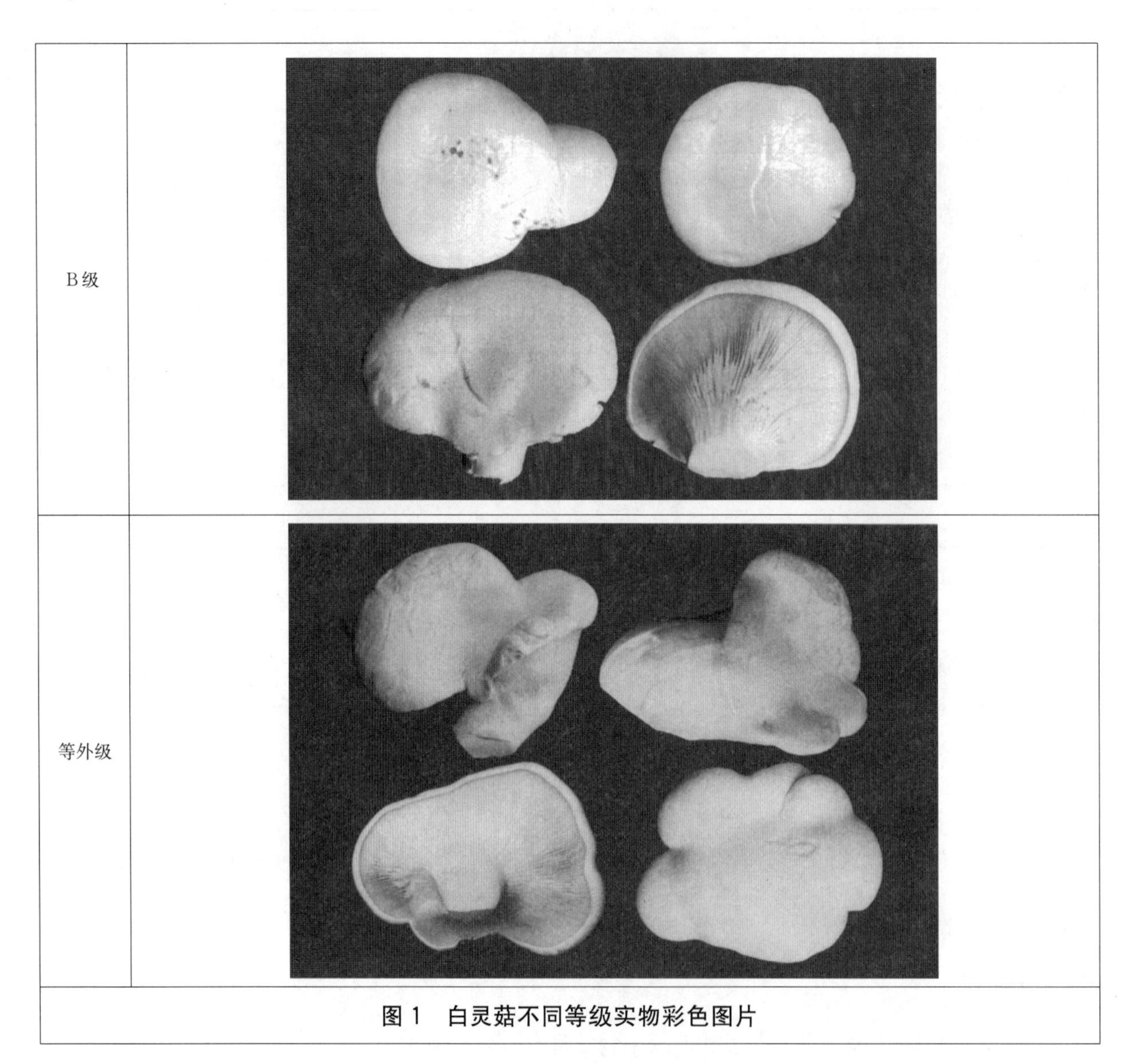

图1　白灵菇不同等级实物彩色图片

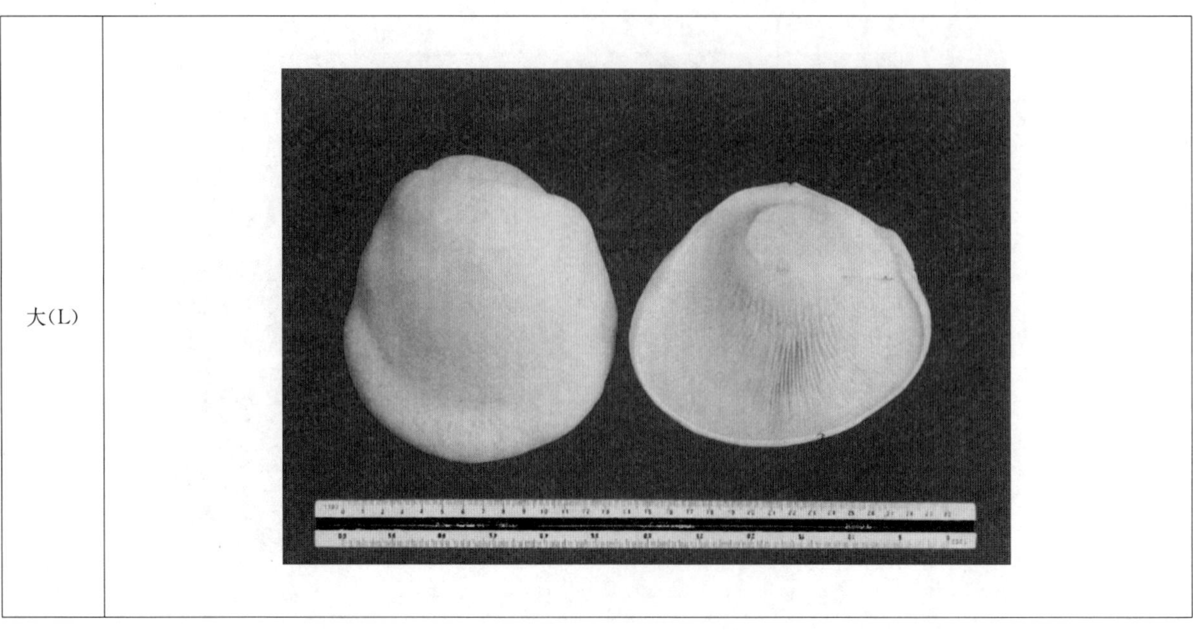

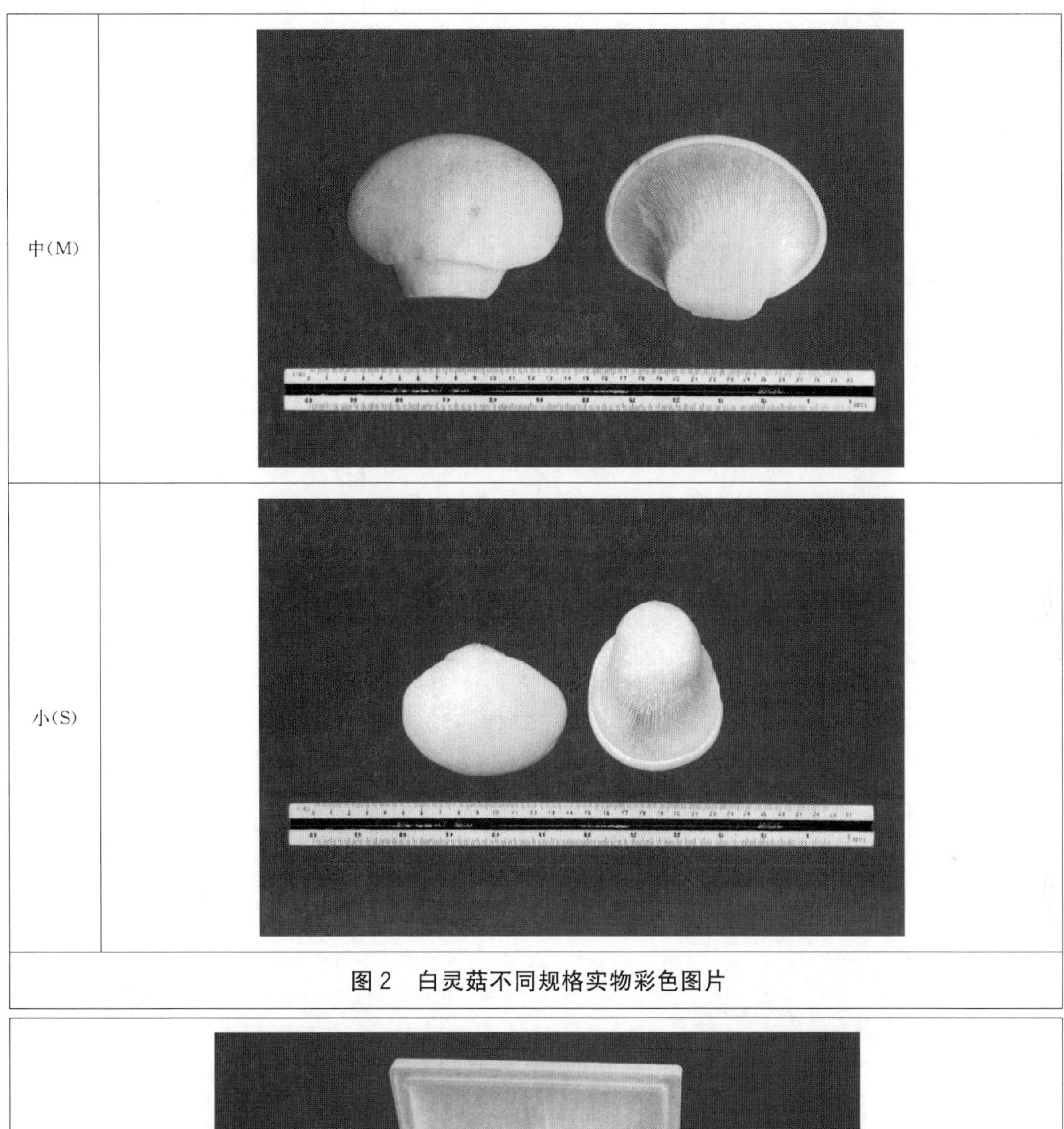

图2　白灵菇不同规格实物彩色图片

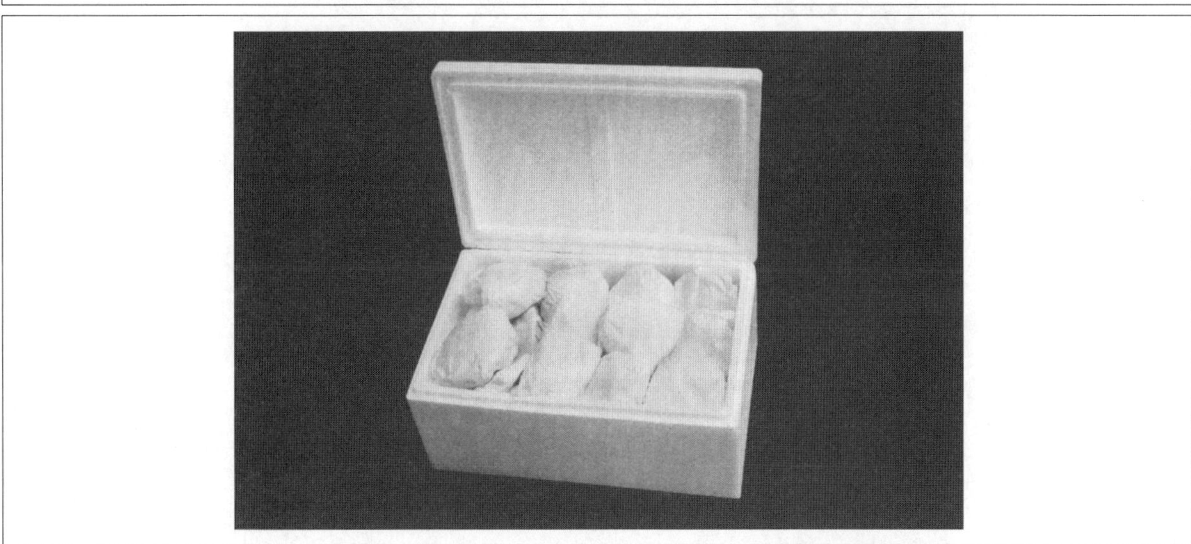

图3　白灵菇聚苯乙烯箱包装的实物彩色图片

ICS 67.080.20
B 31

中华人民共和国农业行业标准

NY/T 1837—2010

西葫芦等级规格

Grades and specifications of summer squashs

2010-05-20 发布　　2010-09-01 实施

中华人民共和国农业部 发布

前　　言

本标准由中华人民共和国农业部种植业管理司提出并归口。

本标准起草单位：农业部农产品质量安全监督检验测试中心（重庆）、山西省农业科学院棉花研究所西葫芦育种室。

本标准主要起草人：杨俊英、柴勇、熊英、李必全、康月琼、褚能明、徐利均、雷逢进。

西葫芦等级规格

1 范围

本标准规定了西葫芦的等级规格的要求、抽样方法、包装、标识和参考图片。

本标准适用于鲜食西葫芦。

2 规范性引用文件

下列文件中的条款通过本标准的引用而成为本标准的条款。凡是注日期的引用文件，其随后所有的修改单(不包括勘误的内容)或修订版均不适用于本标准，然而，鼓励根据本标准达成协议的各方研究是否可使用这些文件的最新版本。凡是不注日期的引用文件，其最新版本适用于本标准。

GB/T 6543 运输包装单瓦纸箱和双瓦楞纸箱

GB/T 8855 新鲜水果和蔬菜 取样方法

GB 9687 食品包装用聚乙稀成型品卫生标准

国家质量监督检验检疫总局令 2005年第75号 定量包装商品计量监督管理办法

3 要求

3.1 等级

3.1.1 基本要求

西葫芦均应符合下列基本要求：

——同一品种或相似品种；

——清洁，无杂质；

——外观形状完好，无柄，基部削平；

——鲜嫩，色泽正常；

——无裂口、无腐烂、无变质、无异味；

——无病虫害导致的严重损伤；

——无冷冻导致的严重损伤。

3.1.2 等级划分

在符合基本要求的前提下，西葫芦分为特级、一级和二级，各相应等级应符合表1的规定。

表1 西葫芦等级

等级	要 求
特级	果实大小整齐，均匀，外观一致；瓜肉鲜嫩，种子未完全形成，瓜肉中未出现木质脉径；修整良好；光泽度强；无机械损伤、病虫损伤、冻伤及畸形瓜
一级	果实大小基本整齐，均匀，外观基本一致；瓜肉鲜嫩，种子未完全形成，瓜肉中未出现木质脉径；修整较好；有光泽；无机械损伤、病虫损伤、冻伤及畸形瓜
二级	果实大小基本整齐，均匀，外观相似；瓜肉较鲜嫩，种子完全形成，瓜肉中出现少量木质脉径；修整一般；光泽度较弱；允许有少量机械损伤、病虫损伤、冻伤及畸形瓜

3.1.3 允许误差

a) 按数量计，特级允许5%的产品不符合该等级的要求，但应符合一级的要求；

b) 按数量计，一级允许10%的产品不符合该等级的要求，但应符合二级的要求；

c) 按数量计，二级允许10%的产品不符合该等级的要求，但应符合基本要求。

3.2 规格

3.2.1 规格划分

按单果质量大小确定西葫芦规格，分为大、中、小三个规格。具体要求见表2。

表2 西葫芦规格

单位为千克

规 格	大(L)	中(M)	小(S)
单果质量	>0.6	0.3～0.6	<0.3
同一包装中的最大和最小质量的差异	≤0.2	≤0.15	≤0.1

3.2.2 允许误差

规格的允许误差范围按数量计允许有10%的西葫芦不符合相应规格的规定。

4 抽样方法

抽样方法按GB/T 8855规定执行，抽样数量见表3。

表3 抽样数量

单位为件

批量件数	≤100	101～300	301～500	501～1 000	>1 000
抽样件数	5	7	9	10	15

5 包装

5.1 包装要求

同一包装内西葫芦的等级、规格应一致。包装内的产品可视部分应具有整个包装产品的代表性。

5.2 包装方式

塑料袋或塑料框或纸箱包装。塑料袋包装应垂直摆放，筐装或纸箱包装应水平摆放。

5.3 包装材料

包装塑料袋按GB 9687规定执行，包装纸箱按GB/T 6543规定执行。

5.4 净含量及允许负偏差

净含量及允许负偏差应符合国家质量监督检验检疫总局令(2005)第75号的规定。

5.5 限度范围

每批受检样品质量和大小不符合等级、规格要求的允许误差按所检单位的平均值计算，其值不应超过规定的限度，且任何所检单位的允许误差值不应超过规定值的2倍。

6 标识

包装上应有明显标识，内容包括：产品名称、等级、规格、产品执行标准编号、生产者及详细地址、净含量和采收、包装日期等。若需冷藏保存，应注明其保存方式。标注内容要求字迹清晰、完整、准确、且不易褪色。

7 参考图片

西葫芦的包装方式及等级和规格的实物彩色图片分别见图1、图2、图3。

图1　西葫芦包装方式图片

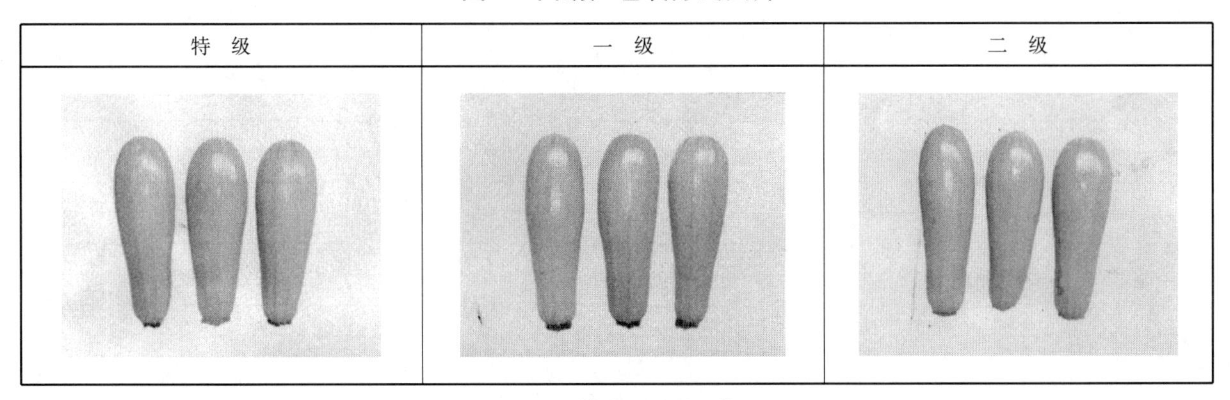

图2　等级实物图片

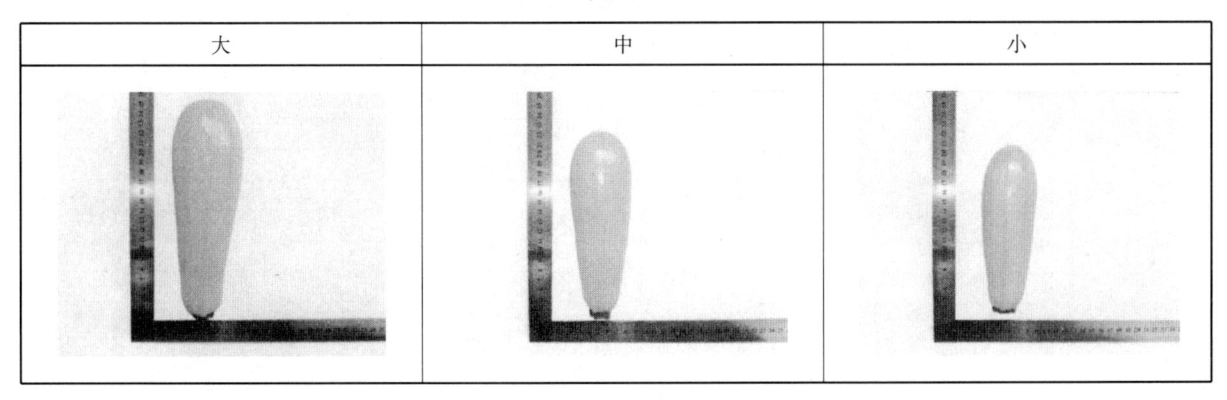

图3　规格实物图片

ICS 67.080.20
B 31

中华人民共和国农业行业标准

NY/T 1838—2010

黑木耳等级规格

Grades and specifications of *Auricularia auricular*

2010-05-20 发布　　　　2010-09-01 实施

中华人民共和国农业部　发布

前　　言

本标准由农业部种植业管理司提出并归口。

本标准起草单位：农业部食用菌产品质量监督检验测试中心（上海）、上海市农业科学院农产品质量标准与检测技术研究所。

本标准主要起草人：门殿英、邢增涛、赵晓燕、关斯明、赵志辉。

黑木耳等级规格

1 范围

本标准规定了黑木耳等级规格的术语和定义、要求、包装和标识。

本标准适用于黑木耳干品。

2 规范性引用文件

下列文件对于本文件的应用是必不可少的，凡是注日期的引用文件，仅注日期的版本适用于本文件。凡是不注日期的引用文件，其最新版本(包括所有的修改单)适用于本文件。

GB/T 191 包装储运图示标志

GB/T 6543 运输包装用单瓦楞纸箱和双瓦楞纸箱

GB 7718 预包装食品标签通则

GB 9687 食品包装用聚乙烯成型品卫生标准

GB 9688 食品包装用聚丙烯成型品卫生标准

GB/T 12728 食用菌术语

3 术语和定义

GB/T 12728 确立的以及下列术语和定义适用于本标准。

3.1

拳耳 fisted fruit body

耳片互相黏裹呈拳头状的黑木耳。

3.2

流失耳 damaged fruit body

木耳胶质溢出，肉质破坏，失去商品价值的黑木耳。

3.3

虫蛀耳 bug bitted fruit body

被害虫蛀食而形成残缺不全的黑木耳。

3.4

霉烂耳 mucid fruit body

发霉变质的黑木耳。

3.5

薄耳 thin fruit body

耳片色泽较浅，薄且透明的黑木耳。

3.6

厚度 Thickness

指黑木耳在室温下水中浸泡 10 h 后滤尽余水后测量的耳片中间的厚度。

3.7

杂质 extraneous matters

除黑木耳以外的物质(如毛发、动物排泄物、泥、蜡、金属、沙土、小石粒、树皮、木屑、树叶等)。

4 要求

4.1 等级

4.1.1 基本要求

根据对每个级别的规定和容许误差，黑木耳应符合下列要求：

——无异种菇；

——含水量不超过14%；

——无异味；

——无流失耳、虫蛀耳和霉烂耳；

——清洁，几乎不含任何可见杂质。

4.1.2 等级划分

在符合基本要求的前提下，根据形态和质地的不同，将黑木耳分为特级、一级和二级。各等级应符合表1的规定。

表1 黑木耳等级

项目	等级		
	特级	一级	二级
色泽	耳片腹面黑褐色或褐色，有光亮感，背面暗灰色	耳片腹面黑褐色或褐色，背面暗灰色	黑褐色至浅棕色
耳片形态	完整、均匀	基本完整、均匀	碎片≤5.0%
残缺耳	无	<1.0%	≤3.0%
拳耳	无	无	≤1%
薄耳	无	无	≤0.5%
厚度(mm)	≥1.0	≥0.7	/

4.1.3 允许误差范围

等级的允许误差范围按其质量计：

a) 特级允许有5%的产品不符合该等级的要求，但应符合一级的要求；

b) 一级允许有8%的产品不符合该等级的要求，但应符合二级的要求；

c) 二级允许有10%的产品不符合该等级的要求，但应符合基本要求。

4.2 规格

4.2.1 规格划分

按黑木耳朵片大小过圆形筛孔直径，可划分为三种规格，单片黑木耳和朵状黑木耳规格的划分应符合表2的要求

表2 黑木耳规格

类别	大(L)	中(M)	小(S)
单片黑木耳过圆形筛孔直径	直径≥2.0 cm	1.1 cm≤直径<2.0 cm	0.6 cm≤直径<1.1 cm
朵状黑木耳过圆形筛孔直径	直径≥3.5 cm	2.5 cm≤直径<3.5 cm	1.5 cm≤直径<2.5 cm

4.2.2 允许误差范围

规格的允许误差范围按其质量计：

a) 特级允许有5%的产品不符合该规格的要求。

b) 一级和二级允许有10%的产品不符合该规格的要求。

5 包装

5.1 包装要求

同一包装箱内，应为同一等级规格的产品，包装内的产品可视部分应具有整个包装产品的代表性。包装体积可根据客户需要制定。

5.2 包装方式

黑木耳采用密封包装。

5.3 包装材质

5.3.1 黑木耳以食品包装用聚乙烯、聚丙烯或硬质纸箱为包装容器，包装袋材质应符合 GB 9687、GB 9688 和 GB/T 6543 的规定。

5.3.2 客户对包装有特殊要求时，按合同进行包装，但包装材料不应对黑木耳的食用安全性和环境保护有影响。

5.4 单位包装中净含量及其允许偏差

单位包装净含量应符合表 3 的要求。

表 3 定量包装标注的净含量及其允许偏差

定量包装标注的净含量	允许偏差
≤10 kg	1.5%
10 kg～15 kg	150 g
15 kg～50 kg	1%

5.5 限度范围

每批受检样品质量不符合等级、大小不符合规格要求的允许误差，按所检单位的平均值计算，其值不应超过规定的限度，且任何所检单位的允许误差值不应超过规定值的 2 倍。

6 标识

包装标识应符合 GB/T 191 和 GB 7718 的规定，包装袋(箱)内应附产品合格证，标明产品名称、等级、规格、产品的标准编号、商标、生产单位及详细地址、产地、净含量和包装日期等，并印有防潮标记。标注内容应字迹清晰、规范、完整。

7 图片

黑木耳不同等级和规格的实物参考图片见图 1、图 2。

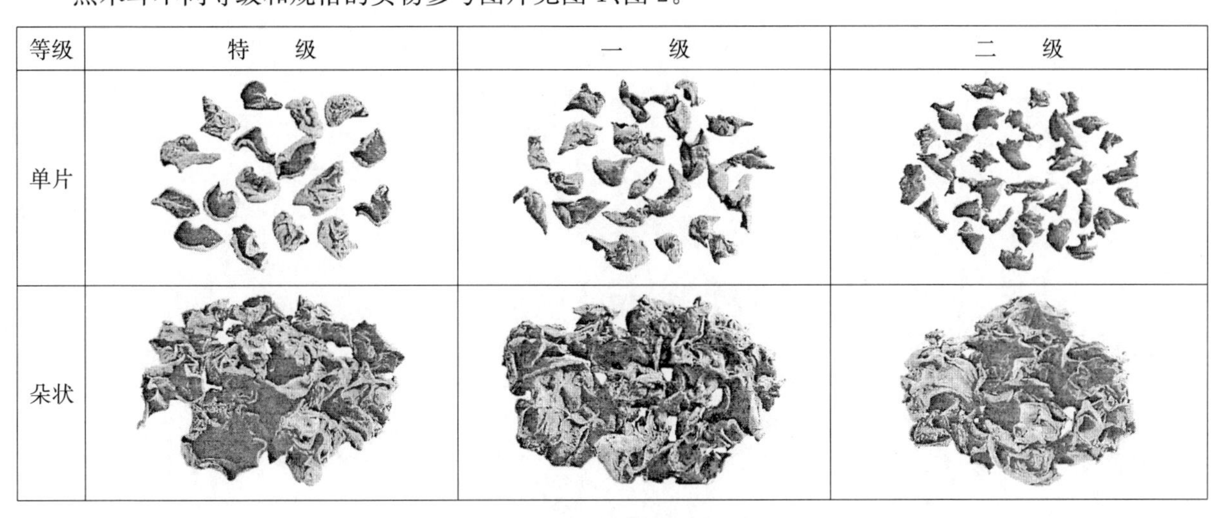

图 1 黑木耳不同等级的实物照片

规格	大(L)	中(M)	小(S)
单片	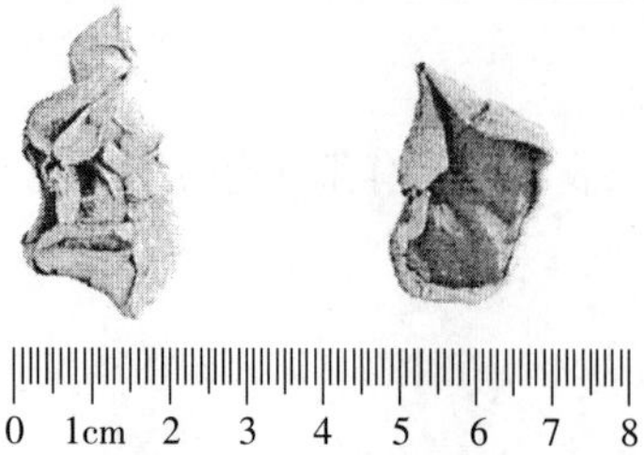 0 1cm 2 3 4 5 6 7 8	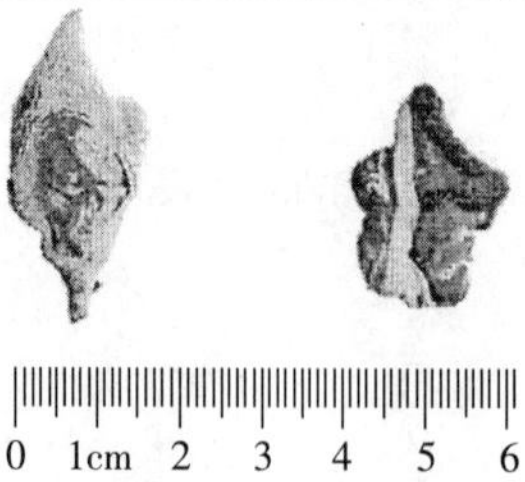 0 1cm 2 3 4 5 6	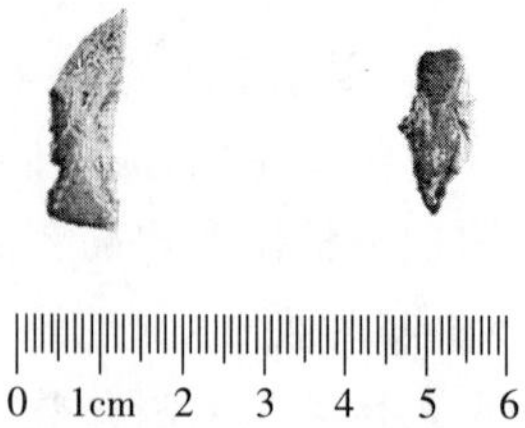 0 1cm 2 3 4 5 6
朵状	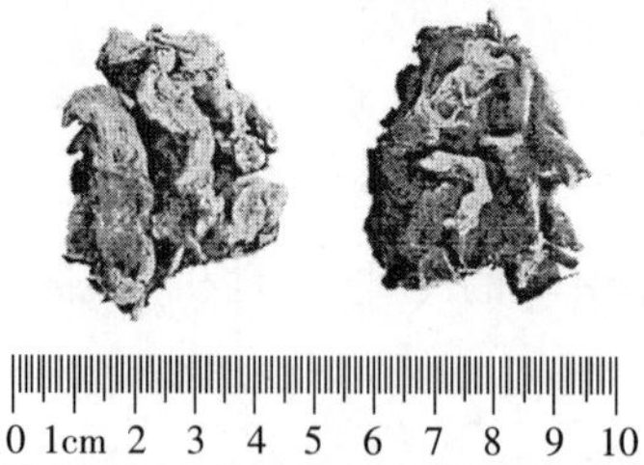 0 1cm 2 3 4 5 6 7 8 9 10	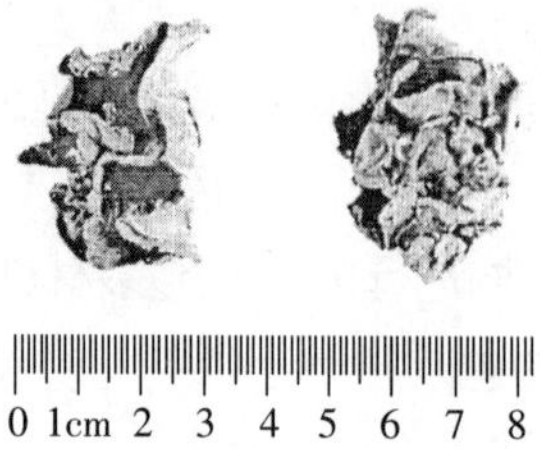 0 1cm 2 3 4 5 6 7 8	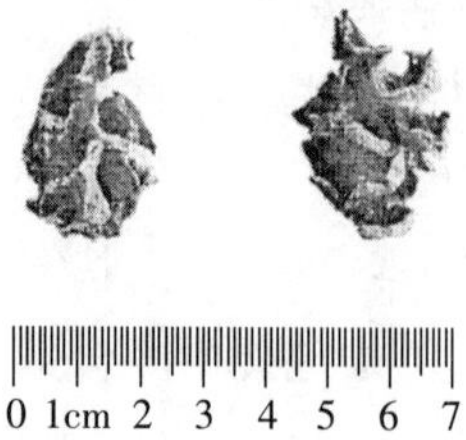 0 1cm 2 3 4 5 6 7

图 2　黑木耳不同规格的实物图片

ICS 65.020
B 04

中华人民共和国农业行业标准

NY/T 1839—2010

果 树 术 语

Terminology of fruit trees

2010-05-20 发布 2010-09-01 实施

中华人民共和国农业部 发布

前　言

本标准按 GB/T 1.1—2009 规则编写。

本标准由中华人民共和国农业部种植业管理司提出并归口。

本标准起草单位：全国农业技术推广服务中心、河北农业大学、中国农业科学院果树研究所、西南大学。

本标准主要起草人：李莉、孙建设、曾明、聂继云、董雅凤。

果 树 术 语

1 范围

本标准规定了与果树相关的基本术语。

本标准适用于与果树相关的科研、教学、生产和贸易领域。

2 基础术语

2.1

果树 fruit trees

能生产供人类食用的果实、种子及其衍生物的木本或多年生草本植物。

2.2

落叶果树 deciduous fruit trees

秋冬季节叶片全部或部分脱落，年生命活动中有明显的生长期和休眠期之分的果树。

2.3

常绿果树 evergreen fruit trees

年周期中没有集中落叶期，年生命活动中没有明显的休眠期，终年皆具绿叶的果树。

2.4

热带果树 tropical fruit trees

适宜在热带无霜冻地区生长的常绿果树，多数在气温低于 20℃时即停止生长。

2.5

亚热带果树 subtropical fruit trees

适宜在亚热带地区生长的果树，多数需通过一定时间的冷凉气候才能正常开花结果。

2.6

温带果树 temperate zone fruit trees

适宜在温带地区生长的果树，一般在秋、冬季落叶。

2.7

寒地果树 cold zone fruit trees

适宜在寒冷地区生长的果树。

2.8

乔木果树 arbor fruit trees

自然状态下有较明显而直立的主干、树体较大的果树。

2.9

灌木果树 shrub fruit trees

自然状态下从基部形成几个主茎、树体矮小的果树。

2.10

藤本果树 liana fruit trees

茎(枝蔓)细长而柔软、具有缠绕或攀缘特性的果树。

2.11

仁果类果树 pome fruit trees

果实由花朵的合生心皮下位子房与花托、萼筒共同发育而成的果树。

2.12

核果类果树　stone fruit trees

果实由花朵的单心皮周围花的上位子房发育而成的果树。

2.13

浆果类果树　berry

果实由花的子房或联合其他花器发育而成、肉质多浆的果树。

2.14

坚果类果树　nut trees

果实由花的单心皮或合生心皮发育而成、食用部分为种子的果树。

2.15

柑果类果树　hesperidious fruit trees

果实由多心皮上位子房发育而成多瓣肥大肉质果的果树。

2.16

多年生草本果树　perennial herbaceous fruit plants

能生产供人类食用果实的多年生草本植物。

2.17

年生长周期　annual growth cycle

随一年中气候变化，果树生长有规律的变化过程。

2.18

有效积温　accumulated effective temperature

果树一定生长发育时段逐日有效温度之和。

2.19

需冷量　chilling requirement

果树解除自然休眠所需的有效低温时数。

2.20

临界温度　critical temperature

果树能够进行正常生命活动的环境温度的上限或下限。

2.21

果树大小年　biennial bearing of fruit

果树产量丰年歉年间隔出现的现象。

2.22

果径　equatorial diameter of fruit

果实最大横切面的直径，以毫米(mm)为单位。

2.23

完整　intact

果实形态完好，无破坏和损伤。

2.24

新鲜　fresh

果实无失水皱皮、色泽变暗等现象。

2.25

良好　perfect

果实无机械伤、病虫害和腐烂，完全适合于食用。

2.26

果形　fruit shape

本品种果实成熟时应具有的形状。

2.27

果形端正　regular fruit shape

果实没有不正常的明显凹陷和突起，以及外形偏缺的现象。

2.28

色泽　color

果实成熟时的表面色彩。

2.29

单果重　single fruit weight

单个果实的重量，是确定果实大小的依据，以克(g)为单位。

2.30

果面洁净　clean fruit skin

果面上无明显尘土、药物残留及其他异物。

2.31

果面光洁度　skin finish

果面洁净、无锈、有光泽的程度。

2.32

果梗完整　intact fruit stem

果实带有果梗。

2.33

缺陷果　defective fruit

偏离正常特征的果实。

2.34

果面缺陷　skin defect

自然或人为因素对果实表皮造成的各种损伤。

2.35

一般缺陷　general defect

仅损伤果实表面的缺陷。

2.36

严重缺陷　serious defect

致使果实部分或全部失去食用价值的缺陷。

2.37

畸形果　deformed fruit

有明显的不正常凹陷或突起及外形缺陷的果实。

2.38

腐烂果　decayed fruit

病原菌侵染导致部分或全部丧失食用价值的果实。

2.39

异味　peculiar taste

果实因变质或吸收外界不良气味而产生的不正常气味或滋味。

2.40

果锈 fruit rust

果皮上覆盖的锈状木栓化物质。

2.41

水锈 water rust

水长期停留在果实表面形成的锈色斑点。

2.42

油斑 oil spot

果面的油胞病变。有绿色、黄色、褐色等。

2.43

褐斑 brown spot

果实表皮层呈褐色的干缩斑痕。

2.44

水肿 dropsy

因通风不良或遭受冷害,导致果实生理代谢失调、果皮褐变甚至组织软溃而部分或全部失去食用价值。

2.45

磨伤 rubbing

生长期间果实受枝、叶磨擦而形成的果皮损伤,伤处呈块状或网状。

2.46

刺划伤 stabbing and scratching

采摘时或采后果实受到机械损伤,果皮、果肉破损。

2.47

碰压伤 bruising

果实因碰撞或受压造成的人为损伤。

2.48

机械伤 physical injury

因机械外力所造成的损伤,包括擦伤、刺伤、碰伤、压伤等。

2.49

不正常外来水分 abnormal external moisture

雨淋或用水冲洗后留存在果实表面的水分。

2.50

虫伤 insect bites

指害虫为害果皮或/和果肉造成的伤害。

2.51

病害 diseases

包括生理性病害和侵染性病害。生理性病害是指由不适宜的环境因素或有害物质危害或自身遗传因素引起的病害。侵染性病害是指由病原生物引起的可传染病害。

2.52

药害 spray injury

因喷洒农药对果树引起的伤害。

2.53

冻害　freeze injury

0℃以下低温和剧烈变温造成果树冰冻受害。

2.54

冷害　cold injury

0℃以上低温对果树造成的伤害。

2.55

雪害　snow injury

积雪和融雪对果树造成的伤害。

2.56

雹伤　hail damage

果实生长期间被冰雹袭击造成的伤害。

2.57

涝害　waterlogging injury

土壤含水量超过田间最大持水量时对果树生长发育造成的妨害。

2.58

盐害　saline injury

土壤盐分过多引起果树生长发育不正常。

2.59

日灼　sunburn

果树在生长发育期间，由于强烈日光辐射增温所引起的果树器官和组织灼伤。

2.60

主栽品种　leading cultivar

商品生产果园中实现经济效益的主要栽培品种。

3　生物学特性术语

3.1

童期　juvenile period

果树从种子萌发到具备开花潜能所经历的生长发育阶段。

3.2

幼树期　vegetative stage

果树从苗木定植到开花结果所经历的生长发育阶段。

3.3

初果期　initial bearing stage

果树从开始结果到大量结果前的生长发育阶段。

3.4

盛果期　full bearing stage

果树从开始大量结果到衰老前的生长发育阶段。

3.5

萌芽期　sprouting stage

果树从芽体开始膨大、鳞片松动到幼叶伸出芽外的生长发育阶段。

3.6

展叶期　leaf-expansion period

树冠上的多数叶片集中展开时期。

3.7

开花期　anthesis

花蕾迅速膨大、开花至花瓣脱落的时期。

3.8

果实生育期　fruit developing period

果实自盛花至发育成熟所经历的时期。

3.9

营养生长期　vegetative phase

果树结果之前的生长发育阶段。

3.10

生殖生长期　reproductive phase

果树花、果实、种子等生殖器官的发育阶段。

3.11

休眠期　dormant stage

果树芽或其他器官没有明显生命活动的时期。

3.12

生长势　growth vigor

树体生长强弱的状态，通常以树冠外围新梢长度表示。

3.13

顶端优势　apical dominance

植物顶芽或上部芽的生长抑制侧芽或下部芽萌发和生长的现象。

3.14

萌芽力　germination rate

枝条上芽的萌发能力，以萌芽率(萌发芽占总芽数的百分率)表示。

3.15

成枝力　bud branching ability

一年生枝条春天萌发的芽抽生长枝的能力，以长枝占总萌芽数的百分率表示。

3.16

短枝型　spur type

指枝条节间缩、树冠矮小的果树类型。

3.17

紧凑型　compact type

指枝条直立、树冠结构紧凑的果树类型。

3.18

叶果比　leaf-fruit ratio

单株果树总叶片数与总果数之比。

3.19

叶面积指数　leaf area index

树冠总叶面积与其树冠投影面积之比。

3.20

落花落果　blossom and fruit drop

果树花和果实因不良环境和营养条件而自行脱落的现象。

3.21

生理落果　physiological fruit-drop

果树因生理原因引起的果实脱落现象。

3.22

坐果率　fruit setting rate

果树坐果数占花朵总数或花序总数的百分率。

3.23

负载量　crop

单株果树或单位面积上的果树所负载果实的量。

3.24

果形指数　fruit shape index

衡量果形的指标,以果实纵径与横径的比值表示。

3.25

果实成熟度　fruit maturity

果实经过生长发育,表现出本品种成熟时固有的外观特征和内在性状的程度。

3.26

采前落果　preharvest drop

由于品种特性或不良环境影响,果实在成熟前出现的脱落现象。

3.27

粘核　clingstone

果实的果肉与果核完全粘着。

3.28

半离核　semifreestone

果实的果肉与果核脱离,但不完全。

3.29

离核　freestone

果实的果肉与果核完全脱离,只有维管束相连。

3.30

浮皮　puffiness

宽皮柑橘在果实采收前后,果皮与果肉出现分离趋势或分离的现象。

3.31

焦核　abortive seed

荔枝和龙眼果实的胚在发育期间停止发育并逐渐退化,种子败育的现象。

3.32

裂果　splitting fruit

果实表皮开裂并深达果肉组织的现象。

3.33

僵果　abortive fruit

果实发育到一定阶段,由于内在生理因素或外在环境影响,使果实发育停滞,不能正常膨大的现象。

3.34

萎蔫　withered

果树由于蒸腾过旺，水分胁迫使叶片膨压降低，丧失正常生活状态出现不同程度的枯萎、皱缩现象。

3.35

自花结实　self-fertile

同一品种植株之间能相互授粉，从而正常结实的现象。

3.36

花芽分化　flower bud differentiation

果树芽体由叶芽的形态和组织状态向花芽的形态和组织状态转化，直至芽内形成各种花器官的过程。

3.37

嫁接不亲和　graft incompatibility

接穗嫁接在砧木上后，嫁接口不能愈合或愈合不正常的现象。

4　形态特征术语

4.1

主干　trunk and centre leader

果树地上部分的总称，包括树冠和树干两部分。

4.2

干高　height of trunk

果树从根颈到第一主枝之间的树干高度。

4.3

干周　girth of trunk

距地面 20 cm 处树干的周长。

4.4

树体　tree body

位于树冠中央直立生长的树干部分。

4.5

树干　trunk

根颈以上到第一主枝之间的多年生枝干部分。

4.6

树冠　canopy

树干以上所有着生的枝叶所构成的整体。

4.7

冠径　width of canopy

树冠直径，通常用东西径和南北径的平均值表示。

4.8

冠高　height of canopy

主干基部第一分枝处至树冠顶部的垂直高度。

4.9

叶幕　foliar canopy

果树的叶在树冠内集中分布区域的总称。

4.10

层间距　interval between layers of branches

上下两层叶幕间的距离。

4.11

主根　main root

由种子胚根发育而成的根。

4.12

须根　fiber root

着生在主根和侧根上细而长的小根。

4.13

生长根　growing root

新生根中演化发生次生结构的根。

4.14

吸收根　absorbing root

生长在各末级根上的只具有初生结构的新生根。

4.15

骨干根　skeleton root

构成根系骨架的主根和大侧根。

4.16

不定根　adventitious root

正式分化成不同形态的根系之前的根。

4.17

实生根系　seeding root system

由种子的胚根发育而来。

4.18

茎源根系　cutting root system

起源于茎上的不定根的根系。

4.19

根蘖　root sucker

在根段上形成不定芽，可发育成独立的植株。

4.20

顶芽　terminal bud

位于一年生枝条顶端的芽。

4.21

侧芽　lateral bud

位于一年生枝条侧面叶腋间的芽。

4.22

叶芽　leaf bud

只含有叶原基，萌发后只长枝、叶的芽。

4.23

花芽　flower bud

含有花原基，萌发后能长出花序或花的芽。

4.24

不定芽　adventitious bud

不在枝条顶端或叶腋间，而在其他部位产生的芽。

4.25

混合芽　mixed bud

芽体中叶原基和花原基同时存在的芽。

4.26

潜伏芽　latent bud

形成后两年或两年以上不萌发但仍保持活力的芽。

4.27

纯花芽　floral bud

只含花原基，萌发后只长花的芽。

4.28

顶花芽　terminal flower bud

位于一年生枝条顶端的花芽。

4.29

腋花芽　axillary flower bud

位于一年生枝条侧生的花芽。

4.30

单芽　single bud

一个叶腋间只着生一个芽。

4.31

复芽　multiple bud

一个叶腋间具有两个或两个以上的芽。

4.32

夏芽　summer bud

当年形成、当年萌发的芽。

4.33

冬芽　winter bud

当年形成后不能萌发，在越冬期间满足一定低温后才能萌发的芽。

4.34

隐芽　dormant bud

发生在枝条芽鳞痕和过渡性叶的腋间，外部形态不明显的芽原基。

4.35

雏梢　rudimentary shoot

春季萌芽前，休眠芽中已形成的新梢雏形。

4.36

新梢　shoot

果树当年抽生的枝条，分春梢、夏梢、秋梢和冬梢。

4.37

春梢　spring shoot

春季抽生的新梢。

4.38

夏梢　summer shoot

夏季抽生的新梢，在春梢停止生长或转缓之后，夏季又继续延长生长的部分。

4.39

秋梢　autumn shoot

继新梢停长后，秋季再次生长的部分。

4.40

冬梢　winter shoot

常绿果树在冬季抽生的新梢。

4.41

芽鳞痕　bud scald trace

新梢基部由许多新月形构成的鳞痕。

4.42

主枝　main branch

着生在中干上的骨干枝。

4.43

侧枝　lateral branch

着生在主枝上的骨干枝。

4.44

预备枝　renewing shoot

结果枝组修剪时，配置在结果母枝下方或枝组后部预备用做更新替代的一年生枝。

4.45

发育枝　vegetative shoot

生长健旺的营养枝。

4.46

徒长枝　water sprout

生长过旺、发育不充实的一种发育枝。

4.47

细弱枝　thin and weak shoot

比一般发育枝纤细而短的枝。

4.48

叶丛枝　cluster twig

叶片丛状排列、节间很短的一类营养枝。

4.49

辅养枝　temporary branch

着生在骨干枝上、用做辅养树体或临时结果的非永久性大枝。

4.50

营养枝　vegetative shoot

只长叶而无花、果的当年生枝条。

4.51

结果枝　fruiting shoot

直接着生花或花序并能开花结果的枝。

4.52

延长枝　elongating shoot

位于主枝、侧枝等先端继续延伸生长的发育枝。

4.53

竞争枝　competing shoot

剪口以下第二、三芽萌发的生长势与延长枝相近或更强的枝条。

4.54

骨干枝　skeleton branch

树冠内比较粗大、起骨干作用的枝干。

4.55

背上枝　upright shoot

枝条背上发生的直立性枝条。

4.56

短果枝　fruiting spur

仁果类果树长 5 cm 以下，核果类果树长 15 cm 以下的结果枝。

4.57

中果枝　middle fruiting shoot

仁果类果树长 5 cm～15 cm，核果类果树长 15 cm～30 cm 的结果枝。

4.58

长果枝　long fruiting shoot

仁果类果树长 15 cm 以上，核果类果树长 30 cm～60 cm 的结果枝。

4.59

结果枝组　bearing branch group

着生在各级骨干枝和辅养枝上的结果单位，由结果枝和营养枝组成。

4.60

结果母枝　bearing basal branch

冬剪后留在果树上的具有混合芽的一年生枝。

4.61

一年生枝　one-year-old branch

秋季落叶后，枝龄为一周年的当年抽生的枝条。

4.62

果台　bourse

着生花序并结果的短缩膨大部位。

4.63

果台副梢　bourse shoot

从果台叶腋间当年抽生的新梢，其发生的数量及生长势是反映树势的指标。

5　栽培育种术语

5.1

品种　cultivar

经人类选择和培育的农艺栽培性状及生物学特性符合生产和消费要求，在遗传上相似且稳定的植物群体。

5.2

品种纯度　purity of variety

一批苗木中指定品种苗木所占比例,用百分率表示。

5.3

芽变选种　sport selection

对果树芽变进行选择、培育新品种的育种方式。

5.4

诱变育种　mutation breeding

采用物理或化学手段,诱发产生突变类型而培育新品种的育种方式。

5.5

远缘杂交　wide cross

种间、属间乃至亲缘关系更远的生物之间的杂交。

5.6

无融合生殖　apomixis

不经过受精而形成有胚种子的过程。

5.7

有性繁殖　sexual propagation

利用种子进行果树繁殖的方法。

5.8

无性繁殖　asexual propagation

利用果树部分营养体进行繁殖的方法。

5.9

分株繁殖　sucker propagation

利用母株上产生的自然根蘖繁殖新植株的方法。

5.10

芽变　sport

受环境影响,果树某些部位抽生的枝条的某一(些)性状发生遗传性改变的现象。

5.11

苗圃　nursery

培育和生产果树苗木的场所。

5.12

接穗　scion

用于嫁接在砧木上的品种的枝或芽。

5.13

砧木　rootstock

嫁接时承受接穗的植株。

5.14

实生苗　seedlings

由种子萌发长成的幼苗。

5.15

自根苗　self-rooted plantlet

利用分株、压条、扦插等无性繁殖法所繁殖的苗木。

5.16

中间砧　stem rootstock

位于接穗和基砧之间的砧段。

5.17

矮化砧　dwarfing rootstock

嫁接后使树体生长矮小的砧木。

5.18

乔化砧　standard rootstock

嫁接后使树体生长高大的砧木。

5.19

实生砧　seedling rootstock

用种子繁育的用做砧木的苗木。

5.20

嫁接苗　graftings

由接穗嫁接在砧木上形成的苗木。

5.21

脱毒苗　virus-free plantlet

脱除特定病毒的苗木。

5.22

无病毒母本树　virus-free mother plant

不带规定病毒、用于提供接穗的母株。

5.23

无病毒母本园　block of virus-free mother plant

种植无病毒母本树的园地。

5.24

无病毒采穗圃　virus-free scion plucking nursery

生产无病毒接穗的圃地。

5.25

无病毒苗圃　virus-free nursery

繁育无病毒苗木的圃地。

5.26

层积　stratification

果树种子在适宜的外界条件下，完成种胚的后熟过程和解除休眠促进萌发的一项措施。

5.27

假植　temporary planting

对不能及时外运或不能及时栽植的苗木，集中进行短期培植。

5.28

移栽　transplanting

果树由原栽植地迁移到另一地再次栽植的技术。

5.29

株行距　planting spacing

果树栽植时的株间距离和行间距离，以株距×行距表示。

5.30

定植沟　planting furrow

果树栽植时，沿树行方向开挖的沟带。

5.31

等高栽植　contour planting

在坡地或梯田地建园时，以等高线为基础栽植果树的方式。

5.32

防护林　shelter forest

营造在果园以及作业区周围，能够减少风、沙、寒冷、干旱等危害，改善果园生态环境的防护性林带。

5.33

枝接　stem grafting

以枝段为接穗的嫁接方法。

5.34

切接　cut grafting

在砧木断面的木质部边缘垂直切开并插入接穗的嫁接方法。

5.35

劈接　wedge grafting

在砧木断面中心垂直劈开，在切口插入接穗的嫁接方法。

5.36

腹接　side grafting

沿砧木枝条斜向下切开，将接穗插入切口的嫁接方法。

5.37

高接　top grafting

利用原植株的树体骨架，在树冠部位换接其他品种的方法。

5.38

芽接　budding

以芽片为接穗的嫁接方法。

5.39

插皮接　bark grafting

在砧木或枝桩断面皮层与木质部之间插入接穗的嫁接方法。

5.40

嵌芽接　chip budding

将带木质的接穗芽片嵌入砧木切口的嫁接方法。

5.41

根插　root cutting

用根段进行扦插的育苗方法。

5.42

压条　layering

将与母株相连的插条埋入土中或在枝梢上包扎土球促其生根成苗的育苗方法。

5.43

硬枝扦插　hard wood cutting

用充分成熟的一年生枝进行扦插的育苗方法。

5.44

绿枝扦插　green wood

用半木质化的当年生枝进行扦插的育苗方法。

5.45

砧穗组合　combination of rootstock and scion

接穗品种与砧木类型的组配。

5.46

定果　setting the amount and distribution of fruit

依据树体负载量指标，调整果实留量和在树冠内的分布。

5.47

转果　turning fruit

转换果实阴阳面，促进果实均匀着色的一项技术措施。

5.48

疏花疏果　blossom and fruit thinning

将部分花和果疏除，调节坐果量的一项技术措施。

5.49

修剪　pruning

为调节树体生长与结果，对果树枝条采用剪枝及类似方法的技术措施。

5.50

根系修剪　root pruning

广义是指调节根系大小及分布的根系管理措施。狭义是指有目的的断根措施。

5.51

夏季修剪　summer pruning

果树从萌芽后至生长停止前进行的修剪，又叫生长季修剪。

5.52

冬季修剪　dormant pruning

果树从生长停止后至春季萌芽前进行的修剪。

5.53

短截　heading cutting

一年生枝条减去一部分的修剪方法。

5.54

疏剪　thinning

将枝条从基部剪去的修剪方法。

5.55

回缩　heading back

多年生枝条剪去一部分的修剪方法。

5.56

环剥　girdling

在枝干上环状剥去一定宽度的树皮。

5.57

摘心　topping

摘去果树新梢先端幼嫩部分。

5.58

拉枝　pulling down branch

将角度过小的枝条,按适当的方位拉成较大的角度。

5.59

吊枝　hanging up branch

将角度过大或下垂的枝条吊起,抬高角度。

5.60

扭梢　twisting shoot

在新梢半木质化时,用手扭转半圈,伤及木质部但不折断,使其先端呈倾斜或下垂状。

5.61

甩放　non-cutting

对一年生枝条长放、不剪截的修剪方法。

5.62

目刻　monotching

在芽体上方进行刻伤,促进芽萌发生长的措施。

5.63

除萌　removing sprout

除去果树枝干或嫁接口基部的萌蘖。

5.64

剪砧　cut rootstock

把嫁接成活的苗木接口以上的砧木剪去。

5.65

果树整形　training

通过一定的措施,使果树形成合理的树体结构。

5.66

主干形　central leader

有明显中心领导干的树形,常见的有疏层形、纺锤形等。

5.67

开心形　opened shape

无中心干、树冠开张的树形,常见的有 Y 字形、V 字形等。

5.68

篱壁形　hedging shape

树冠外形呈篱壁形状的树形。

5.69

自然圆头形　natural round head shape

中心干不明显、主枝分布无规律和明显层次、树冠呈圆头形的树形。

5.70

根外施肥　spraying fertilizer

通过果树地上部分为树体补充营养的施肥方法。

5.71

沟状施肥　ditching fertilizer

在果园行间或株间开沟施肥的方法。

5.72

全园撒施　fertilizing by scattering

将肥料均匀撒于果园的施肥方法。

5.73

果园生草　grassing

在果树行间人工种植或自然生草的土壤管理方法。

5.74

果园覆盖　mulching

在树冠下或稍远处覆以地膜、杂草、秸秆等的土壤管理方法。

5.75

清园　cleaning orchard

清除果园内残枝、落叶、病僵果等病虫害的初生侵染源。

5.76

涂白　white brush

用含有杀菌剂的石灰水涂刷树干及主枝与主干分枝部位。

6　贮藏加工术语

6.1

预冷　precooling

采后的果实在贮运前，预先进行降温处理，迅速排除田间热的过程。

6.2

催熟　accelerating maturity

利用人工方法促使果实加速完熟。

6.3

后熟　after ripening

果实采收后自行完成熟化的过程。

6.4

分级　grading

根据标准将果品分成相应的等级。

6.5

田间热　field heat

采收期间因田间环境温度而使果实所携带的热量。

6.6

采后热处理　prestorage heat treatment

采后使用热水或热空气对新鲜水果进行短时处理，以杀死或抑制果实表面或潜伏在表皮下的虫卵和病原体。

6.7

外观品质　appearance quality

供鉴别果实优劣程度的外观特征与性状，主要包括果实大小、果形、色泽和缺陷。

6.8

内在品质　internal quality

供鉴别果实优劣程度的内部性状，主要包括肉质、风味、汁液营养成分等。

6.9

果实硬度 fruit firmness

果实表面单位面积所能承受的压力，以 N/cm^2 或 kgf/cm^2 表示。

6.10

完熟 full maturity

果实充分成熟，处于最佳食用品质的阶段。

6.11

果实衰老 fruit senescence

果实停止生长，基本结束成熟阶段。

6.12

呼吸强度 intensity of respiration

单位重量果实在单位时间内吸入 O_2 或放出 CO_2 的量。

6.13

可溶性固形物 soluble solid

果实(汁)中含有的可溶于水的糖、酸、蛋白质、维生素、果胶等的总称。

6.14

固酸比 the ratio of soluble solids to organic acidity

果实(汁)可溶性固形物含量与果实(汁)总酸量之比。

6.15

总酸量 total acidity

果实(汁)中可滴定酸的总含量。

6.16

可食率 edible rate

可供食用的部分与整果重之比，以百分率表示。

6.17

出汁率 rate of juice extracting

果实与其所榨出的原汁的质量百分比。

6.18

脱涩 de-astringency

将果实中的可溶性单宁物质转化为不溶性物质。

6.19

耐贮性 storability

采收后的果实在贮藏条件下保持自身食用性状的能力，常以贮藏天数表示。

6.20

冷藏 cold storage

利用冷库进行的果实的低温贮藏。

6.21

气调贮藏 controlled atmosphere storage

在维持果实正常代谢的基础上，调节贮藏环境的气体组成，尽可能地降低 O_2 浓度、提高 CO_2 浓度，以进一步减低果实呼吸代谢水平、减少养分消耗的贮藏方式。

6.22

通风库贮藏 ventilated storage

利用自然冷源，采用自然通风系统和隔热材料建造库房贮藏果实的方式。

6.23

呼吸跃变　respiration climacteric

果实成熟期过程中呼吸强度陡然升高然后又迅速下降的现象。

6.24

跃变型果实　climacteric fruit

成熟过程中呼吸速率和乙烯释放比较平稳、有显著呼吸高峰的果实。

6.25

非跃变型果实　non-climacteric fruit

成熟过程中呼吸速率和乙烯释放比较平稳、无显著呼吸高峰的果实。

6.26

果实呼吸作用　fruit respiration

果实活细胞中有机物质的氧化过程。

6.27

果实冰点　freezing point of fruit

果实中的水分开始形成冰晶的温度。

6.28

果实冻害　freezing damage on fruit

在低于果实冰点的温度下,因组织结冻而对果实造成的损害。

6.29

果品加工　fruit processing

以新鲜果品为原料,生产果品制品的过程。

6.30

加工品质　processing quality

果品中的一些适宜于加工生产的特点。

6.31

白利糖度　Brix

糖液的质量百分比浓度,以 100 g 糖液中蔗糖的克数表示。

6.32

天然果汁　natural juice

果品加工得到的、未人为添加其他成分的果汁。

6.33

果汁饮料　juice beverage

在果汁(或浓缩果汁)中加入水、糖液、酸味剂等调制而成的制品。

6.34

浓缩果汁　concentrated fruit juice

天然果汁除去一定比例的水分制成的具有果汁特征的制品。

6.35

带肉果汁　fleshy juice

在果浆或浓缩果浆中加入水、糖液、酸味剂等调制而成的果浆含量不低于 30%的制品。

6.36

果干　dried fruit

果品经加工处理除去多余水分,得到的保持一定形态的果品加工品。

6.37

果冻　jelly

由果汁、糖加工而成的凝胶状制品。

6.38

果糕　fruitcake

果实软化后，打浆，加入糖、酸、果胶等浓缩而成的凝胶状制品。

6.39

果泥　puree

原料果经软化、打浆、筛滤得到的细腻的果肉浆液，加入适量砂糖（也可不加），加热浓缩而成的制品。

6.40

果丹皮　jelled fruit wafers

果泥摊平、烘干后制成的柔软薄片。

6.41

果酱　fruit jam

由水果破碎后加入糖，加热浓缩制成的果品制品。

6.42

果脯　candied fruits

新鲜瓜果经糖液浸渍，煮至一定浓度后，干燥而成的干整蜜饯。

6.43

果醋　fruit vinegar

以水果或水果加工副产品为原料生产的醋。

汉语拼音索引

H

J

K

L

M

N

P

Q

R

S

T

W

X

Y

Z

英 文 索 引

ICS 65.020
B 04

中华人民共和国农业行业标准

NY/T 1840—2010

露地蔬菜产品认证申报审核规范

Standard for declaration and auditing of outdoor vegetable product certification

2010-05-20 发布　　　　2010-09-01 实施

中华人民共和国农业部 发布

前　言

本标准由中华人民共和国农业部提出并归口。

本标准起草单位：农业部优质农产品开发服务中心、农业部农产品质量安全中心、天津市无公害农产品（种植业）管理办公室、山西省农产品质量安全中心、上海市农产品质量认证中心、湖南省农产品质量安全中心。

本标准主要起草人：邢文英、袁广义、陈丽敏、黄魁建、万靓军、张建树、王南、王立坚、杜先云、降春雯。

露地蔬菜产品认证申报审核规范

1 范围

本标准规定了无公害农产品露地蔬菜认证申报和审核的要求。

本标准适用于无公害农产品露地蔬菜认证。

2 规范性引用文件

下列文件中的条款通过本标准的引用而成为本标准的条款。凡是注明日期的引用文件，其随后所有的修改(不包括勘误的内容)或修订版均不适用于本标准。鼓励根据本标准达成协议的各方研究使用相应文件的最新版本。凡是未注明日期的引用文件，其最新版本适用于本标准。

GB/T 8321 农药合理使用准则

NY 5010 无公害食品 蔬菜产地环境条件

NY/T 496 肥料合理使用准则 通则

NY/T 5341 无公害食品 认定认证现场检查规范

NY/T 5342 无公害食品 产品认证准则

NY/T 5343 无公害食品 产地认定规范

实施无公害农产品认证的产品目录(农业部、国家认证认可监督管理委员会公告)

3 术语和定义

下列术语和定义适用于本标准。

3.1

无公害农产品

指产地环境、生产过程和产品质量符合国家有关标准和规范的要求，经认证合格获得认证证书并允许使用无公害农产品标志的未经加工或者初加工的食用农产品。

3.2

申请人

指申请无公害农产品认证的单位或者个人。

3.3

检查员

指经无公害农产品认证机构注册，在无公害农产品产地认定、产品认证和监督管理工作中，对产地环境、生产过程、产品质量及标志使用等进行文件审查、现场检查和监督检查的人员。

3.4

首次申报

指申请人第一次申请无公害农产品认证。

3.5

产品扩项申请

指申请人已获得一个或多个无公害农产品证书，在证书有效期内提出已获证产品以外的农产品的认证申请。

3.6

复查换证

指已获得无公害农产品证书的单位和个人在证书有效期满，按照规定时限和要求提出申请，经确认合格准予换发新的无公害农产品证书的过程。

4 申报

4.1 申报产品范围

应在农业部和国家认证认可监督管理委员会颁布的《实施无公害农产品认证的产品目录》范围内。

4.2 申请人资质

应具备国家相关法律法规规定的资质条件，具有组织管理无公害农产品生产和承担责任追溯的能力。

4.3 申报材料要求

申请人应按照首次申报、产品扩项申请、复查换证的规定提交相应申报材料。

4.4 产地环境

4.4.1 产地周边环境

产地周围 5 km 以内应没有对产地环境造成污染的污染源，应距离交通主干道 100 m 以上。

4.4.2 产地生产规模

产地应区域范围明确、相对集中，生产规模宜为 10 hm^2 以上。

4.4.3 产地环境质量

产地环境质量应符合 NY 5010 的规定。

4.5 生产过程

4.5.1 质量管理制度

应有能满足无公害农产品露地蔬菜生产的组织机构、管理制度，并制定质量控制措施和生产技术规程。

4.5.2 农业投入品使用

农业投入品的使用应符合有关法律、行政法规的相关规定，并建立了安全使用制度。

农药的使用应符合 GB/T 8321 的规定。

肥料的使用应符合 NY/T 496 的规定。

4.5.3 生产记录

应建立生产记录，如实记载蔬菜品种、栽培日期，使用农业投入品的名称、来源、用法、用量和使用日期、病虫草害的发生防治情况和收获的日期。

生产记录应保存 2 年。禁止伪造生产记录。

4.6 产品质量

应符合无公害食品标准要求。

5 审核

5.1 形式审查

县级无公害农产品工作机构应自收到申请材料之日起 10 个工作日内，完成对申请材料的形式审查，并提出推荐意见。

5.2 符合性确认

地级无公害农产品工作机构应自收到申请材料、县级工作机构推荐意见之日起 15 个工作日内，完成符合性确认，并提出符合性审查意见。

5.3 现场检查和初审

5.3.1 现场检查

省级无公害农产品工作机构应自收到申请材料及县、地工作机构推荐、审查意见之日起20个工作日内，组织检查员按照相关规定进行现场检查。

5.3.2 初审

省级无公害农产品工作机构根据县、地级工作机构推荐意见和现场检查结论完成初审，并提出初审意见。

通过初审的，由省级农业行政主管部门批准并颁发《无公害农产品产地认定证书》。

5.4 复审

无公害农产品部级种植业分中心应自收到省级工作机构上报的申请材料和初审意见之日起20个工作日内，完成复审，并提出复审意见。

必要时组织现场核查。

5.5 终审

无公害农产品部级中心应自收到无公害农产品部级种植业分中心上报的申请材料和复审意见之日起20个工作日内，完成终审。

通过终审的，由部级中心批准并颁发《无公害农产品证书》。

ICS 67.080.10
B 31

中华人民共和国农业行业标准

NY/T 1841—2010

苹果中可溶性固形物、可滴定酸无损伤快速测定 近红外光谱法

Non-destructive determination of soluble solid and titratable acidity in apple fruit by NIR

2010-05-20 发布 2010-09-01 实施

中华人民共和国农业部 发布

前　言

本标准的附录 A 为资料性附录。

本标准由中华人民共和国农业部种植业管理司提出并归口。

本标准起草单位：北京市农林科学院林业果树研究所、农业部果品及苗木质量监督检验测试中心（北京）。

本标准主要起草人：冯晓元、王宝刚、李文生、张开春、石磊、牛爱国、蔡宋宋。

苹果中可溶性固形物、可滴定酸无损伤快速测定　近红外光谱法

1　范围

本标准规定了无损伤快速测定苹果果实中可溶性固形物、总酸含量近红外光谱的方法。

本标准适用于中、晚熟苹果品种中可溶性固形物、总酸含量的无损伤快速测定。

本标准不适用于仲裁检验。

2　规范性引用文件

下列文件中的条款通过本标准的引用而成为本标准的条款。凡是注日期的引用文件，其随后所有的修改单(不包括勘误的内容)或修订版均不适用于本标准，然而，鼓励根据本标准达成协议的各方研究是否可使用这些文件的最新版本。凡是不注日期的引用文件，其最新版本适用于本标准。

GB/T 12456　食品中总酸的测定

ISO 2173　水果蔬菜产品可溶性固形物含量的测定

3　术语和定义

下列术语和定义适用于本标准。

3.1

样品集　samples set

具有代表性的、基本覆盖可溶性固形物、可滴定酸含量最小至最大范围、满足相关过程对样品量基本需求的不同的样品组合。

3.2

残差　residual

样品近红外光谱法测定值与标准理化分析方法测定值的差值。

3.3

偏差　bias

残差的平均值。

3.4

定标模型　calibration model

利用化学计量学方法建立的近红外光谱与对应的标准理化分析方法测定值之间关系的数学模型。

3.5

定标模型验证　calibration model validation

使用定标样品集之外的验证样品验证定标模型准确性和重复性的过程。

3.6

定标标准差　standard error of calibration(SEC)

表示定标样品集样品近红外光谱法测定值与标准理化分析方法测定值间残差的标准差，按公式(1)计算：

$$SEC = \sqrt{\frac{\sum_{i=1}^{n_c}(y_i - \hat{y}_i)^2}{n_c - k - 1}} \quad \cdots\cdots (1)$$

式中：

y_i——样品 i 的标准理化分析方法测定值；

$\hat{y}_i$——样品 i 的近红外光谱法测定值；

n_c——定标集样品数；

k——回归因子数目。

3.7

预测标准偏差　standard error of prediction(SEP)

近红外分析仪扣除系统偏差后，验证样品成分的测定值与其标准理化分析方法测定值之间的标准偏差，表示定标调整后的准确度。预测标准偏差按公式(2)计算：

$$SEP = \sqrt{\frac{\sum_{i=1}^{n}(\hat{y}_i - y_i - Bias)^2}{n-1}} \quad \cdots\cdots (2)$$

式中：

$\hat{y}_i$——样品 i 的近红外光谱法测定值；

y_i——样品 i 的标准理化分析方法测定值；

n——样品数；

$Bias$——系统偏差。

3.8

决定系数(R^2或r^2)　correlation coefficient square

近红外光谱法测定值与标准理化分析方法测定值之间相关系数的平方，定标集以 R^2 表示；验证集用 r^2 表示。

$$R^2(r^2) = \left[1 - \frac{\sum_{i=1}^{n}(y_i - \hat{y}_i)^2}{\sum_{i=1}^{n}(y_i - \overline{y})^2}\right] \times 100\% \quad \cdots\cdots (3)$$

式中：

y_i——样品 i 的标准理化分析方法测定值；

$\hat{y}_i$——样品 i 的近红外光谱法测定值；

$\overline{y}$——标准参考值的平均值；

n——样品数目，定标样品集为 n_c，验证样品集为 n_p。

3.9

马氏距离　mahalanobis distance

表示数据的协方差距离、计算两个未知样本集的相似度的方法，通常用字母 H 表示。

$$H_i = \sqrt{(t_i - \overline{T}) \cdot M^{-1} \cdot (t_i - \overline{T})'} \quad \cdots\cdots (4)$$

式中：

H_i——定标集样品 i 的马氏距离；

t_i——定标集样品 i 的光谱得分；

$\overline{T}$——定标集 n_c 个样品光谱的平均得分矩阵，$\overline{T} = \frac{\sum_{i=1}^{n_c} t_i}{n_c}$；

M——定标集样品的马氏矩阵(Mahalanobis 矩阵),$M=\frac{(T-\overline{T})'(T-\overline{T})}{n_c-1}$;

T——定标集样品光谱得分矩阵。

3.10

马氏距离阈值　mahalanobis distance limitation value(H_L)

$$H_L=\overline{H}+3\times SD_{MD} \quad\cdots\cdots(5)$$

式中:

$\overline{H}$——定标集样品马氏距离的平均值;

SD_{MD}——定标集样品马氏距离的标准差。

3.11

异常样品　abnormal sample

试样的马氏距离(H)大于马氏距离阈值(H_L),已超出了该定标模型的分析能力的样品。

4 原理

近红外反射光谱(Near infrared reflection spectroscopy,NIRS)无损伤分析苹果中可溶性固形物、总酸方法的原理是利用果实中含有 C-H、N-H、O-H 等含氢基团的倍频和合频吸收带,以漫反射方式获得在近红外区的吸收光谱,通过逐步多元线性回归、主成分回归、偏最小二乘法等现代化学计量学的手段,建立物质的特征光谱与待测成分含量之间的线性或非线性模型,从而实现利用物质近红外光谱信息对目标样品成分的快速测定。

5 仪器

近红外光谱仪:可用于无损分析水果营养成分的近红外光谱仪,波长范围 570 nm～2 500 nm,随机软件具有近红外光谱数据的收集、存储分析和计算等功能,能够建立可靠的定标模型。

6 试样制备

将完整的苹果样品表面适当地清洁,果实表面应无尘土、伤痕、腐烂、生理性病害、侵染性病害、叶摩擦等。

7 分析步骤

7.1 仪器准备

每次测定前应按设备使用说明书规定的测定日常检测程序,对仪器进行噪声、波长准确度和重现性检验。

7.2 定标模型的建立

7.2.1 样品集的选择

参与定标的苹果样品应具有代表性,同一品种的样品应包含不同成熟度,不同产地,不同大小,即可溶性固形物和总酸的含量范围能涵盖未来要分析的样品特性,创建一个新的模型,至少要收集 100 个以上苹果果实,通常以 100 个～150 个果实为宜。

7.2.2 光谱数据收集

光谱数据收集过程中,测定条件以及样品和环境温度尽量保持一致。每个果实相对阴、阳面各取一点,每点扫描 3 次,定标时取三点扫描的光谱平均值。当样品温度与环境温度相差大时,应取不同温度下的果实 5 个,采集光谱数据加到预测模型中。

7.2.3 预测值的标准理化分析方法

光谱采集后，在每个果实阴、阳面相应的位置上取样，按 ISO 2173 方法分别测定果实可溶性固形物含量，然后按 GB/T 12456 方法测定每个果实的总酸(可滴定酸)含量。

7.2.4 定标模型建立

采用建模软件，优化参数，进行光谱预处理，同时，使用改进的偏最小二乘法(modified partial least square，简称 MPLS)或马氏距离判别法等，利用化学计量学原理建立定标模型。

定标模型的决定系数、定标标准差参见附录 A。

7.2.5 定标模型验证

使用定标样品集之外的样品验证定标模型的准确性和重复性，选择定标集样品数量的 1/5～1/4(20～30 个果实)，应用 7.2.4 建立的模型进行检测，然后采用 7.2.3 方法分析其化学值，比较无损检测与标准理化分析方法测定值之间的偏差和预测标准偏差(SEP)等参数，可溶性固形物含量的 SEP≤0.8；总酸含量的 SEP≤0.05。

7.3 试样的测定

7.3.1 定标模型的选择

7.3.1.1 选择原则：根据试样选用对应的定标模型，即定标样品的 NIRS 光谱应能代表试样的 NIRS 光谱。

7.3.1.2 选择方法：比较二者光谱间的马氏距离(H)。如果试样的 H 小于或等于 H_L，则可选用该定标模型；如果试样的 H 大于 H_L，则不能选用该定标模型。

7.3.2 定标模型的升级

在对来自与建模所用样品集不同产地、不同成熟度、不同栽培方式或不同年份等的果实进行检测前，如果试样的 H 大于 H_L，需要升级定标模型，操作上是将新采集到的具有代表性的苹果果实 25～45 个，扫描其近红外光谱，用标准理化分析方法测定相应的可溶性固形物和总酸含量，然后将这些样品相应参数加入到定标样品集中，用原有的定标方法进行计算，即获得升级的定标模型。

7.3.3 试样的测定

测试样品温度应和环境温度尽量保持一致。在每个果实的相对阴、阳面各取一点，每点附近扫描 2 次，取 2 次分析结果的平均值，根据试样的 NIR 光谱，将其在各波长点处的吸光度值代入相应的定标模型，即可得到相应的检测结果，如果试样的 H 小于或等于 H_L，则仪器将直接给出试样的测定结果，计算平均值，作为果实的测定结果，单位为质量百分数(%)，可溶性固形物小数点后保留一位，总酸含量小数点后保留二位。

7.4 异常样品的处理

NIR 分析中发现异常样品后，要用标准理化分析方法对该样品进行分析，同时对该异常样品类型进行确定，如果异常样品加入定标模型后，SEC 不会显著增加(变化范围小于 5%)，将其加入到定标模型中，对定标模型进行升级；如果异常样品加入定标模型后，SEC 将显著增加，则表示该样品需要放弃。

8 精密度

在重复性条件下获得的多次(大于 6 次)独立测试结果，可溶性固形物含量的变异系数应不大于 2.0%；总酸的变异系数应不大于 5.0%。

附 录 A
(资料性附录)
定标模型的决定系数和定标标准差

表 A.1 定标模型的决定系数和定标标准差

参数指标	含量范围 %	决定系数 R^2	定标标准差 SEC
可溶性固形物含量	9.0～17.8	≥0.90	≤0.5
总酸含量	0.01～0.75	≥0.65	≤0.05

ICS 65.020
B 39

中华人民共和国农业行业标准

NY/T 1842—2010

人参皂苷的测定

Determination of ginsenosides in ginseng

2010-05-20 发布　　　　2010-09-01 实施

中华人民共和国农业部　发布

前　　言

本标准的附录 A 为资料性附录。

本标准由中华人民共和国农业部种植业管理司提出并归口。

本标准起草单位:农业部参茸产品质量监督检验测试中心。

本标准主要起草人:陈丹、李月茹、侯志广、王艳梅、初丽伟、潘浦群、宋桂茹。

人参皂苷的测定

1 范围

本标准规定了测定人参中9种人参皂苷的高效液相色谱方法。

本标准适用于人参中人参皂苷Rb1、Rb2、Rb3、Rc、Rd、Re、Rg1、Rg2和Rf的测定。

2 规范性引用文件

下列文件中的条款通过本标准的引用而成为本标准的条款。凡是注日期的引用文件，其随后所有的修改单(不包括勘误的内容)或修订版均不适用于本标准，然而，鼓励根据本标准达成协议的各方研究是否可使用这些文件的最新版本。凡是不注日期的引用文件，其最新版本适用于本标准。

GB/T 6682　分析实验室用水规格和试验方法

GB/T 15517.1　模压红参分等质量标准

3 原理

试样经乙醚脱脂后，用甲醇索氏提取，提取后的样液用SPE C_{18}柱净化，利用高效液相色谱仪(紫外检测器)对试样中的9种人参皂苷进行分离和测定，外标法定量。

4 试剂和材料

除非有说明，所用试剂均为分析纯，水为GB/T 6682中规定的一级水。

4.1 70%乙醇溶液：取700 mL无水乙醇，用去离子水稀释至1 000 mL。

4.2 甲醇：色谱纯。

4.3 乙醚。

4.4 人参皂苷标准品：Rb1、Rb2、Rb3、Rc、Rd、Re、Rg1、Rg2、Rf(含量98%)。

4.5 标准混合溶液：逐一准确称取0.183 g Re、0.163 g Rg1、0.102 g Rf、0.102 g Rg2、0.255 g Rb1、0.306 g Rc、0.367 g Rb2、0.408 g Rb3、0.214 g Rd(精确至0.000 1 g)人参皂苷标准品，置于100 mL容量瓶中，用甲醇定容，配制成质量浓度为1.8 g/L、1.6 g/L、1.0 g/L、1.0 g/L、2.5 g/L、3.0 g/L、3.6 g/L、4.0 g/L和2.1 g/L的混合标准溶液，贮存在−18℃以下冰箱中，有效期6个月。

5 仪器

5.1 高效液相色谱仪：配有紫外检测器。

5.2 电子天平：感量为0.001 g。

5.3 电子天平：感量为0.000 1 g。

5.4 旋转蒸发仪。

5.5 索氏提取器。

5.6 控温水浴。

5.7 循环水多用真空泵。

5.8 粉碎机。

5.9 样品筛：孔径0.25 mm。

5.10　SPE C_{18}小柱：1 000 mg 填料，6 mL。

5.11　微量进样器：5 μL～50 μL。

6　试样制备

按 GB/T 15517.1—1995 中 6.3 的规定执行。

7　分析步骤

7.1　样品提取

准确称取人参干样 2 g(精确至 0.001 g)，加入 100 mL 乙醚于索氏提取器中，提取 1 h，弃去乙醚，待残渣中乙醚挥干后，再加入甲醇回馏 8 h。

7.2　样品净化

7.2.1　SPE C_{18}柱的预处理

先用 20 mL 去离子水淋洗 SPE C_{18}柱，然后用 20 mL 的甲醇进行活化，再用 20 mL 去离子水平衡。待水与柱筛板近平时上样。

7.2.2　提取液的处理

提取液在 60℃水浴条件下，经旋转蒸发仪减压浓缩至近干，氮气吹干，加入 4 mL 去离子水充分摇匀。取 2 mL 注入预先活化好的 SPE C_{18}柱中，待液面与柱筛板近平时，倒入 10 mL 去离子水淋洗 SPE C_{18}柱，弃去流出液，待淋洗液液面与柱筛板近平时，加入 25 mL 乙醇溶液(4.1)洗脱 SPE C_{18}柱，收集洗脱液于 50 mL 刻度试管中，氮气吹至 25 mL 以下，用甲醇定容至 25 mL，混匀后，用 0.2 μm 滤膜过滤，待测。

7.3　测定

7.3.1　仪器参考条件

7.3.1.1　色谱柱：C_{18}(4.6 mm×300 mm×0.5 μm)或相当者。

7.3.1.2　流动相：甲醇＋水。

7.3.1.3　柱温：47℃。

7.3.1.4　流速：0.5 mL/min～0.8 mL/min。

7.3.1.5　检测波长：202 nm。

7.3.1.6　进样量：10 μL。

7.3.1.7　梯度洗脱程序见表 1。

表 1　梯度洗脱程序

时　间 min	甲　醇 %	流　速 mL/min
0～20	52	0.5
20～23	52～57	0.5～0.8
23～36	57	0.8
36～39	57～65	0.8
39～71	65	0.8
71～74	65～52	0.8～0.5
74～84	52	0.5

7.3.2　标准曲线的绘制

用混合皂苷标准工作液(4.5)按着梯度洗脱程序进行分析。准确吸取 0 mL、2 mL、4 mL、6 mL、

8 mL、10 mL 混合皂苷标准溶液(4.5),分别置于 10 mL 容量瓶中,用甲醇稀释至刻度,准确吸取 10 μL 各容量瓶中的标准溶液,分别注入液相色谱仪,记录峰面积。以各皂苷进样的质量浓度对其峰面积绘制标准曲线。

7.3.3 样品测定

准确吸取 10 μL 供试样品溶液注入液相色谱仪,以保留时间定性,以待测液峰面积与标准溶液峰面积比较定量。色谱图参见附录 A。

7.3.4 空白实验

除不称取试样外,采用与试样完全相同的测定步骤进行平行操作。

8 结果计算

试样中人参皂苷的含量用质量分数 w 表示,单位为百分率(%),按公式(1)计算:

$$w = \frac{m_1 \times V_2}{m_2 \times V_1} \quad (1)$$

式中:

m_1——试样中某种人参皂苷的质量,单位为克(g);

m_2——试样的质量,单位为克(g);

V_1——试样的进样体积,单位为毫升(mL);

V_2——试样的定容体积,单位为毫升(mL)。

计算结果保留三位有效数字。

9 精密度

每种人参皂苷在重复性条件下获得的两次独立测试结果的绝对差值不大于这两个测定值算术平均值的 5%。

10 方法检出限

方法检出限分别为 Re:0.05 g/kg、Rg1:0.05 g/kg、Rf:0.05 g/kg、Rg2:0.05 g/kg、Rb1:0.07 g/kg、Rc:0.10 g/kg、Rb2:0.10 g/kg、Rb3:0.06 g/kg、Rd:0.06 g/kg。

附 录 A
（资料性附录）
9 种人参皂苷标准品的液相色谱图

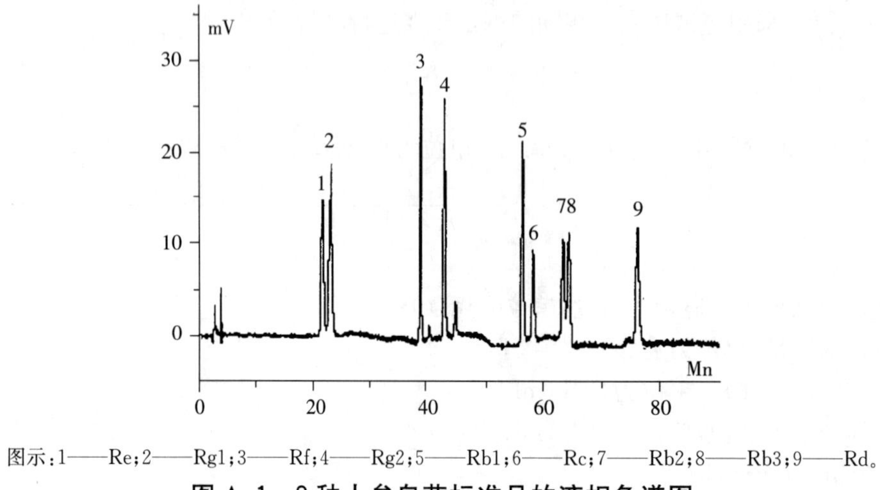

图示：1——Re；2——Rg1；3——Rf；4——Rg2；5——Rb1；6——Rc；7——Rb2；8——Rb3；9——Rd。

图 A.1　9 种人参皂苷标准品的液相色谱图

ICS 65.020
B 61

中华人民共和国农业行业标准

NY/T 1843—2010

葡萄无病毒母本树和苗木

Virus-free mother plant and nursery stock of grapevine

2010-05-20 发布

2010-09-01 实施

中华人民共和国农业部 发布

前　言

本标准的附录 A、附录 B 和附录 C 均为资料性附录。

本标准由中华人民共和国农业部种植业管理司提出并归口。

本标准起草单位：中国农业科学院果树研究所、农业部果品及苗木质量监督检验测试中心（兴城）。

本标准主要起草人：董雅凤、张尊平、刘凤之、范旭东、聂继云、李静。

葡萄无病毒母本树和苗木

1 范围

本标准规定了葡萄无病毒母本树和苗木的质量要求、检验规则、检测方法、包装和标识。

本标准适用于葡萄无病毒母本树和苗木的繁育及销售。

2 规范性引用文件

下列文件中的条款通过本标准的引用而成为本标准的条款。凡是注日期的引用文件，其随后所有的修改单(不包括勘误的内容)或修订版均不适用于本标准，然而，鼓励根据本标准达成协议的各方研究是否可使用这些文件的最新版本。凡是不注日期的引用文件，其最新版本适用于本标准。

NY 469 葡萄苗木

全国农业植物检疫性有害生物名单(农业部公告第617号,2006年3月)

3 术语和定义

下列术语和定义适用于本标准。

3.1

葡萄无病毒原种 virus-free primary source of grapevine

通过脱毒处理或无性系筛选获得、经单株检测无病毒后隔离保存的原株。

3.2

葡萄无病毒母本树 virus-free mother plant of grapevine

葡萄无病毒原种材料繁育的、用于提供品种或砧木繁殖材料的无病毒母株。

3.3

葡萄无病毒砧木 virus-free rootstock of grapevine

从无病毒砧木母本树上取得繁殖材料、经扦插或通过组培获得用于嫁接的葡萄砧木苗。

3.4

葡萄无病毒接穗 virus-free scion of grapevine

从无病毒母本树上获得的、用于嫁接繁殖的当年生新梢或一年生成熟枝条。

3.5

葡萄无病毒苗木 virus-free nursery stock of grapevine

用无病毒接穗和无病毒砧木繁育的葡萄嫁接苗，以及通过扦插、组织培养等方法繁育的葡萄自根苗。

4 要求

4.1 葡萄无病毒母本树和苗木无葡萄扇叶病毒(Grapevine fanleaf virus,GFLV)、葡萄卷叶病毒1(Grapevine leafroll associated virus 1,GLRaV-1)、葡萄卷叶病毒3(Grapevine leafroll associated virus 3,GLRaV-3)、葡萄病毒A(Grapevine virus A,GVA)和葡萄斑点病毒(Grapevine fleck virus,GFkV)。

4.2 无《全国农业植物检疫性有害生物名单》(农业部公告第617号,2006年3月)规定的检疫性有害生物。

4.3 品种纯正、生长健壮。

4.4 葡萄无病毒自根苗和嫁接苗的质量符合 NY 469 的规定。

5 试验方法

5.1 葡萄无病毒原种

5.1.1 葡萄无病毒原种栽培容器中保存于防虫网室或防虫温室中，每个品种 5 株。每株原种均有编号、来源和病毒检测记录。

5.1.2 每年生长季节观察树体状况，发现有病毒病症状的植株，立即淘汰并销毁。

5.1.3 每 5 年全部复检一次，带病毒植株立即淘汰并销毁。

5.1.4 病毒检测采用指示植物结合酶联免疫吸附(ELISA)或反转录聚合酶链式反应(RT - PCR)方法进行。

5.2 葡萄无病毒母本树

5.2.1 葡萄无病毒母本树栽植于没有传毒线虫、6 年之内未栽植过葡萄的地块，与普通葡萄园和苗圃的距离大于 60 m，修剪工具、生产工具及农机具专管专用，并定期消毒。

5.2.2 每个生长季节观察树体状况，并抽取 5%～10%的母本树进行病毒检测。发现有病毒病症状的植株和检测带病毒的植株，立即淘汰并销毁。

5.2.3 病毒检测采用 ELISA 或 RT - PCR 方法进行。

5.3 葡萄无病毒苗木

5.3.1 葡萄无病毒苗木应在距离普通葡萄园或苗圃 30 m 以上、没有传毒线虫且在 3 年内未栽植过葡萄的地块进行繁殖，修剪工具、生产工具及农机具专管专用，并定期消毒。

5.3.2 采用随机取样方法抽取苗木进行病毒检测。以 1 万株抽检 10 株为基数(不足 1 万株以 1 万株计)，10 万株内(含 10 万株)每增加 1 万增检 5 株；超过 10 万株，每增加 1 万增检 2 株。

5.3.3 病毒检测采用 ELISA 或 RT - PCR 方法进行。

5.3.4 等级规格检验按 NY 469 规定执行。

6 检验规则

6.1 指示植物检测

6.1.1 葡萄扇叶病毒、葡萄卷叶病毒、葡萄病毒 A 和葡萄斑点病毒均可采用指示植物进行检测。

6.1.2 用绿枝嫁接、硬枝嫁接或芽接方法，将待检样品嫁接到指示植物上，每个样品重复 3 株。

6.1.3 生长季节定期观察指示植物的症状表现，检测用指示植物和症状表现参见附录 A。

6.2 ELISA 检测

6.2.1 葡萄扇叶病毒、葡萄卷叶病毒 1、葡萄卷叶病毒 3、葡萄病毒 A 和葡萄斑点病毒可采用 ELISA 方法进行检测。

6.2.2 取样部位和时间参见附录 B。

6.2.3 ELISA 检测具体操作方法参见试剂盒使用说明。

6.3 RT - PCR 检测

6.3.1 葡萄扇叶病毒、葡萄卷叶病毒、葡萄病毒 A 和葡萄斑点病毒均可采用 RT - PCR 方法进行检测。

6.3.2 取样部位和时间参见附录 B。

6.3.3 检测程序参见附录 C。

7 标识和包装

7.1 标识

7.1.1 葡萄无病毒母本树标签内容包括品种名称、砧木类型、母本树编号、病毒检测单位和检测时间、母本树培育单位。每捆挂2个标签。

7.1.2 葡萄无病毒苗木标签内容包括品种、砧木、等级、株数、生产单位和地址。每捆挂2个标签。

7.2 包装

分品种、种类(母本树、自根苗、嫁接苗)和等级,分别定量包装,每捆20～30株为宜。注意苗木保湿。包装内外附有苗木标签,不应与普通苗木混装。

附 录 A
（资料性附录）
葡萄病毒在指示植物上的症状表现

表 A.1 葡萄病毒在指示植物上的症状表现

病毒种类	木本指示植物	指示植物症状
葡萄扇叶病毒	沙地葡萄圣乔治（*Vitis rupestris* St. Gorge）	叶片出现褪绿斑点、呈扇形
葡萄卷叶病毒	欧洲葡萄（*Vitis vinifera*）[a]	叶片下卷，叶脉间变红
葡萄病毒 A	Kober 5BB	木质部产生茎沟槽，叶片黄斑
葡萄斑点病毒	沙地葡萄圣乔治（*Vitis rupestris* St. Gorge）	叶脉透明

[a] 指红色品种，常用的有品丽珠（Cabernet franc）、赤霞珠（Cabernet sauvingnon）、黑比诺（Pinot noir Mission）、蜜笋（Mission）、巴贝拉（Barbera）等。

附 录 B
(资料性附录)
ELISA 和 RT-PCR 检测适宜时期和取样部位

表 B.1 ELISA 和 RT-PCR 检测适宜时期和取样部位

病毒种类	ELISA 检测		RT-PCR 检测	
	适宜时期	取样部位	适宜时期	取样部位
葡萄扇叶病毒	新梢生长期	嫩叶	新梢生长期	嫩叶
葡萄卷叶病毒	休眠期	成熟枝条韧皮部	休眠期	成熟枝条韧皮部
葡萄病毒 A	休眠期	叶片、休眠枝条韧皮部	休眠期	休眠枝条韧皮部
葡萄斑点病毒	新梢生长期	嫩叶	休眠期	休眠枝条韧皮部

附 录 C
(资料性附录)
RT - PCR 检测

C.1 总 RNA 提取

采用二氧化硅吸附法:(1)刮取 100 mg 枝条韧皮部组织放入塑料袋中,加入 1 mL 研磨缓冲液(4.0 mol/L硫氰酸胍,0.2 mol/L 醋酸钠,25 mmol/L EDTA,1.0 mol/L 醋酸钾,2.5%PVP-40,2%偏重亚硫酸钠)磨碎;(2)取 500 μL 匀浆置于 1.5 mL 消毒离心管中(先加入 150 μL 10%N-lauroylsarcosine),70℃保温 10 min、冰中放置 5 min 后,14 000 r/min 离心 10 min;(3)取 300 μL 上清液,加入 150 μL 100%乙醇、300 μL 6 mol/L 碘化钠、30 μL 10%硅悬浮液(pH2.0),室温下振荡 20 min;(4)6 000 r/min 离心 1 min,弃去上清,加入 500 μL 清洗缓冲液(10.0 mmol/L Tris-HCl,pH7.5;0.5 mmol/L EDTA;50.0 mmol/L NaCl;50%乙醇)重悬浮沉淀,6 000 r/min 离心 1 min;(5)重复步骤(4);(6)将离心管反扣在纸巾上,室温下自然干燥后,重新悬浮于无 RNase 和 DNase 的水中,70℃保温 4 min;(7)13 000 r/min离心 3 min,取上清液,保存于-70℃超低温冰箱中。

C.2 合成 cDNA

5 μL 总 RNA 与 1 μL 0.1 μg/μL 随机引物 5'd(NNN NNN)3'和 9 μL 水混合,95℃变性 5 min 后立即置于冰中冷却 2 min。再加入含 5 μL 5×MLV-RT 缓冲液、1.25 μL 10 mmol/L dNTPs、0.5 μL 200 U/μL M-MLV 反转录酶和 3.25 μL 灭菌纯水的反转录混合液,经 37℃ 10 min、42℃ 50 min、70℃ 5 min 合成 cDNA。

C.3 PCR 扩增

PCR 反应混合液共 25 μL,包括 2.5 μL cDNA、2.5 μL 10×PCR 缓冲液、0.5 μL 10 mmol/L dNTPs、0.5 μL 10 μmol/L 互补引物、0.375 μL 2U/μL Taq DNA 聚合酶、18.125 μL 灭菌纯水。PCR 反应条件根据各组引物的退火温度及扩增产物大小设计。

C.4 结果判定

检测时设阴、阳对照,采用 1%琼脂糖电泳分析 PCR 产物,观察到与阳性对照相同的目的条带的样品为阳性,带病毒;与阴性对照一样,未观察到目的条带的样品为阴性,无病毒。

ICS 65.020
B 04

中华人民共和国农业行业标准

NY/T 1844—2010

农作物品种审定规范　食用菌

Registration of crop variety edible mushroom

2010-05-20 发布　　2010-09-01 实施

中华人民共和国农业部　发布

前言

本标准由中华人民共和国农业部提出并归口管理。

本标准起草单位:全国农业技术推广服务中心、中国农业科学院农业资源与农业区划研究所、农业部微生物肥料和食用菌菌种质量监督检验测试中心。

本标准主要起草人:廖琴、黄晨阳、胡小军、张金霞、谷铁城、陈强、胡清秀、李俊、高巍。

农作物品种审定规范　食用菌

1　范围

本标准规定了食用菌品种审(认)定的依据和标准。

本标准适用于栽培食用菌品种国家级、省级审(认)定。

2　规范性引用文件

下列文件中的条款通过本标准的引用而成为本标准的条款。凡是注日期的引用文件,其随后所有的修改单(不包括勘误的内容)或修订版均不适用于本标准,然而,鼓励根据本标准达成协议的各方研究是否使用这些文件的最新版本。凡是不注日期的引用文件,其最新版本适用于本标准。

GB/T12728—2006　食用菌术语

NY/T1098—2006　食用菌品种描述规范

3　术语和定义

下列术语和定义适用于本标准。

3.1

品种　variety

经过人工选育或发现并经过改良,具备特异性、一致性和稳定性,具有适当名称。

3.2

对照品种　check variety

通过省级以上品种审定(认定、鉴定或登记)的同类品种或当地主栽品种。

3.3

生物学效率　biological efficiency

单位质量培养料的风干物质所培养产生出的子实体或菌丝体质量(鲜重),常用百分数表示。如风干料 100 kg 产生了新鲜子实体 50 kg,即为生物学效率 50%。

3.4

丰产性　yield

品种的产量表现,一般以生物学效率计。

3.5

稳产性　stable yield

品种在不同产季、不同批次间产量的稳定程度,以在区域试验中相对于对照品种产量的变化幅度表示。

3.6

商品性状　commercial character

子实体外观、耐贮性、质地、口感、风味等性状。

3.7

抗杂性　weed - mould resistance

品种抵抗杂菌侵染的能力,一般以污染率表示。

3.8

抗病性　disease resistance

品种克服或减轻病原物侵染和危害的能力。

3.9

出菇(耳)期　fruiting period

从接种到出现原基的天数。

4　认定依据

4.1　能证明品种是新品种的相关材料;

4.2　国家或省级食用菌品种管理部门组织的区域试验、生产试验以及品种审(认)定委员会认为有必要提供的其他材料。

5　认定标准

审(认)定的品种至少应符合以下标准之一,且其他性状与对照相当。

5.1　丰产性和稳产性

区域试验中,每季平均产量较对照品种增产≥3%,或增产显著;每季区域试验、生产试验增产点比率≥50%。

5.2　商品性状

商品性状综合评价明显优于对照。

5.3　抗杂性

区域试验中,杂菌污染率显著低于对照。

5.4　抗病性

区域试验中,发病率或病情指数显著低于对照。

5.5　出菇(耳)期

出菇(耳)期显著短于同类型对照。其中:

出菇期≤20 d的种类,较对照短1 d以上,即为差异显著;

出菇期在21 d～90 d的种类,较对照短3 d以上,即为差异显著;

出菇期≥91 d的种类,较对照短5 d以上,即为差异显著。

ICS 65.020
B 61

中华人民共和国农业行业标准

NY/T 1845—2010

食用菌菌种区别性鉴定　拮抗反应

Identification of distinctness for edible mushroom cultivar by antagonism

2010-05-20 发布　　2010-09-01 实施

中华人民共和国农业部 发布

前　　言

本标准的附录 A 为规范性附录,附录 B 为资料性附录。

本标准由中华人民共和国农业部提出并归口。

本标准起草单位:中国农业科学院农业资源与农业区划研究所、农业部微生物肥料和食用菌菌种质量监督检验测试中心。

本标准主要起草人:张金霞、陈强、黄晨阳、高巍、郑素月、张瑞颖、胡清秀。

食用菌菌种区别性鉴定　拮抗反应

1　范围

本标准规定了应用拮抗反应进行食用菌菌种区别性鉴定的方法。

本标准适用于糙皮侧耳(*Pleurotus ostreatus*)、白黄侧耳(*Pleurotus cornucopiae*)、肺形侧耳(*Pleurotus pulmonarius*)、佛州侧耳(*Pleurotus ostreatus* var. *florida*)、杏鲍菇(*Pleurotus eryngii*)、金顶侧耳(*Pleurotus citrinopileatus*)、猴头菇(*Hericium erinaceus*)、白灵菇(*Pleurotus nebrodensis*)、黑木耳(*Auricularia auricula*)、毛木耳(*Auricularia polytricha*)、茶树菇(*Agrocybe cylindrica*)、金针菇(*Flammulina velutipes*)、滑菇(*Pholiota nameko*)、香菇(*Lentinula edodes*)、灰树花(*Grifola frondosa*)、灵芝(*Ganoderma* spp.)、鸡腿菇(*Coprinus comatus*)、黄伞(*Pholiota adiposa*)、斑玉蕈(*Hypsizygus marmoreus*)等食用菌菌种区别性的鉴定,包括母种、原种和栽培种。

2　规范性引用文件

下列文件对于本文件的应用是必不可少的,凡是注日期的引用文件,仅注日期的版本适用于本文件。凡是不注日期的引用文件,其最新版本(包括所有的修改单)适用于本文件。

NY/T 1098—2006　食用菌品种描述技术规范

3　术语和定义

NY/T 1098—2006确立的以及下列术语和定义适用于本标准。

3.1

菌种区别性　distinctness of spawn

供检菌种与对照菌种的不符合性。

3.2

隆起型　ridgy

拮抗反应的表现特征之一,表现为两菌株菌落交界处菌丝隆起。背面观察两菌株菌落交界处培养基中有或没有带状色素沉淀。

4　原理

拮抗反应是某些真菌识别异己保持群体遗传多样性的反应,它是由基因组内异核体不亲和(heterokaryon incompatibility,*het*)位点控制的。当不亲和的菌株共同培养时,由于*het*位点的识别作用,菌株间就会产生拮抗反应,在交界处形成隆起、沟或隔离,从而防止遗传上明显不同的个体间菌丝的融合,以保持个体遗传上的独立和稳定。

5　仪器设备

5.1　高压灭菌锅。

5.2　净化工作台(接种箱)。

5.3　培养箱。

5.4　微生物学检测实验室其他常用设备。

6 培养基

马铃薯葡萄糖琼脂培养基(PDA)或综合马铃薯葡萄糖琼脂培养基(CPDA)(见附录A.1、A.2)。猴头用柠檬酸或食醋调至pH5.5。特殊种类需加入适量其生长所需特殊物质,如酵母粉、蛋白胨、麦芽汁、麦芽糖等,但是不应过富。倒入培养皿冷却成为平板。

7 接种

7.1 接种组合和重复

接种组合为3组。第一组:供检菌种与对照菌种,各接种1个接种块;第二组:供检菌种与供检菌种,各接种1个接种块;第三组:对照菌种与对照菌种,各接种1个接种块。每组3个重复。分别进行对峙培养。

7.2 接种操作

严格按无菌操作,用φ5 mm打孔器分别打取活化后适龄菌种菌落边缘作接种块,两接种块间隔30 mm,分别置于距平板中心点的15 mm处,菌丝朝上。

8 培养条件

根据培养物的不同生长要求,给予其适宜的培养温度(多在22℃～28℃),通风、避光培养至接种块菌丝接触后,再在自然光下培养5 d～7 d。不同种类食用菌菌丝培养条件见附录B。

9 拮抗反应的观察和判断

在灯下或自然光下,观察培养物表面两菌株菌落交界处菌丝是否呈现隆起型、沟型、隔离型反应。培养物表面菌丝有隆起型、沟型、隔离型三者之一的为有拮抗反应,供检菌种与对照菌种为不同品种;培养物表面菌丝未呈现隆起型、沟型、隔离型三者之一的为无拮抗反应,但不能确定为相同品种。

附　录　A
（规范性附录）
母种常用培养基及其配方

A.1　PDA 培养基（马铃薯葡萄糖琼脂培养基）

马铃薯 200 g（用浸出汁），葡萄糖 20 g，琼脂 20 g，水 1 000 mL，pH 自然。

A.2　CPDA 培养基（综合马铃薯葡萄糖琼脂培养基）

马铃薯 200 g（用浸出汁），葡萄糖 20 g，磷酸二氢钾 2 g，硫酸镁 0.5 g，琼脂 20 g，水 1 000 mL，pH 自然。

附 录 B
（资料性附录）
不同种类食用菌菌丝培养条件

表 B.1 不同种类食用菌菌丝培养条件

<table>
<tr><th rowspan="2">品 种</th><th colspan="2">避光培养</th><th colspan="2">自然光培养</th></tr>
<tr><th>温度(℃)</th><th>时间(d)</th><th>光强度(lx)</th><th>温度(℃)</th></tr>
<tr><td>杏鲍菇</td><td>24～26</td><td>10～15</td><td rowspan="2">>100</td><td>15～28</td></tr>
<tr><td>猴头菇</td><td>20～25</td><td>10～15</td><td>15～30</td></tr>
<tr><td>糙皮侧耳</td><td>24～28</td><td>8～12</td><td rowspan="17">>300</td><td>15～30</td></tr>
<tr><td>白黄侧耳</td><td>24～28</td><td>8～12</td><td>15～30</td></tr>
<tr><td>肺形侧耳</td><td>25～28</td><td>8～12</td><td>15～30</td></tr>
<tr><td>佛州侧耳</td><td>25～28</td><td>8～12</td><td>15～30</td></tr>
<tr><td>白灵菇</td><td>24～28</td><td>10～15</td><td>15～28</td></tr>
<tr><td>黑木耳</td><td>24～26</td><td>10～15</td><td>15～30</td></tr>
<tr><td>毛木耳</td><td>26～28</td><td>10～15</td><td>15～30</td></tr>
<tr><td>茶树菇</td><td>20～25</td><td>15～20</td><td>15～30</td></tr>
<tr><td>滑菇</td><td>20～22</td><td>10～15</td><td>15～30</td></tr>
<tr><td>香菇</td><td>20～25</td><td>15～20</td><td>15～30</td></tr>
<tr><td>灰树花</td><td>24～26</td><td>15～20</td><td>15～30</td></tr>
<tr><td>金针菇</td><td>20～24</td><td>10～15</td><td>15～30</td></tr>
<tr><td>金顶侧耳</td><td>24～28</td><td>10～15</td><td>15～30</td></tr>
<tr><td>灵芝</td><td>28～30</td><td>15～20</td><td>20～32</td></tr>
<tr><td>鸡腿菇</td><td>22～25</td><td>10～15</td><td>15～30</td></tr>
<tr><td>黄伞</td><td>24～26</td><td>15～20</td><td>15～30</td></tr>
<tr><td>斑玉蕈</td><td>20～25</td><td>10～15</td><td>15～30</td></tr>
</table>

ICS 65.020
B 61

中华人民共和国农业行业标准

NY/T 1846—2010

食用菌菌种检验规程

Code of practice for spawn testing of edible mushroom

2010-05-20 发布　　2010-09-01 实施

中华人民共和国农业部 发布

前　言

本标准由农业部种植业管理司提出并归口。

本标准起草单位：中国农业科学院农业资源与农业区划研究所、农业部微生物肥料和食用菌菌种质量监督检验测试中心。

本标准主要起草人：张金霞、黄晨阳、高巍、郑素月、张瑞颖、胡清秀、陈强。

食用菌菌种检验规程

1 范围

本标准规定了各类食用菌菌种质量的检验内容和方法以及抽样、判定规则等要求。

本标准适用于各类食用菌各级菌种质量的检验。

2 规范性引用文件

下列文件对于本文件的应用是必不可少的，凡是注日期的引用文件，仅注日期的版本适用于本文件。凡是不注日期的引用文件，其最新版本（包括所有的修改单）适用于本文件。

GB/T 191 包装储运图示标志(GB/T 191—2008 ISO.780:1997,MOD)

GB/T 4789.28 食品卫生微生物学检验染色法、培养基和试剂

GB 19169 黑木耳菌种

GB 19170 香菇菌种

GB 19171 双孢蘑菇菌种

GB 19172 平菇菌种

GB/T 23599 草菇菌种

NY/T 528—2002 食用菌菌种生产技术规程

NY 862 杏鲍菇和白灵菇菌种

NY/T 1097 食用菌菌种真实性鉴定 酯酶同工酶电泳法

NY/T 1730 食用菌菌种真实性鉴定 ISSR 法

NY/T 1742 食用菌菌种通用技术要求

NY/T 1743 食用菌菌种真实性鉴定 RAPD 法

NY/T 1845—2010 食用菌菌种区别性鉴定 拮抗反应

3 术语和定义

下列术语和定义适用于本标准。

3.1

送检样品 submitted sample

送到菌种检验机构待检验的、达到规定数量的样品。

3.2

试验样品 working sample

在实验室中从送检样品中分出的部分样品，供测定某一检验项目之用。

4 检验内容和方法

4.1 感官检验

4.1.1 母种

4.1.1.1 容器

用米尺测量试管外径和管底至管口的长度，肉眼观察试管有无破损。

4.1.1.2 棉塞(无棉塑料盖)

手触是否干燥;肉眼观察是否洁净,对着光源仔细观察是否有粉状物;松紧度以手提起棉塞或拔出棉塞的状况检查;棉塞透气性和滤菌性以观察塞入试管口内或露出试管口外棉塞的长度检查。

4.1.1.3 斜面长度

用米尺测量斜面顶端到棉塞的距离。

4.1.1.4 斜面背面外观

肉眼观察培养基边缘是否与试管壁分离,同时观察培养基的颜色。

4.1.1.5 母种外观其他各项

肉眼观察菌丝有无其他色泽及异常,有无螨类,必要时用5倍放大镜观察。

4.1.1.6 气味

在无菌条件下拔出棉塞,将试管口置于距鼻5 cm~10 cm处,屏住呼吸,用清洗干净、酒精棉球擦拭过的手在试管口上方轻轻煽动,顺风鼻闻。

4.1.2 原种和栽培种

4.1.2.1 容器

肉眼观察有无破损。

4.1.2.2 棉塞(无棉塑料盖)

按照4.1.1.2的要求。

4.1.2.3 培养基上表面距瓶(袋)口的距离

用米尺测量。

4.1.2.4 接种量

原种用米尺测量接种块大小,栽培种检查生产记录。

4.1.2.5 杂菌菌落

肉眼观察,必要时用5倍放大镜观察。

4.1.2.6 菌种外观其他各项

肉眼观察菌丝有无其他色泽及异常,有无螨类,必要时用5倍放大镜观察。

4.1.2.7 气味

按照4.1.1.6的要求。

4.2 菌丝微观特征检验

4.2.1 插片培养法

挑取试验样品中少量菌丝分别接种于2个PDA平板上,25℃培养3 d,在菌落边缘处插入无菌盖片,继续在25℃下培养2 d~3 d,取出盖片,盖于载玻片的水滴上,显微镜下观察。先用10倍物镜观察菌丝是否粗壮、丰满、均匀,再转到40倍物镜下观察菌丝的细微结构。需要测量菌丝粗细的可在目镜内装好测微尺,对菌丝直径进行测量。同时观察有无锁状联合、形态结构和特征。每一试检样品应检查不少于30个视野。

4.2.2 水封片观察法

取干净载玻片,滴一滴无菌水,用无菌操作方法挑取试验样品中少量菌丝于水滴中,挑散菌丝,盖上盖玻片,先用10倍物镜观察菌丝是否粗壮、丰满、均匀,再转到40倍物镜下观察菌丝的细微结构。需要测量菌丝粗细的可在目镜内装好测微尺,对菌丝直径进行测量。同时观察有无锁状联合、形态结构和特征。每一试检样品应检查不少于30个视野。

4.3 霉菌检验

从试验样品中挑出3 mm×3 mm~5 mm×5 mm大小的菌种块,在无菌条件下接种于PDA培养基上,置于25℃~28℃温度下培养,5 d~7 d后取出,在光线充足的条件下对比观察。检查菌落是否外观均匀、边沿整齐,是否具有该菌种的固有色泽;有无绿、黑、黄、红、灰等颜色的粉状分生孢子或异常。

4.4 细菌检验

4.4.1 液体培养基检验法

从试验样品中挑出 3 mm×3 mm～5 mm×5 mm 大小的菌种块,在无菌条件下接种于 GB/T 4789.28,4.8 规定的细菌营养肉汤培养基中,置于摇床上在 28℃下振荡培养 1 d～2 d 后取下,在光线充足的条件下对比观察。检查培养基是否仍呈半透明状,还是出现浑浊或具有异味。

4.4.2 固体培养基检验法

从试验样品中挑出 3 mm×3 mm～5 mm×5 mm 大小的菌种块,在无菌条件下接种于 PDA 斜面上,置于 28℃下培养 1 d～2 d 后取出,在光线充足的条件下对比观察。检查菌落外观色泽是否呈一致的白色、边沿整齐否;培养物接种块周围菌丝是否均匀,是否萌发少、稀疏;接种块周围有无糊状的细菌菌落。

4.5 菌丝生长速度测定

4.5.1 母种

用直径 90 mm 的培养皿干热灭菌后,在无菌条件下倒入规定使用的培养基 20 mL,自然凝固制成平板。取斜面上位一半处 3 mm×3 mm～5 mm×5 mm 菌种一块,菌丝朝上接种于平板中央,接种平板 5 个,置于 25℃±1℃下培养。48 h 后观察是否有污染发生,如无污染,PDA 培养基培养 6 d 后再观察,如尚未长满,以后每日观察,直至 11 d;PDPYA 培养基培养 8 d 后再观察,如尚未长满,以后每日观察,直至第 10 d。观察并记录长满平板天数。

4.5.2 原种和栽培种

使用符合 NY/T 528 中 4.7.1.3、4.7.1.4 规定的食用菌原种、栽培种的菌种瓶(袋),根据不同的种类,选择附录 B 中适宜的培养基,装 6 瓶(袋)灭菌冷却后备用。取供检菌种按接种量要求接入,在适温下恒温培养。接种后 3 d～5 d 进行首次观察,以后每隔 5 d～7 d 观察 1 次,菌丝长满前 7 d 应每天观察,记录长满瓶(袋)的天数。

4.6 真实性鉴定

按照 NY/T 1097、NY/T 1730、NY/T 1743、NY/T 1845—2010 方法执行。异宗结合种类任选其中 3 种方法,同宗结合种类应选用除拮抗反应之外的 3 种方法。

4.7 母种农艺性状和商品性状

4.7.1 制作原种

以送检母种作为种源,选择适宜的原种培养基配方,制菌瓶(袋)45 个,分 3 组;以法定认可的标准菌株或留样菌种为对照菌种,采用同样方法进行制种管理。

4.7.2 栽培

根据送检菌种类别,选择不同的栽培培养基配方,制作菌袋 45 个(床、块栽培 9 m^2),接种后,分 3 组进行常规管理,做好栽培记录,统计结果。依据不同的菌种,分别按标准 GB 19169、GB 19170、GB 19171、GB 19172、GB/T 23599、NY 862 或 NY/T 1742 中相关规定执行。

4.8 包装、标签、标志检验

按照 GB 19169、GB 19170、GB 19171、GB 19172、GB/T 23599、NY 862 或 NY/T 1742 中相关要求检验。

5 抽样

5.1 抽样方法

采取随机抽样,从批次中抽取具代表性的送检样品。

5.2 抽样数量

母种、原种、栽培种的抽样量分别为该批次菌种的10%、5%、1%。但每批次抽样量不得少于10支(瓶、袋);超过100支(瓶、袋)的,可进行两级抽样。

6 判定规则

6.1 菌种真实性

按照NY/T 1097、NY/T 1730、NY/T 1743三个鉴定方法,三种方法的鉴定结果都与对照品种相同的,为品种相同,判定为菌种真实。

按照NY/T 1097、NY/T 1730、NY/T 1743三个鉴定方法,三种方法的鉴定结果都与对照品种不同的,为品种不同,判定为菌种不真实。

按照NY/T 1845—2010鉴定的异宗结合种类,与对照品种有拮抗反应的,为品种不同,判定为菌种不真实。

6.2 合格菌种

菌种具真实性,菌丝微观形态、培养特征、杂菌和虫(螨)体、菌丝生长速度、母种栽培性状、标签及感官中的菌种外观、斜面背面外观、气味等项均符合标准要求的,为合格菌种。

6.3 不合格菌种

菌种的真实性、菌丝微观形态、培养特征、杂菌和虫(螨)体、菌丝生长速度、母种栽培性状、标签及感官中的菌种外观、斜面背面外观、气味等任何一项不符合标准要求的,为不合格菌种。

ICS 67.200.20
B 33

中华人民共和国农业行业标准

NY/T 1893—2010

加工用花生等级规格

Grades and specifications of peanuts for processing

2010-07-08 发布 2010-09-01 实施

中华人民共和国农业部 发布

前　　言

本标准由中华人民共和国农业部提出并归口。

本标准起草单位:中国农业科学院农产品加工研究所、中国农业大学、青岛东生集团股份有限公司。

本标准主要起草人:周素梅、吴广枫、王强、王明磊、胡玉忠、吴海文、孙伟峰。

加工用花生等级规格

1 范围

本标准规定了加工用花生(仁、果)的等级、规格、包装和标识。

本标准仅适用于经过清理、脱壳、分拣等初级加工的花生(仁、果)。

2 规范性引用文件

下列文件中的条款通过本标准的引用而成为本标准的条款。凡是注日期的引用文件,其随后所有的修改单(不包括勘误的内容)或修订版均不适用于本标准,然而,鼓励根据本标准达成协议的各方研究是否可使用这些文件的最新版本。凡是不注日期的引用文件,其最新版本适用于本标准。

GB/T 5491 粮食、油料检验 扦样、分样法

GB/T 5492 粮油检验 粮食、油料的色泽、气味、口味鉴定

GB/T 5494 粮油检验 粮食、油料的杂质、不完善粒检验

GB/T 5497 粮食、油料检验 水分测定法

GB/T 5499 粮油检验 带壳油料纯仁率检验法

NY/T 1067—2006 食用花生

SN/T 0803.4—1999 进出口油料类型纯度及互混度检验方法

SN/T 0803.5—1999 进出口油料规格及均匀度检验方法

国家质量监督检验检疫总局令第75号(2005)《定量包装商品计量监督管理办法》

3 术语和定义

下列术语和定义适用于本标准。

3.1

纯质率 sound kernel rate

完好花生仁子仁的质量占试样质量的百分数。

3.2

纯仁率 pure kernel yield

花生果净果脱壳后的完好子仁质量占试样质量的百分数。

3.3

不完善粒 unsound kernels

包括以下有轻微缺陷但尚有食用价值的花生仁。

3.3.1

未成熟粒 shrivelled kernels

子仁皱缩,体积或质量不足本批正常粒平均值1/2的颗粒。

3.3.2

破损粒 broken kernels

子仁不完整的颗粒,包括以下一种或多种情况:子仁缺少部分超过整仁体积1/5,单片子叶、种皮脱落超过1/3。

3.3.3

变色粒　discolored kernels

子仁颜色与正常粒有明显差别的颗粒，包括以下一种或多种情况：种皮变色面积超过整仁的1/4、果肉颜色发暗或表面有多个可见斑点。

3.3.4

发芽粒　sprouted kernels

芽或幼根突破种皮的颗粒。

3.3.5

沾灰粒　dirty kernels

子仁表面附着泥垢或灰尘，外观受到一定影响的颗粒。

3.4

损坏粒　damaged kernels

有严重或明显缺陷，失去食用价值的花生仁，包括以下一种或多种情况：霉变、腐败、酸败、虫蚀、表面污损严重及未脱壳的颗粒。

3.5

不完善果　unsound pods

包括以下有轻微缺陷但尚有食用价值的花生果。

3.5.1

空壳果　Pops

果壳发育完全但壳内缺少子仁的荚果。

3.5.2

秕果　shrivelled pods

果壳发育不完全，皱缩、皮薄、壳内缺少子仁或子仁不饱满的荚果。

3.5.3

破损果　broken pods

果壳开裂或受损导致子仁外露可见或外观受到实质影响的荚果。

3.5.4

变色果　discolored pods

由霉菌、污物或其他原因引起的果壳颜色变暗，与正常果产生可见差别，变色面积达到或超过整果一半的荚果。

3.5.5

发芽果　sprouted pods

含发芽粒的荚果。

3.6

损坏果　damaged pods

有严重或明显缺陷，失去食用价值的花生果，包括以下一种或多种情况：子仁霉变、腐败、酸败、虫蚀及果壳表面严重污损。

3.7

杂质　foreign material

非花生果或花生仁的外来物质，包括：一般性杂质和恶性杂质。

3.7.1

一般性杂质　general foreign material

指花生壳、花生芽、泥土等。

3.7.2

恶性杂质　dangerous foreign material

指可能对产品安全构成危害的外来物质，如玻璃、石块等。

4　要求

4.1　基本要求

对于不同等级和规格的加工用花生(仁、果)，应符合下列基本条件：

——满足 NY/T 1067—2006　食用花生的质量安全要求；

——具有一致的品种特性，异品种比例≤10.0%；

——具有正常的色泽、气味、口感及外观；

——无虫及虫害所致的损伤，无霉变；

——花生仁水分含量≤8.5%；

——花生果水分含量≤9.0%。

4.2　等级

4.2.1　等级划分

在符合基本要求的前提下，花生(仁、果)被分为一级、二级和三级。各等级应符合表 1、表 2 的规定。

4.2.1.1　花生仁

花生仁的分级要求见表 1。

表 1　花生仁分级要求

指　　标	等级指标		
	一级	二级	三级
纯质率,%	≥96.0	≥94.0	≥92.0
不完善粒,%	≤4.0	≤6.0	≤8.0
损坏粒,%	≤0.5		
一般性杂质,%	≤0.1	≤0.2	≤0.5
恶性杂质	不得检出		

4.2.1.2　花生果

花生果的分级要求见表 2。

表 2　花生果分级要求

指　　标	等级指标		
	一级	二级	三级
纯仁率,%	≥71.0	≥69.0	≥67.0
不完善果,%	≤5.0	≤7.0	≤9.0
损坏果,%	≤0.5		
一般性杂质,%	≤0.2	≤0.5	≤1.0
恶性杂质	不得检出		

4.2.2　允许误差范围

等级的允许误差范围均按其质量计：

——一级允许有 5%的产品不符合该等级的要求，但应符合二级的要求；

——二级允许有 10%的产品不符合该等级的要求，但应符合三级的要求；

——三级允许有 10%的产品不符合该等级的要求，但应符合基本要求。

4.3　规格

4.3.1 规格划分

以粒实大小，即规定单位质量(28.35g)内花生(仁、果)的粒数作为规格划分的依据。常见规格要求见表3、表4、表5。

表3 大粒花生仁规格

规　格	粒数(粒)	幅度(粒) (实测粒数除以2)
24/28	23.5～27.5	≤14
28/32	27.5～31.5	≤16
32/38	31.5～37.5	≤19
38/42	37.5～41.5	≤21
45/55	44.5～54.5	≤27

表4 小粒花生仁规格

规　格	粒数(粒)	幅度(粒) (实测粒数除以2)
25/35	24.5～34.5	≤17
35/40	34.5～39.5	≤20
40/50	39.5～49.5	≤25
50/60	49.5～59.5	≤30
60/70	59.5～69.5	≤35
70/80	69.5～79.5	≤40

表5 花生果规格

规　格	粒数(粒)	幅度(粒) (实测粒数除以2)
7/9	6.5～8.5	≤4
8/10	7.5～9.5	≤4
9/11	8.5～10.5	≤6
10/12	9.5～11.5	≤6
11/13	10.5～12.5	≤7
13/15	12.5～14.5	≤7

4.3.2 允许误差范围

规格的允许误差范围均按其质量计：

——一级允许有5%的产品不符合该规格的要求；

——二级、三级允许有10%的产品不符合该规格的要求。

5 检验方法

5.1 抽样

按GB/T 5491的规定执行。

5.2 色泽、气味检验

按GB/T 5492的规定执行。

5.3 水分检验

按GB/T 5497的规定执行。

5.4 纯质率及纯仁率检验

按GB/T 5499的规定执行。

5.5 杂质及不完善粒(果)检验

按 GB/T 5494 的规定执行。

5.6 异品种率检验

按 SN/T 0803.4—1999 的规定执行。

5.7 粒度检验

按 SN/T 0803.3—1999 的规定执行。

6 包装

6.1 包装要求

同一包装内，应为同一等级和同一规格的产品，包装内的可视部分应具有整个包装产品的代表性。

6.2 包装材质

包装材料要求清洁、干燥、无异味、无毒、无污染，符合食品卫生安全要求。

6.3 净含量及允许误差

单位包装中规定净含量视具体情况确定，允许误差应符合国家质量监督检验检疫总局发布实施的《定量包装商品计量监督管理办法》的规定。

6.4 限度范围

每批受检样品质量和大小不符合等级、规格要求的允许按所检单位的平均值计算，其值不应超过规定的限度，且任何所检单位的允许误差值不应超过规定值的 2 倍。

7 标识

包装物上应有明显标识，内容包括：产品名称、等级、规格、产品的标准编号、生产单位及详细地址、产地、净含量和采收、包装日期。标注内容要求字迹清晰、规范、完整。

ICS 67.080.01
B 31

中华人民共和国农业行业标准

NY/T 1894—2010

茄子等级规格

Grades and specifications of eggplant

2010-07-08 发布 2010-09-01 实施

中华人民共和国农业部 发布

前　　言

本标准遵照 GB/T 1.1—2009 给出的规则起草。

本标准由中华人民共和国农业部提出并归口。

本标准起草单位:中国农业大学食品科学与营养工程学院。

本标准起草人:李全宏、张明丽、韩冰、李江华、刘艳飞等。

茄子等级规格

1 范围

本标准规定了茄子的等级、规格、包装、标识和图片的要求。

本标准适用于鲜食茄子。

2 规范性引用文件

下列文件对于本文件的应用是必不可少的。凡是注日期的引用文件，仅注日期的版本适用于本文件。凡是不注日期的引用文件，其最新版本（包括所有的修改单）适用于本文件。

GB 191 包装储运图示标志

GB/T 5033 出口产品包装用瓦楞纸箱

GB/T 6543 瓦楞纸箱

GB 8855 新鲜水果和蔬菜的取样方法

GB 9689 食品包装用聚苯乙烯成型品卫生标准

国家质量监督检验检疫总局令 2005 年第 75 号令

3 要求

3.1 等级

3.1.1 基本要求

茄子应满足下列基本要求：

——同一品种或果实特征相似品种；

——已充分膨大的鲜嫩果实，无籽或种子已少量形成，但不坚硬；

——外观新鲜；

——无任何异常气味或味道；

——无病斑、无腐烂；

——无虫害及其所造成的损伤。

3.1.2 等级划分

在符合基本要求的前提下，共分为特级、一级和二级，见表 1。

表 1 茄子等级划分

等 级	要 求
特 级	外观一致，整齐度高，果柄、花萼和果实呈该品种固有的颜色，色泽鲜亮，不萎蔫 种子未完全形成 无冷害、冻害、灼伤及机械损伤
一 级	外观基本一致，果柄、花萼和果实呈该品种固有的颜色，色泽较鲜亮，不萎蔫 种子已形成，但不坚硬 无明显的冷害、冻害、灼伤及机械损伤
二 级	外观相似，果柄、花萼和果实呈该品种固有的色泽，允许稍有异色，不萎蔫 种子已形成，但不坚硬 果实表面允许稍有冷害、冻害、灼伤及机械损伤

3.1.3 等级允许误差范围

按质量计：

a) 特级允许有5%的产品不符合该等级的要求，但应符合一级的要求；

b) 一级允许有5%的产品不符合该等级的要求，但应符二级的要求；

c) 二级允许有10%的产品不符合该等级的要求，但应符合基本要求。

3.2 规格

3.2.1 规格划分

根据果实的形状分为长茄、圆茄和卵圆茄；

根据果实的整体大小分为大(L)、中(M)和小(S)三个规格，具体要求应符合表2的规定。

表2 茄子规格划分

单位为厘米

	大(L)	中(M)	小(S)
长茄(果长)	>30	20～30	<20
圆茄(横径)	>15	11～15	<11
卵圆茄(果长)	>18	13～18	<13
注1：长度指果柄到果尖之间的距离，横径指垂直于纵轴方向测量获得的茄子的最大距离。具体测量方法见图1与图2。 注2：在测量圆茄的横径时，不能通过15 cm孔径为大(L)，可以通过15 cm孔径但不能通过11 cm孔径的为中(M)，可以通过11 cm孔径的为小(S)。			

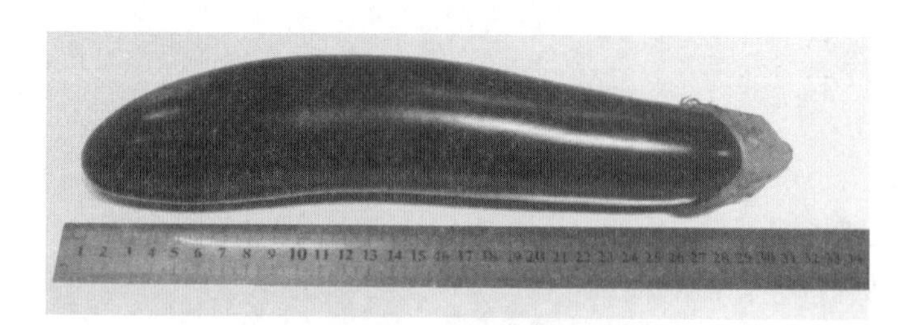

图1 茄子果长的测量方法

图2 圆茄横径的测量方法

3.2.2 规格允许误差

按数量或质量计：

a) 特级允许有5%的产品不符合该规格的要求；

b) 一级允许有10%的产品不符合该规格的要求；

c) 二级允许有10%的产品不符合该规格的要求。

4 包装

4.1 基本要求

同一包装内产品的采收日期、产地、品种、等级、规格应一致；应按相同顺序摆放整齐、紧密；包装内的产品可视部分应具有整个包装产品的代表性。

4.2 包装方式

产品整齐排放。宜使用瓦楞纸箱或聚苯乙烯泡沫箱进行包装，且包装材料应清洁干燥、牢固、透气、无污染、无异味、无虫蛀，且符合GB/T 5033、GB/T 6543或GB 9689的要求。

4.3 单位包装中净含量的要求及允许负偏差

根据茄子规格和使用包装材料的不同，允许设计不同规格的包装容器，但每包装单位的净质量应小于20 kg。每包装单位净含量允许负偏差按国家质量监督检验检疫总局令2005年第75号令规定执行。

4.4 限度范围

产品抽检按GB 8855的规定执行。每批受检样品允许存在等级、规格方面的不符合项。不符合项百分率按所检单位样品的平均值计算，其值不超过规定的偏差限度，且任何所检单位的不符合项百分率不超过规定值的2倍。

5 标识

包装容器外观应明显标识的内容包括：产品名称、等级、规格、产品执行标准编号、生产和供应商及详细地址、产地、净含量和采收、包装日期和贮存要求。标注内容要求字迹清晰、牢固、完整、准确。

包装容器外部应注明防晒、防雨、防摔和避免长时间滞留标识，标识应符合GB 191的要求。

6 参考图片

6.1 各等级参考实物图片

茄子不同等级实物参考图片，以长茄为例，见图3。

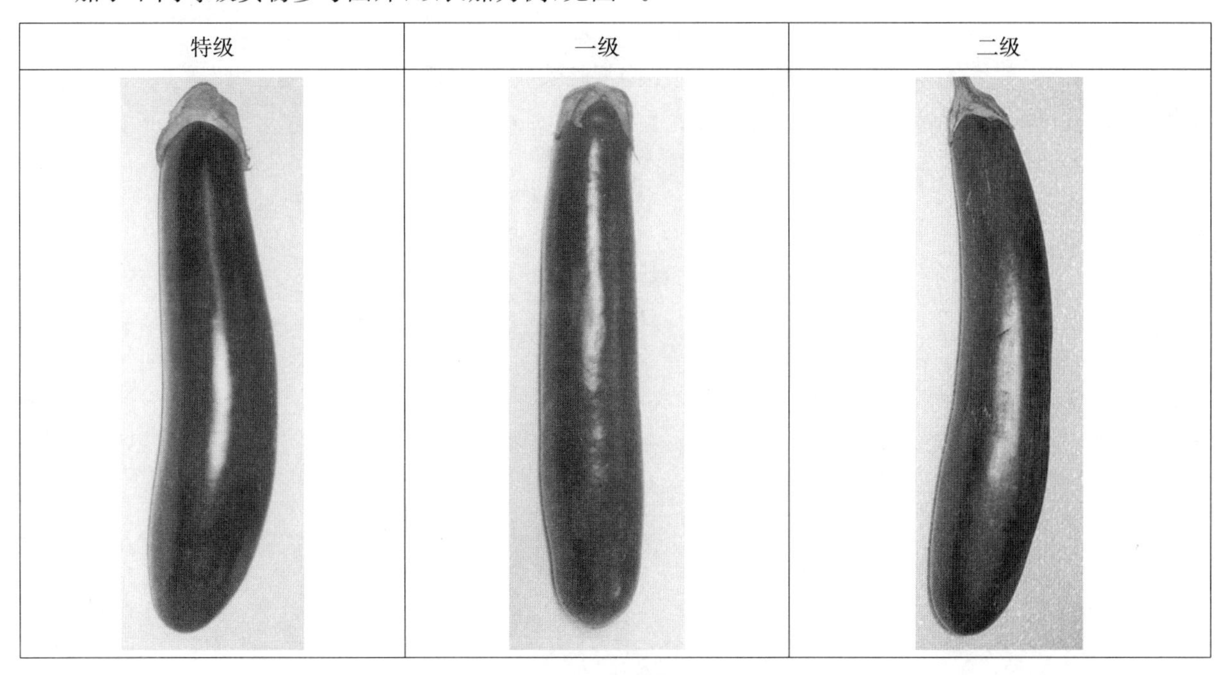

图3 长茄不同等级实物参考图

6.2 各规格参考实物图片

6.2.1 长茄的不同规格实物参考图片见图 4。

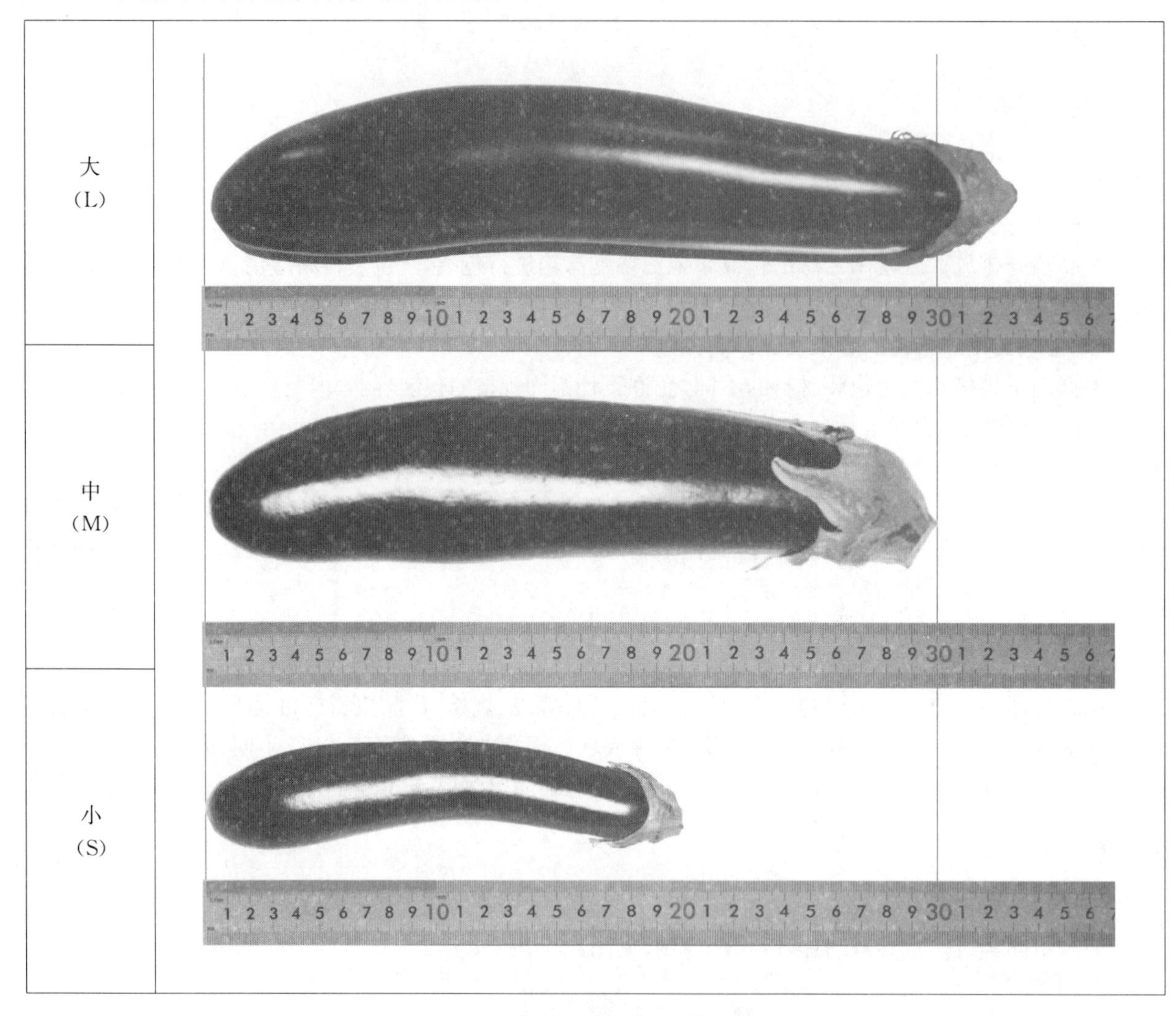

图 4 长茄不同规格实物参考图

6.2.2 圆茄的不同规格实物参考图片见图 5。

规格	实物参考图
大(L):不能通过 15 cm 孔径	
中(M):能通过 15 cm 孔径但不能通过 11 cm 孔径	
小(S):能通过 11 cm 孔径	

图 5　圆茄不同规格实物参考图

6.2.3　卵圆茄的不同规格实物参考图片见图 6。

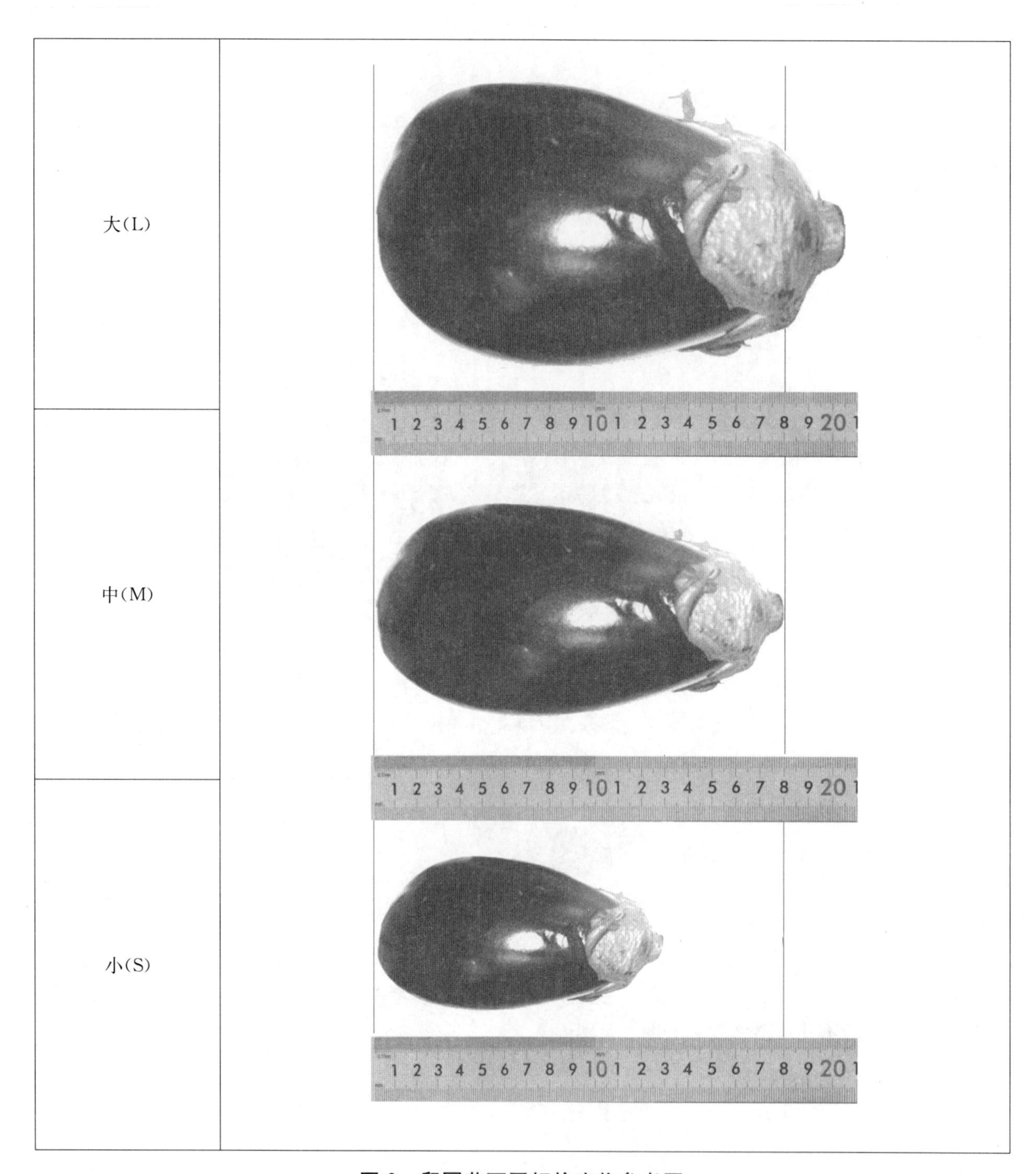

图6　卵圆茄不同规格实物参考图

ICS 67.060
X 11

中华人民共和国农业行业标准

NY/T 1895—2010

豆类、谷类电子束辐照处理技术规范

Technical regulation for electron beam processing of pulses and cereal grains

2010-07-08 发布　　2010-09-01 实施

中华人民共和国农业部　发布

前　　言

本标准遵照 GB/T 1.1—2009 给出的规则起草。

本标准由中华人民共和国农业部农产品加工局提出并归口。

本标准起草单位：中国农业科学院农产品加工研究所、农业部辐照产品质量监督检验测试中心、清华大学。

本标准主要起草人：王锋、哈益明、周洪杰、覃怀莉、李淑荣、李庆鹏、范蓓、张化一。

豆类、谷类电子束辐照处理技术规范

1 范围

本标准规定了供人类食用的豆类、谷类电子束辐照前、辐照中、辐照后要求，以及贮运、标签、重复辐照等内容。

本标准适用于以电子束辐照处理为手段，用于豆类、谷类辐照杀灭害虫为目的的加工过程控制。

2 规范性引用文件

下列文件对于本文件的应用是必不可少的。凡是注日期的引用文件，仅注日期的版本适用于本文件。凡是不注日期的引用文件，其最新版本(包括所有的修改单)适用于本文件。

GB 2715 粮食卫生标准

GB/T 5009.36 粮食卫生标准的分析方法

GB 7718 预包装食品标签通则

GB/T 16841 能量为 300 KeV～25 MeV 电子束辐射加工装置剂量学导则

GB/T 18524 食品辐照通用技术要求

GB/T 18525.1 豆类辐照杀虫工艺

GB/T 18525.2 谷类制品辐照杀虫工艺

EJ 971 辐射加工用电子加速器通用规范

《辐照食品卫生管理办法》中华人民共和国卫生部令第 47 号

3 术语和定义

下列术语和定义适用于本文件。

3.1

电子加速器 electron accelerator

一种使带电粒子增加动能的装置。

3.2

电子束 electron beam

在电磁场中被加速到一定动能的基本上是单向的电子流。

3.3

最低有效剂量 minimum effective dose

为达到辐照目的所需的工艺剂量下限值。

注：本标准中指达到谷类、豆类杀虫为目的的最低剂量。

3.4

最高耐受剂量 maximum tolerance dose

不影响被辐照产品质量的工艺剂量上限值。

注：本标准中指不影响豆类、谷类感官品质和加工品质的最高剂量。

3.5

辐照工艺剂量 irradiation processing dose

豆类、谷类辐照中为了达到预期的工艺目的所需的吸收剂量范围，其下限值应大于最低有效剂量，上限值应小于最高耐受剂量。

4 辐照前要求

4.1 产品

豆类、谷类产品均应符合 GB 2715 的要求。水分含量应<12%。产品应经筛选，不存在害虫的蛹和成虫。筛选后应立即包装。

4.2 辐照厚度

应使用食品级、耐辐照、保护性的包装材料。豆类、谷类电子束辐照杀虫处理可采用散装辐照和带包装辐照两种方式。电子束能量与包装厚度或散装豆类、谷类的厚度具体参见附录 A。

5 辐照

5.1 辐照装置和管理

辐照装置和管理按 GB/T 18524 和 EJ 971 的规定执行。

5.2 剂量测量

电子束辐照装置的剂量测量按 GB/T 16841 的规定执行。

5.3 辐照时期

豆类、谷类产品包装后应立即辐照，以防害虫的卵和幼虫发育为蛹和成虫。

5.4 工艺剂量

豆类电子束辐照工艺剂量应符合 GB/T 18525.1 的要求；谷类电子束辐照工艺剂量应符合 GB/T 18525.2的要求。

6 辐照后质量要求

辐照后无活成虫出现，卵和幼虫在 1 周～3 周内死亡。辐照不对豆类、谷类食用品质和功能特性产生影响。

7 辐照后检验贮运

7.1 检验

按照 GB 5009.36 的要求进行分析，符合 GB 2715 的规定。

7.2 贮运

豆类、谷类产品库应无虫源。在运输和装卸时，应防止内外包装的破损以避免二次污染。

8 标签

8.1 产品标签应符合 GB 7718 和《辐照食品卫生管理办法》的规定。

8.2 散装豆类、谷类辐照后在清单中应注明“辐照过”或“经辐照处理”字样。

9 重复照射

可进行重复照射，但谷类辐照总的吸收剂量不应超过 1.0 kGy，豆类辐照总的吸收剂量不应超过 2.5 kGy。

附 录 A
（资料性附录）
电子束深度剂量分布、射程与辐射物品厚度

A.1 电子束深度剂量分布

A.1.1 电子束在均匀材料中的深度剂量分布曲线如图 A.1 所示。从入射表面开始，剂量随着深度的增加而增大，剂量值达到最大值后逐渐下降，一定距离后下降加速，再变得缓慢并与横轴相交。

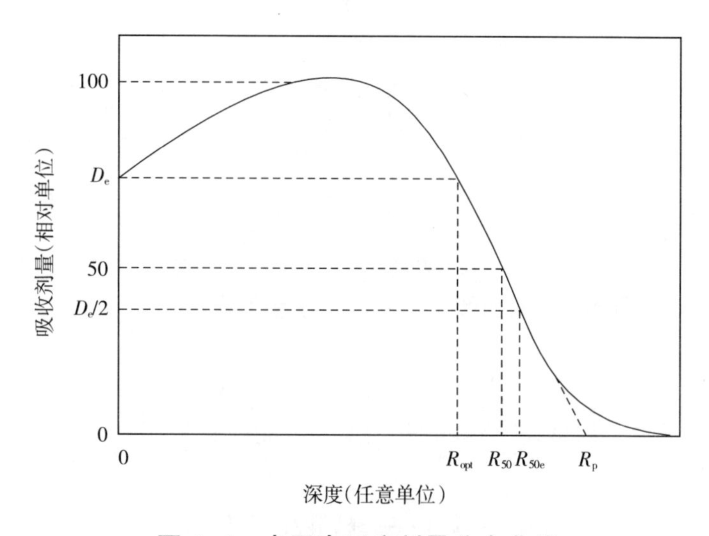

图 A.1 电子束深度剂量分布曲线

A.1.2 图 A.1 中标明了几种射程，分别表示几种深度剂量分布的品质：

实际射程 R_p：为深度剂量分布曲线上几乎直线下降拐点处的切线与轫致辐射本底外推线的交点所对应的深度；

半值深度 R_{50}：为深度剂量分布曲线中吸收剂量减少到最大值的 50%的深度；

半入射值深度 R_{50e}：为深度剂量分布曲线中吸收剂量减少到表面入射剂量值的 50%的深度；

最佳厚度 R_{opt}：为吸收剂量与入射剂量相等时所对应的深度。

A.2 电子束射程的经验公式

根据第 12 届辐射加工大会（IMRP XII，The 12th International Meeting on Radiation Processing，Avignon，France，March 25 - 30，2001）中的报告，对各种聚合物材料中电子束射程给出了如下经验公式（射程单位为厚度×密度值，g. cm^2；电子束能量单位，MeV）：

$$R_P=0.510E-0.145 \quad (A.1)$$

$$R_{50e}=0.458E-0.152 \quad (A.2)$$

$$R_{50}=0.435E-0.152 \quad (A.3)$$

$$R_{opt}=0.404E-0.161 \quad (A.4)$$

其中，最佳厚度 R_{opt}是电子束辐照工艺中经常要考虑的作为优化食品辐照厚度的重要参数，该厚度下，剂量不均匀度 $U(U=D_{max}/D_{min})$为 1.4～1.5。

对于双面辐照（常用豆类谷类的包装产品），见图 A.2。由于深度剂量曲线尾部的重叠，每一面照射

可利用的最佳电子射程从 R_{opt} 延伸至 R_{50e}，该处的吸收剂量为表面剂量的 1/2。当双面照射的产品厚度 $t=2R_{50e}$，其半厚度处的吸收剂量等于表面剂量，剂量分布均匀度一如单面照射最佳射程时（图 A.2 粗虚线），即 U 仍为 1.4～1.5。

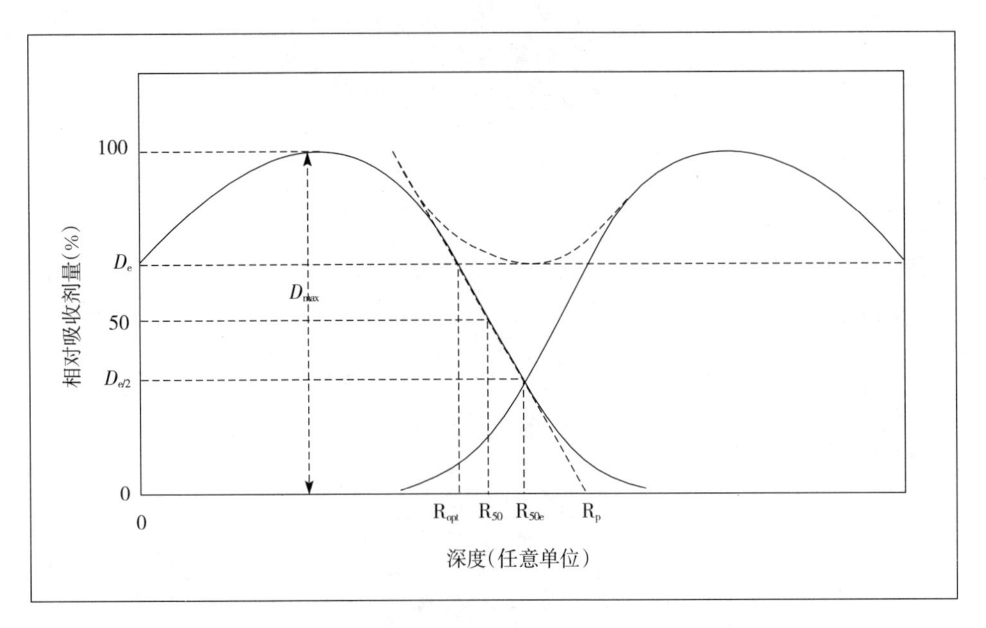

图 A.2　双面照射产品的电子束射程与剂量分布

A.3　辐照物品的厚度

根据上述分析和经验公式计算，表 A.1 给出豆类谷类电子束辐照加工中单面、双面辐照的最佳厚度（U≤1.5），作为参考：

表 A.1　物品辐照的厚度

平均能量，MeV	单面辐照最佳厚度 t，g/cm² ($t=R_{opt}$)	双面辐照最佳厚度 t，g/cm² ($t=2R_{50e}$)
1.00	0.243	0.612
2.00	0.647	1.528
3.00	1.051	2.444
4.00	1.455	3.36
5.00	1.859	4.276
6.00	2.263	5.192
7.00	2.667	6.108
8.00	3.071	7.024
9.00	3.475	7.94
10.00	3.879	8.856

表 A.1 中的 t 为质量厚度，单位是 g/cm²。在实际生产中，被加工物品的厚度等于 t 除以物品的密度 ρ，单位是 g/cm³，即物品被辐照的厚度 $=t/\rho$，单位是 cm。

ICS 03.100.30
B 62

中华人民共和国农业行业标准

NY/T 1911—2010

绿　化　工

2010-07-08 发布　　　　2010-09-01 实施

中华人民共和国农业部 发布

前　言

本标准遵照 GB/T 1.1—2009 给出的规则起草。

本标准由农业部人事劳动司提出并归口。

本标准起草单位:农业部人力资源开发中心。

本标准主要起草人:李夺、何兵存、牛静、夏振平、李瑞昌。

绿　化　工

1　范围

本标准规定了绿化工职业的术语和定义、职业的基本要求、工作要求。

本标准适用于绿化工的职业技能鉴定。

2　术语和定义

下列术语和定义适用于本文件。

2.1

绿化工

从事园林植物(树木、草本花卉、草坪及地被植物等)的栽培、养护、施工和管理的人员。

3　职业概况

3.1　职业等级

本职业共设五个等级,分别为初级(国家职业资格五级)、中级(国家职业资格四级)、高级(国家职业资格三级)、技师(国家职业资格二级)、高级技师(国家职业资格一级)。

3.2　职业环境条件

室内、外,常温。

3.3　职业能力特征

具有一定的学习、计算、观察、分析和判断能力,身体健康,动作协调,能从事一般的园林绿化工作。

3.4　基本文化程度

初中毕业。

3.5　培训要求

3.5.1　培训期限

全日制职业学校教育,根据其培养目标和教学计划确定。晋级培训期限:初级不少于80标准学时;中级不少于120标准学时;高级不少于160标准学时;技师不少于200标准学时;高级技师不少于240标准学时。

3.5.2　培训教师

培训初级的教师应具有本职业高级及以上职业资格证书或相关专业中级及以上专业技术职称;培训中、高级的教师应具有本职业技师及以上职业资格证书或相关专业中级及以上专业技术职称;培训技师、高级技师的教师应具有本专业或相关专业高级技术职称。

3.5.3　培训场地及设备

理论培训需要标准的教室和相应的教学设备;实操培训需要提供能够完成各种实训的园林材料、机械、劳动工具和操作场地等条件。

3.6　鉴定要求

3.6.1　适用对象

从事或准备从事本职业的人员。

3.6.2　申报条件

3.6.2.1　初级(具备以下条件之一者)

——经本职业初级正规培训达规定标准学时数(不少于 80 学时),并取得结业证书;

——在本职业连续见习工作 2 年以上;

——在本职业工作 1 年以上。

3.6.2.2 中级(具备以下条件之一者)

——取得本职业初级职业资格证书后,连续从事本职业工作 2 年以上,经本职业中级正规培训达规定标准学时数(不少于 120 学时),并取得结业证书;

——取得本职业初级资格证书后,连续从事本职业工作 3 年以上;

——连续从事本职业工作 5 年以上;

——取得经劳动保障行政部门审核认定的、以中级技能为培养目标的中等以上(含中等)职业学校本职业(专业)毕业证书。

3.6.2.3 高级(具备以下条件之一者)

——取得本职业中级职业资格证书后,连续从事本职业工作 2 年以上,经本职业高级正规培训达规定标准学时数(不少于 160 学时),并取得结业证书;

——取得本职业中级职业资格证书后,连续从事本职业工作 3 年以上;

——取得高级技工学校或经劳动保障行政部门审核认定的、以高级技能为培养目标的高等职业学校本职业(专业)毕业证书;

——取得本职业中级职业资格证书的大专以上(含大专)本专业或相关专业毕业生,连续从事本职业工作 2 年以上。

3.6.2.4 技师(具备以下条件之一者)

——取得本职业高级职业资格证书后,连续从事本职业工作 3 年以上,经本职业技师正规培训达规定标准学时数(不少于 200 学时),并取得结业证书;

——取得本职业高级职业资格证书后,连续从事本职业工作 5 年以上;

——取得本职业高级职业资格证书后的高级技工学校本职业(专业)毕业生,连续从事本职业工作满 2 年;

——取得大学本科相关专业毕业证书,并连续从事本职业工作 3 年以上。

3.6.2.5 高级技师(具备以下条件之一者)

——取得本职业技师职业资格证书后,连续从事本职业工作 3 年以上,经本职业高级技师正规培训达规定标准学时数(不少于 240 学时),并取得结业证书;

——取得大学本科相关专业毕业证书,并连续从事本职业工作 5 年以上。

3.6.3 鉴定方式

分为理论知识考试和技能操作考核。理论知识考试采用闭卷笔试方式,技能操作考核采用现场实际操作方式。理论知识考试和技能操作考核均实行百分制,成绩皆达 60 分及以上者为合格。技师和高级技师还须进行综合评审。

3.6.4 考评人员与考生配比

理论知识考试考评人员与考生配比为 1∶20,每个标准教室不少于 2 人;技能操作考核考评员与考生配比为 1∶5,且不少于 3 名考评员,综合评审委员不少于 5 人。

3.6.5 鉴定时间

理论知识考试时间不少于 90 min;技能操作考核时间不少于 30 min,综合评审时间不少于 30 min。

3.6.6 鉴定场所和设备

理论知识考试在标准教室里进行,技能操作考核应设在具有考核所需要的各种园林材料、机械和劳动工具等的场所进行。

4 基本要求

4.1 职业道德

4.1.1 职业道德基本知识

4.1.2 职业守则

——遵纪守法，维护公德；
——文明施工，注重环保；
——规范操作，安全生产；
——爱岗敬业，团结协作。

4.2 基础知识

4.2.1 相关农艺知识

——植物与植物生理知识；
——土壤、基质、肥料知识；
——昆虫生态知识；
——植物生态知识；
——园林植物分类知识；
——气象学知识。

4.2.2 专业知识

——园林工程设计及施工图纸识别与绘制知识；
——园林建设工程施工组织与管理知识；
——园林工程施工材料与施工机械知识；
——园林植物种植工程施工知识；
——屋顶与地下设施覆土绿化施工知识；
——室内外垂直绿化知识；
——园林植物土、肥、水养护管理知识；
——园林植物整形修剪知识；
——园林植物病虫害防治知识；
——古树名木养护管理知识；
——园林植物育苗、培育及苗圃管理知识；
——园林机具操作与维修保养知识；
——园林绿化工程预决算知识。

4.2.3 安全知识

——园林绿化施工安全知识；
——大树移植及修剪安全知识；
——农药、肥料、化学药品的安全使用知识和保管知识；
——机械设备的安全使用知识；
——工伤急救知识。

4.2.4 相关法律、法规知识

——国务院《城市绿化条例》及本地区《城市绿化管理办法或条例》的相关知识；
——《中华人民共和国森林法》的相关知识；
——《中华人民共和国环境保护法》的相关知识；
——《中华人民共和国劳动法》的相关知识；

——《中华人民共和国植物新品种保护条例》的相关知识；
——《中华人民共和国合同法》的相关知识；
——《中华人民共和国招标投标法》的相关知识。

5 工作要求

本标准对初级、中级、高级、技师和高级技师的技能要求依次递进，高级别涵盖低级别的要求。

5.1 初级

职业功能	工作内容	技能要求	相关知识
一、绿化用地整理	(一)场地清理、平整	1. 能使用机械或人工清除场地内的各种岩石、建筑垃圾、污染物及木本草本等杂物 2. 能使用机械或人工拆除废旧的建筑物或地下构筑物 3. 能按照施工设计要求进行场地粗平整	1. 场地清理工程机械的安全使用知识 2. 建筑工程安全技术规范操作知识
	(二)土壤改良	1. 能按照施工要求将基肥均匀的施入土壤 2. 能按照施工要求将土壤质地改良剂均匀的施入土壤	1. 肥料的施用方法知识 2. 土壤结构质地知识
	(三)种植穴及种植槽挖掘	1. 能按照施工种植要求人工或使用挖坑机械挖掘花灌木种植穴 2. 能按照施工种植要求人工或使用开槽机械挖掘绿篱类植物种植槽	1. 种植穴挖掘原则要求 2. 灌木种植穴规格知识 3. 绿篱类种植槽规格知识 4. 开沟机械使用知识
二、园林植物移植与繁育	(一)苗木选择	1. 能识别本地区常见40种以上园林植物 2. 能根据设计要求进行选择符合规格、苗龄和标准的绿篱类植物	1. 园林植物生长季节识别知识 2. 绿篱类植物规格等方面知识
	(二)苗木挖掘	1. 能按规定规格对裸根苗木进行挖掘 2. 能对挖掘好的裸根苗木根系进行保护与处理	1. 裸根苗木挖掘知识 2. 根幅规格知识
	(三)苗木假植	1. 能按规定对裸根苗木进行假植 2. 能对裸根苗木进行假植后养护	1. 裸根苗木假植知识 2. 裸根苗木假植后养护知识
	(四)苗木种植	1. 能按施工要求对裸根苗木进行种植 2. 能按施工要求对绿篱类植物进行种植 3. 能按施工要求对草本花卉(花坛、花镜、花丛花群及花台花池等)和地被植物进行种植 4. 能对种植后的裸根、绿篱类苗木、草本花卉及地被植物进行养护管理	1. 裸根苗木种植要求、操作方法及注意事项 2. 苗木、草本花卉及地被植物种植后养护知识
	(五)苗木繁育	1. 能利用硬枝进行繁殖培育苗木 2. 能利用嫩枝扦插进行繁殖培育苗木 3. 能利用根插进行繁殖培育苗木	扦插繁殖相关知识
三、园林植物养护	(一)灌溉	1. 能识别缺水的园林植物 2. 能使用灌溉工具进行灌水作业	1. 园林植物灌水的知识 2. 灌溉工具的使用知识
	(二)排水	1. 能利用自然地形进行拦、阻、蓄、分、导的地面排水作业 2. 能维修和清理排水系统	1. 地面排水基本知识 2. 排水系统构成知识
	(三)施肥	1. 能识别常见肥料 2. 能使用施肥机具或人工进行施肥	1. 常见肥料的识别知识 2. 施肥机具的使用知识
	(四)中耕除草	1. 能使用除草剂和人工进行除杂作业 2. 能按中耕要求进行中耕作业	1. 常用除草剂及使用知识 2. 中耕知识

（续）

职业功能	工作内容	技能要求	相关知识
四、园林植物病害与虫害防治	(一)病害防治	1. 能识别园林植物病害的病状与病症 2. 能使用喷雾(粉)机具进行灭菌的喷洒作业	1. 园林植物病害的基础知识 2. 常用杀菌剂及使用知识 3. 杀菌机具的使用知识
	(二)虫害防治	1. 能识别园林植物上的食叶性害虫 2. 能使用喷雾(粉)机具进行杀虫的喷洒作业	1. 昆虫的生物与分类知识 2. 食叶害虫形态特征及生物学特性知识 3. 常用杀虫剂及使用知识 4. 杀虫机具的使用知识
五、园林植物整形修剪	(一)绿篱修剪	1. 能操作太平剪和绿篱修剪机械进行绿篱类植物的修剪作业 2. 能对自然式绿篱进行修剪作业 3. 能对整形式绿篱进行修剪作业	1. 绿篱修剪机的使用及安全知识 2. 绿篱类植物修剪知识
	(二)草本花卉修剪	1. 能对种植后的露地草本花卉进行整形作业 2. 能对种植后的露地草本花卉进行修剪作业	草本花卉整形修剪方法相关知识

5.2 中级

职业功能	工作内容	技能要求	相关知识
一、绿化用地整理	(一)场地清理、平整	1. 能进行利用人工或机械土方挖填方,并能进行土方夯实作业 2. 能按照施工要求进行施工场地细平整	土方夯实及夯实机械的相关知识
	(二)土壤改良	1. 能进行土壤消毒作业 2. 能检测土壤的酸碱性,并能按照要求进行改良土壤 3. 能对种植穴或槽进行换土作业	1. 土壤消毒剂种类及相关知识 2. 土壤酸碱度检测及改良基本知识 3. 客土栽培相关知识
	(三)种植穴挖掘	1. 能按照施工种植要求进行人工或机械挖掘乔木种植穴 2. 能按照施工种植要求进行挖掘竹类种植穴	1. 针叶和阔叶乔木种植穴规格知识 2. 竹类种植穴规格知识 3. 挖坑机械使用知识
二、园林植物移植与繁育	(一)苗木选择	1. 能识别本地区常见60种以上园林植物 2. 能根据设计要求进行选择符合规格、苗龄和标准的灌木、草本花卉及地被植物	1. 北方地区园林植物冬季识别知识 2. 园林植物规格要求的相关知识
	(二)苗木挖掘	1. 能进行带土球苗木挖掘前准备工作 2. 能按规定规格对胸径或地径10 cm以下带土球苗木进行挖掘作业	带土球苗木挖掘及土球规格知识
	(三)苗木包装运苗	1. 能利用草绳及蒲包对挖掘好的土球进行打包作业 2. 能对苗木进行装车、运输和卸车作业	1. 带土球苗木打包知识 2. 苗木运输及保护知识 3. 带土球苗木装卸吊装安全知识
	(四)苗木假植	1. 能对带土球苗木进行假植 2. 能对带土球苗木进行假植后的养护	1. 带土球苗木假植知识 2. 带土球苗木假植后养护知识

（续）

职业功能	工作内容	技能要求	相关知识
二、园林植物移植与繁育	（五）苗木处理	1. 能对种植前后的灌木进行修剪处理作业 2. 能对种植前后的灌木进行剪口及伤口处理	1. 灌木种植前后修剪要求及方法 2. 剪口及伤口防腐处理知识
	（六）苗木种植	1. 能对胸径或地径小于 10 cm 带土球苗木进行种植及种植后养护作业 2. 能对竹类植物进行种植及种植后养护作业 3. 能对藤蔓类植物进行种植及种植后养护作业	1. 胸径或地径小于 10 cm 带土球苗木种植、养护知识 2. 室内外垂直绿化施工相关知识 3. 竹类及藤蔓类植物种植、养护知识
	（七）苗木繁育	1. 能利用芽接方法进行繁殖培育苗木 2. 能利用枝接方法进行繁殖培育苗木	嫁接繁殖相关知识
三、园林植物养护	（一）灌溉	1. 能确定园林植物的灌水时间 2. 能按照灌溉方案，对园林植物的不同生长时期进行灌水作业	1. 园林植物灌水时间知识 2. 园林植物需水量知识
	（二）排水	1. 能按照排水系统设计方案要求砌筑附属构筑物和埋设排水管道 2. 能按照排水系统设计方案要求安装排水设施	1. 排水设施安装知识 2. 排水设施埋设知识
	（三）施肥	1. 能识别园林植物缺少大量元素的缺素症状 2. 能制定园林植物施肥方法	1. 园林植物营养元素及其作用相关知识 2. 植物营养诊断知识 3. 施肥方法知识
	（四）中耕除草	1. 能识别本地区常见的杂草并能确定除草的时间和方法 2. 能根据不同植物进行确定中耕的时间和深度	1. 杂草识别和防除知识 2. 中耕方法及相关知识
	（五）苗木防寒	1. 能按照防寒技术方案进行防寒材料的准备 2. 能按照防寒技术方案进行防寒作业	1. 防寒方法知识 2. 防寒材料知识
四、园林植物病害与虫害防治	（一）病害防治	1. 能识别园林植物叶部病害症状 2. 能根据病害防治方案计算杀菌剂使用量并能调配合理浓度	1. 叶部病害的症状识别知识 2. 杀菌剂用量表示方法及使用浓度换算知识 3. 杀菌剂稀释方法 4. 杀菌剂的配制及注意事项
	（二）虫害防治	1. 能识别园林植物上刺吸食性害虫 2. 能根据虫害防治方案计算杀虫剂使用量并能调配合理浓度	1. 刺吸食性害虫形态特征及生物学特性知识 2. 杀虫剂用量表示方法及使用浓度的换算知识 3. 杀虫剂的稀释方法 4. 杀虫剂的配制及注意事项
五、园林植物整形修剪	（一）灌木修剪	1. 能进行观叶灌木修剪作业 2. 能进行观枝灌木修剪作业 3. 能进行观果灌木修剪作业 4. 能进行观形灌木修剪作业	1. 修剪的基本方法知识 2. 灌木修剪相关知识 3. 修剪工具及使用注意事项知识
	（二）绿篱修剪	1. 能对绿篱进行更新修剪作业 2. 能进行绿篱修剪机的维修保养	1. 绿篱更新知识 2. 绿篱修剪机的维修保养知识

（续）

职业功能	工作内容	技能要求	相关知识
五、园林植物整形修剪	(三)藤蔓植物修剪	1. 能根据藤蔓类园林植物生长发育习性进行整形修剪作业 2. 能根据藤蔓类园林植物应用方式进行整形修剪作业	1. 藤蔓类园林植物生长发育习性知识 2. 藤蔓类园林植物应用方式

5.3 高级

职业功能	工作内容	技能要求	相关知识
一、绿化用地整理	(一)场地清理、平整	1. 能按照设计图纸的要求使用测量仪器进行测量施工场地 2. 能进行确定场地标高的定点放线作业	1. 测量仪器的使用知识 2. 桩木规格及标记方法知识 3. 标高知识
	(二)土壤改良	1. 能识别盐渍化土壤 2. 能按照施工要求进行改良盐渍化土壤	盐渍土壤基本知识
	(三)定点放线	1. 能根据种植设计图纸，按比例进行规则式种植定点放线 2. 能根据种植设计图纸，按比例进行弧线种植定点放线	1. 园林识图基本知识 2. 园林工程建设项目指标范围知识
二、园林植物移植与繁育	(一)苗木选择	1. 能识别本地区常见80种以上园林植物 2. 能根据设计要求进行选择符合规格、苗龄和标准的阔叶乔木、竹类、水生及藤蔓类植物	1. 园林植物分类知识 2. 阔叶乔木、竹类、水生及藤蔓类植物知识
	(二)苗木挖掘	1. 能确定胸径或地径大于10 cm以上的带土球苗木的土球规格 2. 能按规定规格对胸径或地径大于10 cm以上的带土球苗木进行挖掘	1. 带土球苗木挖掘方法 2. 土球规格及留底规格知识
	(三)苗木包装运苗	1. 能利用木箱打包法对挖掘好的大规格带土方苗木进行木箱打包 2. 能对木箱带土球苗木利用吊装机械进行装车和卸车	1. 大树木箱移植法知识 2. 大树吊装与卸车安全知识
	(四)苗木处理	1. 能对种植前后的乔木进行修剪处理作业 2. 能对种植前后的乔木进行剪口及伤口处理	1. 乔木种植前后修剪知识 2. 乔木种植前后剪口及伤口修剪知识
	(五)苗木种植	1. 能对胸径或地径10 cm以上的带土球苗木进行种植及种植后养护管理 2. 能对水生植物进行种植及种植后养护管理	1. 大规格带土球苗木种植知识 2. 水生植物种植及种植后养护知识
	(六)苗木繁育	1. 能利用播种方法进行繁殖培育苗木 2. 能利用压条方法进行繁殖培育苗木 3. 能利用分株(分根)方法进行繁殖培育苗木 4. 能进行容器栽培繁殖培育苗木	1. 苗木有性繁殖相关知识 2. 压条与分株(分根)无性繁殖相关知识 3. 容器栽培苗木知识
三、园林植物养护	(一)灌溉	1. 能识别灌溉设计图纸，并能安装灌溉设备 2. 能进行灌溉设施的调试，控制合理灌水量	1. 灌溉、喷灌设备的安装、调试和使用知识 2. 灌溉设施的控制方法

（续）

职业功能	工作内容	技能要求	相关知识
三、园林植物养护	（二）施肥	1. 能计算肥料的有效成分和用量的计算 2. 能确定园林植物施肥时间	1. 肥料理化性状知识 2. 肥料有效成分知识 3. 施肥量计算知识 4. 追肥相关知识
	（三）苗木防寒	1. 能对引进的新品种和新选育的苗木进行防寒作业 2. 能制定苗木防治自然灾害技术方案	园林植物自然灾害及防治知识
四、园林植物病害与虫害防治	（一）病害防治	1. 能识别园林植物枝干和根部病害症状 2. 能对园林植物常见病害进行防治	1. 枝干和根部病害症状识别知识 2. 病害防治技术知识
	（二）虫害防治	1. 能识别园林植物蛀食性和地下害虫 2. 能对地上和地下害虫进行防治	1. 蛀食性和地下害虫形态特征及生物学特性知识 2. 虫害防治技术
五、园林植物整形修剪	（一）乔木修剪	1. 能对行道树乔木进行整形修剪作业 2. 能对庭荫类乔木进行整形修剪作业 3. 能根据乔木类园林植物与市政、交通设施等规范间距进行修剪作业	1. 行道树修剪知识 2. 庭荫乔木修剪知识 3. 园林植物与市政、交通设施等规范间距相关知识 4. 油锯及高枝修剪机等整形修剪机械使用知识
	（二）灌木修剪	1. 能对早春开花类灌木进行修剪作业 2. 能对夏秋开花类灌木进行修剪作业	灌木生长特点及习性知识
	（三）绿篱修剪	1. 能根据绿篱的使用要求和生长状况制定修剪时期和频率 2. 能根据不同绿篱类植物和生长状况制定更新修剪时期和措施	1. 绿篱植物生长发育知识 2. 绿篱植物观赏特性知识
	（四）造型修剪	1. 能对园林植物进行几何形体式造型修剪作业 2. 能根据苗木的生长特性和环境进行造型修剪	造型修剪的意义、时期、方式、注意事项知识
六、屋顶与地下设施覆土绿化	（一）屋顶绿化	1. 能进行屋顶绿化施工材料准备 2. 能进行屋顶绿化种植基质回填和植物种植施工作业 3. 能对栽植的大型植物材料进行固定作业	1. 屋顶绿化识图基本知识 2. 屋顶绿化大型植物材料固定设施知识
	（二）地下设施覆土绿化	1. 能进行地下设施覆土绿化准备施工材料 2. 能进行地下设施覆土绿化种植土回填和植物种植施工作业	地下设施覆土绿化识图基本知识

5.4 技师

职业功能	工作内容	技能要求	相关知识
一、绿化用地整理	（一）场地造型	1. 能进行场地造型土方量的计算 2. 能进行土方艺术造型的施工作业 3. 能进行挖湖堆山造型施工作业	1. 土方量计算相关知识 2. 土方测量基本知识 3. 土方工程施工相关知识 4. 土方工程施工机械相关知识

（续）

职业功能	工作内容	技能要求	相关知识
一、绿化用地整理	(二)土壤改良	1. 能进行土壤质地和结构的测定 2. 能提取土壤土样，进行土壤酸碱度和盐渍化的测定	1. 土壤结构和肥力知识 2. 土壤取样和化验方法知识
	(三)定点放线	1. 能根据种植设计图纸，按比例进行自然式种植定点放线 2. 能根据设计图纸和种植规范，对场地和种植距离进行复测和验线作业	1. 定点放线法知识 2. 复杂地形的测量知识
二、园林植物移植与繁育	(一)苗木选择	1. 能识别100种以上园林植物 2. 能根据设计要求进行选择符合规格、苗龄和标准的针叶乔木和造型植物	1. 园林植物生态知识 2. 园林植物生长发育及规律知识
	(二)苗木种植	1. 能对木箱带土球苗木进行正常季节种植及种植后养护管理 2. 能对园林苗木进行反季节种植及种植后养护管理	1. 反季节种植知识 2. 大树及反季节种植后养护知识
三、园林植物养护	(一)灌溉	1. 能进行方形和狭长形规则式园林绿地喷灌系统给水管网布置设计 2. 能进行方形和狭长规则式园林绿地喷灌系统喷头布置设计	1. 绿化灌溉工程设计知识 2. 给水管网和喷头布置设计知识
	(二)施肥	1. 能进行土壤的理化性质测定 2. 能根据土壤的理化性质测定结果与园林植物需肥特性制定施肥方案 3. 能按照平衡施肥方案，对氮、磷、钾肥进行合理配比	1. 理化性质分析测定知识 2. 植物营养需求知识 3. 合理施肥的生理基础知识
	(三)古树名木养护	1. 能进行古树名木的复壮 2. 能进行古树名木的保护	古树名木的保护与管理相关知识
四、园林植物病害与虫害防治	(一)病害防治	1. 能进行园林植物病害调查取样 2. 能进行园林植物病害预测	1. 病害调查的相关知识 2. 病害预测知识
	(二)虫害防治	1. 能进行园林植物虫害调查 2. 能进行园林植物虫害预测	1. 虫害调查的相关知识 2. 虫害预测知识
五、园林植物整形修剪	(一)乔木修剪	1. 能根据乔木在园林绿化用途中制定修剪方案 2. 能根据乔木的生长特性和生长环境制定相应修剪方案	1. 乔木整形修剪相关知识 2. 整形修剪的作用、意义、时期、方式、注意事项的知识
	(二)灌木修剪	1. 能根据灌木在园林绿化用途中制定修剪方案 2. 能根据灌木的生长特性和生长环境制定相应修剪方案	灌木整形修剪的生物、生理知识
	(三)造型修剪	1. 能进行自然与人工混合式造型修剪作业 2. 能对园林植物进行垣壁式及雕塑式造型修剪作业	造型修剪方法知识
六、屋顶与地下设施覆土绿化	(一)屋顶绿化	1. 能根据设计图纸编制施工技术方案 2. 能进行屋顶防水层、阻根层、排水层和过滤层施工作业	1. 屋顶绿化识图相关知识 2. 屋顶防水施工知识 3. 屋顶绿化施工技术知识
	(二)地下设施覆土绿化	1. 能根据设计的植物进行确定覆土的厚度 2. 能进行地下设施上防水层、阻根层、排水层和过滤层施工作业	1. 适宜植物根系生长土壤厚度知识 2. 地下设施绿化识图知识 3. 地下设施覆土绿化施工技术知识

（续）

职业功能	工作内容	技能要求	相关知识
七、培训与管理	(一)技术培训	1. 能撰写技术工作总结 2. 能够制定低级别技术工培训计划并进行培训	技术培训相关知识
	(二)施工组织管理	1. 能编制园林绿化工程投标文件 2. 能编制园林绿化工程预算书 3. 能编制园林绿化工程人、机、材施工准备计划 4. 能编制园林绿化工程的施工方案和主要分项工程的施工方法	1. 招投标相关知识 2. 园林工程施工与管理知识 3. 园林工程预算知识

5.5 高级技师

职业功能	工作内容	技能要求	相关知识
一、绿化用地整理	(一)场地造型	1. 能进行园林地形平面布局设计 2. 能进行园林地形竖向设计	园林地形工程设计知识
	(二)土壤处理	1. 能根据土壤质地、酸碱度和盐渍化程度制定土壤改良方案 2. 能根据测定结果计算各种肥料、改良剂和消毒剂的使用量	肥料、改良剂和消毒剂的使用量相关知识
二、园林植物移植与繁育	(一)苗木选择	1. 能识别120种以上园林植物 2. 能根据当地气候和生态条件选择引进新品种植物	园林植物新品种选育知识
	(二)苗木种植	1. 能进行乔灌木的种植设计 2. 能进行水生植物的种植设计 3. 能进行藤蔓类植物的室内外垂直立体绿化种植设计 4. 能进行草本花卉(花坛、花镜、花丛花群及花台花池等)及地被植物的种植设计	1. 园林植物种植设计知识 2. 园林植物应用知识
三、园林植物养护	(一)灌溉	1. 能根据不同植物和生长环境等制定不同的灌水方式 2. 能根据园林植物需水量的测定制订合理的灌水方案	1. 灌水方式知识 2. 园林植物需水量测定知识
	(二)施肥	1. 能分析和评估土壤肥力状况 2. 能制订平衡施肥技术方案	1. 土壤肥力分析和评估知识 2. 土壤平衡施肥知识
四、园林植物病害与虫害防治	(一)病害防治	1. 能制定病害的综合防治技术方案 2. 能制定杀菌剂药害的预防与补救措施	1. 植物生态知识 2. 杀菌剂药害及预防知识
	(二)虫害防治	1. 能制定虫害的综合防治技术方案 2. 能制定杀虫剂药害的预防与补救措施	1. 昆虫生态知识 2. 杀虫剂药害及预防知识
五、园林植物整形修剪	(一)苗圃苗木修剪	1. 能制定乔木类圃苗整形修剪方案 2. 能制定灌木类圃苗整形修剪方案	苗圃苗木整形修剪知识
	(二)造型修剪	1. 能根据植物的生长特性编写苗木造型修剪技术方案 2. 能根据植物的生长环境编写苗木造型修剪技术方案	园林植物生长特性与生长环境知识

（续）

职业功能	工作内容	技能要求	相关知识
六、屋顶与地下设施覆土绿化	（一）屋顶绿化	1. 能根据屋顶的立地条件和当地气候条件进行植物配置设计，并能确定种植层基质厚度 2. 能根据屋顶的荷载计算土壤基质的用量，并能进行土壤基质的配比设计	1. 园林植物配置知识 2. 屋顶绿化土壤和基质知识 3. 屋顶荷载计算知识 4. 屋顶园林植物种植土厚度相关知识
	（二）地下设施覆土绿化	1. 能根据地下设施覆土绿化设计图纸编制施工技术方案 2. 能根据地下设施的荷载计算土方量，并能进行种植土壤的改良	地下设施荷载计算知识
七、培训与管理	（一）技术培训	1. 能进行园林植物新品种的选育技术培训 2. 能编写技术培训资料	1. 新品种选育知识 2. 技术培训资料编写知识
	（二）施工组织管理	1. 能编制施工进度计划 2. 能编制工程竣工材料 3. 能编制园林绿化工程竣工结算和决算 4. 能编制或填写园林绿化工程合同 5. 能对全部竣工后项目工期、质量和成本进行总结	1. 施工组织管理知识 2. 工程预决算知识 3. 合同法相关知识

6 比重表

6.1 理论知识

项目		初级，%	中级，%	高级，%	技师，%	高级技师，%
基本要求	职业道德	5	5	5	5	5
	基础知识	30	25	20	10	5
技能要求	绿化用地整理	10	10	5	10	5
	园林植物移植与繁育	20	25	20	10	10
	园林植物养护	20	15	10	10	10
	园林植物病害与虫害防治	10	10	15	20	15
	园林植物整形修剪	5	10	15	10	10
	屋顶与地下设施覆土绿化	0	0	10	15	20
	培训与管理	0	0	0	10	20
	合计	100	100	100	100	100

6.2 技能操作

项目		初级，%	中级，%	高级，%	技师，%	高级技师，%
技能要求	绿化用地整理	10	10	5	5	5
	园林植物移植与繁育	40	35	30	20	10
	园林植物养护	15	15	10	5	5
	园林植物病害与虫害防治	10	15	20	25	30
	园林植物整形修剪	25	25	20	15	10

（续）

项　　目		初级，%	中级，%	高级，%	技师，%	高级技师，%
技能要求	屋顶与地下设施覆土绿化	0	0	15	20	20
	培训与管理	0	0	0	10	20
	合　计	100	100	100	100	100

ICS 67.060
B 23

中华人民共和国农业行业标准

NY/T 1933—2010

大豆等级规格

Grades and specifications of soybean

2010-09-21 发布　　2010-12-01 实施

中华人民共和国农业部 发布

前　言

本标准遵照 GB/T 1.1—2009 给出的规则起草。

本标准由中华人民共和国农业部种植业管理司提出并归口。

本标准起草单位:农业部大豆及大豆制品质量监督检验测试中心

本标准主要起草人:韩国、王南云、卢宝华、孙兰金、张建勤、牛兆红、孙东立、段余君、程春芝、张海珍、王亚宁。

大豆等级规格

1 范围

本标准规定了大豆的术语和定义、分类、等级规格要求、抽样方法、试验方法、检验规则、标签标识、包装、储存和运输。

本标准适用于商品大豆。

2 规范性引用文件

下列文件对于本文件的应用是必不可少的。凡是注日期的引用文件，仅注日期的版本适用于本文件。凡是不注日期的引用文件，其最新版本(包括所有的修改单)适用于本文件。

GB 1352—2009 大豆

GB/T 5490 粮食、油料及植物油脂检验 一般规则

GB 5491 粮食、油料检验 扦样、分样法

GB/T 5492 粮油检验 粮食、油料的色泽、气味、口味鉴定

GB/T 5494 粮油检验 粮食、油料的杂质、不完善粒检验

GB/T 5497 粮食、油料检验 水分测定法

GB/T 5511 谷物和豆类 氮含量测定和粗蛋白质含量计算 凯氏法

GB/T 5512 粮油检验 粮食中粗脂肪含量测定

GB/T 5519—2008 谷物与豆类 千粒重的测定

GB 7718 预包装食品标签通则

3 术语和定义

下列术语和定义适用于本文件。

3.1

高油大豆 high-oil soybean

粗脂肪含量(干基)不低于20.0%的大豆。

3.2

高蛋白大豆 high-protein soybean

粗蛋白质含量(干基)不低于40.0%的大豆。

3.3

百粒重 mass of 100 soybeans

在水分含量13%条件下，每百粒完整大豆的质量。

4 分类

按GB 1352—2009中第4章规定执行。

5 要求

5.1 等级

5.1.1 等级基本要求

每个等级大豆应符合下列基本条件：

——具有大豆正常的色泽、气味；

——杂质含量≤1.0%；

——水分含量≤13.0%。

5.1.2 大豆等级划分

在符合等级基本要求前提下，大豆依据完整粒率和损伤粒率分为1等、2等、3等、4等、5等共五个等级。大豆的等级划分应符合表1的规定。

表1 大豆等级划分

单位为克每百克

等级	完整粒率	损伤粒率	
		合计	其中，热损伤粒
1等	≥95.0	≤1.0	≤0.2
2等	≥90.0	≤2.0	≤0.2
3等	≥85.0	≤3.0	≤0.5
4等	≥80.0	≤5.0	≤1.0
5等	≥75.0	≤8.0	≤3.0

5.1.3 高油大豆等级划分

在符合等级基本要求的前提下，高油大豆依据粗脂肪含量、完整粒率和损伤粒率分为1等、2等、3等共三个等级。高油大豆的等级划分应符合表2的规定。

表2 高油大豆等级划分

单位为克每百克

等级	粗脂肪含量（干基）	完整粒率	损伤粒率	
			合计	其中，热损伤粒
1等	≥22.0	≥85.0	≤3.0	≤0.5
2等	≥21.0			
3等	≥20.0			

5.1.4 高蛋白质大豆等级划分

在符合等级基本要求前提下，高蛋白质大豆依据粗蛋白质含量、完整粒率和损伤粒率分为1等、2等、3等共三个等级。高蛋白质大豆的等级划分应符合表3的规定。

表3 高蛋白质大豆等级划分

单位为克每百克

等级	粗蛋白质含量（干基）	完整粒率	损伤粒率	
			合计	其中，热损伤粒
1等	≥44.0	≥90.0	≤2.0	≤0.2
2等	≥42.0			
3等	≥40.0			

5.2 规格

5.2.1 规格基本要求

每个规格大豆应符合下列基本条件：

——粒型基本一致；

——体积大小基本一致。

5.2.2 规格划分

在符合规格基本要求前提下，大豆依据百粒重分为小粒、中小粒、中粒、中大粒、大粒、特大粒6个规格。大豆规格的划分应符合表4的规定。

表 4 大豆规格划分

单位为克

规格	小粒	中小粒	中粒	中大粒	大粒	特大粒
百粒重	≤10.0	10.1～15.0	15.1～20.0	20.1～25.0	25.1～30.0	＞30.0

6 抽样方法

按 GB 5491 的规定抽取样品。

7 试验方法

7.1 色泽、气味

按 GB/T 5492 的规定执行。

7.2 杂质

按 GB/T 5494 的规定执行。

7.3 水分

按 GB/T 5497 的规定执行。

7.4 完整粒率、损伤粒率、热损伤粒

按 GB 1352—2009 中附录 A 的规定执行。

7.5 粗脂肪

按 GB/T 5512 的规定执行。

7.6 粗蛋白质

按 GB/T 5511 的规定执行。

7.7 百粒重

按 GB/T 5519—2008 规定的方法测定，将计算结果折算成 13%水分下百粒重，结果保留一位小数。

8 检验规则

8.1 检验的一般规则按 GB/T 5490 的规定执行。

8.2 检验批为同品种、同产地、同收获年度、同运输单元、同储存单元的大豆。

8.3 大豆按完整粒率定等，三等为中等。完整粒率低于最低等级规定的，应作为等外级。

8.4 高油大豆按粗脂肪含量定等，二等为中等。粗脂肪含量低于最低等级规定的，不应作为高油大豆。

8.5 高蛋白质大豆按粗蛋白质含量定等，二等为中等。粗蛋白质含量低于最低等级规定的，不应作为高蛋白质大豆。

9 标签标识

除应符合 GB 7718 的规定外，还应符合以下条款：

——应在包装物上或随行文件中注明产品的名称、类别、等级、规格、产地、收获年度和月份。

——转基因大豆应按国家有关规定标识。

10 包装、储存和运输

按 GB 1352—2009 中第 9 章的规定执行。

ICS 67.080
B 33

中华人民共和国农业行业标准

NY/T 1934—2010

双孢蘑菇、金针菇贮运技术规范

Guide to storage and transportation of edible fungi Agaricus bisporus, Flammulina velutipes

2010-09-21 发布　　2010-12-01 实施

中华人民共和国农业部 发布

前　言

本标准遵照 GB/T 1.1—2009 给出的规则起草。

本标准由农业部农产品加工局提出并归口。

本标准起草单位:浙江省农业科学院食品加工研究所。

本标准主要起草人:郜海燕、陈杭君、周拥军、葛林梅、毛金林、房祥军、宋丽丽、陈文烜、陶菲、穆宏磊、骆少嘉。

双孢蘑菇、金针菇贮运技术规范

1 范围

本标准规定了双孢蘑菇和金针菇鲜菇的采收和质量要求、预冷、包装、入库、贮藏、出库、运输技术要求和试验方法。

本标准适用于双孢蘑菇和金针菇鲜菇的贮运;其他食用菌的鲜菇贮运可参照本标准。

2 规范性引用文件

下列文件对于本文件的应用是必不可不的。凡是注日期的引用文件,仅注日期的版本适用于本文件。凡是不注日期的引用文件,其最新版本(包括所有的修改单)适用于本文件。

GB 7096 食用菌卫生标准

GB/T 8559—87 苹果冷藏技术

GB/T 8855 新鲜蔬菜和水果的取样方法

GB 9687 食品包装用聚乙烯成型品卫生标准

GB 9829 水果和蔬菜冷库中物理条件定义和测量

GB/T 12531 食用菌水分测定

GB/T 12728 食用菌术语

3 术语和定义

GB/T 12728 确立的以及下列术语和定义适用于本文件。

3.1

双孢蘑菇鲜菇

指采摘后只经过去除泥土、切削柄根等简单处理,直接在超市上销售的双孢蘑菇新鲜子实体。

3.2

金针菇鲜菇

指采摘后只经过去除根须、杂质等简单处理,直接在超市上销售的金针菇新鲜子实体。

4 采收和质量要求

4.1 采收

4.1.1 采收时间

子实体已充分生长,但菌盖边缘内卷未开伞时采收。

4.1.2 采收方法

4.1.2.1 双孢蘑菇:采摘时应戴洁净手套、使用洁净的刀具进行采摘,菇柄应保留 0.5 cm~1.0 cm,轻采轻放,减少机械损伤。

4.1.2.2 金针菇:采摘时应戴洁净手套,一手压住瓶或袋,一手握住菇丛,整丛拔起,剪除根须、去除杂质。

4.1.2.3 采收后的双孢蘑菇和金针菇宜放入洁净干燥、不易损伤的包装容器内,避免雨淋、日晒。

4.2 质量要求

4.2.1 双孢蘑菇

用于入库贮藏的双孢蘑菇质量指标应符合表1的规定。

表1　双孢蘑菇质量指标

项　目	要　　求
外观	菇体完整、饱满、不开伞和不萎缩；具有固有色泽；菇柄组织内部无空洞，菇体表面无杂质、无水渍斑点、无脱柄、无畸形、无机械损伤
气味	有双孢蘑菇特有的香味，无异味
霉烂菇	无
虫蛀菇	无
水分，%	≤91

4.2.2　金针菇

用于入库贮藏的金针菇质量指标应符合表2的规定。

表2　金针菇质量指标

项　目	要　　求
外观	菇体均匀、整齐，新鲜完好，不开伞；具有固有色泽；菇体表面无杂质、干燥无水渍、无机械损伤
气味	有金针菇特有的香味，无异味
霉烂菇	无
水分，%	≤91

4.3　卫生指标

卫生指标应符合GB 7096的规定。

5　预冷和包装

5.1　预冷

5.1.1　采摘温度在0℃～15℃时，宜在采后4 h内实施预冷；当采摘温度在15℃～30℃时，宜在2 h内实施预冷；当采摘温度超过30℃，宜在1 h内实施预冷。

5.1.2　可采用冷库冷却、强制冷风冷却、真空冷却等方式，预冷温度应为0℃～2℃，使双孢蘑菇预冷至2℃～4℃，金针菇预冷至0℃～2℃。

5.2　包装

5.2.1　预冷后的菇体装入内衬0.02 mm～0.03 mm厚的卫生指标符合GB 9687规定的聚乙烯薄膜袋的包装箱，每袋装量不宜超过3 kg。包装宜在2℃～6℃条件下进行。

5.2.2　包装袋扎口方式：双孢蘑菇挽口包装，金针菇扎紧袋口。

5.2.3　外包装（箱、筐）应牢固、干燥、清洁、无异味、无毒，便于装卸、贮藏和运输。

6　入库

6.1　库房消毒

菇体入库前应对贮藏库进行清扫和消毒灭菌，消毒方法参照GB/T 8559—87附录C的有关规定执行。

6.2　库房预冷

菇体入贮前2 d～3 d，应先将冷库预冷，使温度降至0℃～2℃。

6.3　入库

经预冷和包装后的食用菌需及时入库冷藏，入库速度根据冷库制冷能力或库温变化进行调整。

6.4　堆码

堆码方式参照 GB/T 8559—87 中 4.2.4 的有关规定执行。

7 贮藏

7.1 贮藏温度

双孢蘑菇贮藏温度宜为 2℃～4℃，金针菇贮藏温度宜为 0℃～2℃。

7.2 贮藏管理

贮藏期间，需每天检测库内温度，检测方法按照 GB 9829 的有关规定执行。整个贮藏期间要保持库内温度的稳定。

7.3 贮藏期限

双孢蘑菇贮藏期不宜超过 5 d，金针菇贮藏期不宜超过 15 d。

8 出库

8.1 出库指标

菇体出库时需要符合表 3 的质量要求。

表 3 菇体出库的质量指标

项　目	要　求
外观	菇体完整、饱满，菇柄菌盖密合，边缘内卷稍有开伞，不萎缩；具有固有色泽；无机械损伤，无水渍斑点
气味	有本品种食用菌特有的香味，无异味
商品率，%	≥92
失水率，%	≤5

8.2 出库管理

出库时，应轻拿轻放，避免机械损伤。

9 运输

9.1 常温运输

采用常温运输时，应用篷布（或其他覆盖物）遮盖，并根据天气状况，采取相应的防热、防冻、防雨措施。

9.2 低温运输

采用低温运输时，冷藏车车内温度应为 2℃～8℃。

9.3 运输期限

菇体常温运输期限不宜超过 24 h，低温运输最长期限不宜超过 48 h。

9.4 注意事项

运输行车应平稳，减少颠簸和剧烈振荡。码垛要稳固，货件之间以及货件与底板间留有 5 cm～8 cm 间隙。

10 试验方法

10.1 取样

按 GB/T 8855 的规定执行。

10.2 质量指标检测

10.2.1 外观、色泽、虫蛀菇、霉烂菇和杂质用目测法检验。

10.2.2 气味用鼻嗅的方法检验。

10.2.3　菌柄长度采用精度为 0.1 cm 的测量工具测定。

10.2.4　水分按 GB/T 12531 的规定执行。

10.2.5　商品率的检验方法为：取样 5 kg，拣出符合出库感官质量要求的食用菌，用感量为 0.1 g 的天平称量，并按式(1)计算：

$$X=(m_1/m_2)\times 100 \quad \cdots\cdots (1)$$

式中：

X——商品率，单位为百分率(%)；

m_1——符合出库感观质量指标的重量，单位为克(g)；

m_2——样品的重量，单位为克(g)。

计算结果保留到小数点后一位。

ICS 67.080
B 31

中华人民共和国农业行业标准

NY/T 1935—2010

食用菌栽培基质质量安全要求

Quality and safety requirements of cultivar substrate for edible fungi

2010-09-21 发布　　2010-12-01 实施

中华人民共和国农业部 发布

前　　言

本标准遵照 GB/T 1.1—2009 给出的规则起草。

本标准由中华人民共和国农业部种植业管理司提出。

本标准由全国蔬菜标准化技术委员会(SAC/TC467)归口。

本标准起草单位:农业部食品质量监督检验测试中心(佳木斯)。

本标准主要起草人:王南云、张海珍、李珍、孙东立、王艳玲、卢宝华、訾健康、段余君、韩国。

食用菌栽培基质质量安全要求

1 范围

本标准规定了食用菌栽培基质的术语和定义、要求、包装、运输和贮存。

本标准适用于各种栽培食用菌的固体栽培基质。

2 规范性引用文件

下列文件对于本文件的应用是必不可少的。凡是注日期的引用文件，仅注日期的版本适用于本文件。凡是不注日期的引用文件，其最新版本(包括所有的修改单)适用于本文件。

GB 5749 生活饮用水

GB/T 12728—2006 食用菌术语

NY 5099—2002 无公害食品 食用菌栽培基质安全技术要求

NY 5358—2007 无公害食品 食用菌产地环境条件

3 术语和定义

GB/T 12728—2006 界定的以及下列术语和定义适用于本文件。

3.1

栽培基质 cultivar substrate

食用菌栽培过程中，为食用菌生长繁殖提供营养的物质。

4 要求

4.1 原辅材料

4.1.1 原辅材料在放置过程中应注意通风换气，保持贮藏环境干燥，防止原辅材料滋生虫蛆和霉烂变质。原辅材料使用前应在阳光下翻晒，将霉变、虫蛀严重的原辅材料拣出并做无害化处理。食用菌对木屑等原料的堆制期有特殊要求的，应按照生产实际进行处置。在加工粉碎过程中避免带来机油等外源污染。保持原料新鲜、洁净、干燥、无虫、无霉、无异味。

4.1.2 主料：除桉、樟、槐、苦楝等含有害物质树种外的阔叶树木屑；自然堆积六个月以上的针叶树种的木屑；稻草、麦秸、玉米芯、玉米秸、高粱秸、棉子壳、废棉、棉秸、豆秸、花生秸、花生壳、甘蔗渣等农作物秸秆皮壳；糠醛渣、酒糟、醋糟等。

4.1.3 辅料：麦麸、米糠、饼肥(粕)、玉米粉、大豆粉、禽畜粪等。

4.2 生产用水

应符合 GB 5749 的规定。不应随意加入药剂、肥料或成分不明的物质。

4.3 化学投入品

4.3.1 化学添加剂应符合 NY 5099—2002 中附录 A 的规定。栽培基质中不应随意或超量加入化学添加剂，不应使用未经有关部门做安全性评价的添加剂。

4.3.2 化学药剂应符合 NY 5099—2002 中附录 B 的规定。应使用具有有效农药登记证、允许在食用菌生产上使用的农药。

4.4 覆土

应符合 NY 5358—2007 中 3.3 的规定。应使用天然的、未受污染的泥炭土、草炭土、林地腐殖土或农田耕作层以下的壤土。

4.5 栽培基质制备

4.5.1 栽培基质可根据生产用不同菌种的实际需要,设计科学合理的配方进行配制。

4.5.2 为防止栽培过程中杂菌滋生和虫害发生,应严格按照高温高压灭菌、常压灭菌、前后发酵、覆土消毒等生产工艺进行。需要灭菌处理的,应灭菌彻底;需要发酵处理的,应发酵全面、均匀,应使用已取得微生物肥料登记证或省级以上农业主管部门颁发的推广证、允许在食用菌生产中使用的微生物发酵剂。各种原辅材料的加工、分装和灭菌应尽快完成。灭菌后的基质应达到无菌状态。

4.5.3 栽培基质制备过程中使用的设备和工具应保持清洁,不应对栽培基质造成污染。灭菌设备应符合国家相关标准规定,并由具有相关资质人员操作,定期检修。

4.5.4 使用的塑料制品,宜选择聚乙烯、聚丙烯或聚碳酸酯类产品,质量符合国家相关卫生标准,并在使用后集中无害化处理。不宜使用聚氯类产品。

5 包装、运输和贮存

5.1 包装

食用菌栽培基质的包装材料应清洁、干燥、无毒、无异味,牢固无破损。包装形式可以散装、袋装或按用户要求包装。

5.2 运输

食用菌栽培基质的运输工具应清洁、干燥,有防雨防晒措施。不应与有毒、有害、有腐蚀性或其他有污染的物品混运。

5.3 贮存

食用菌栽培基质应贮存在阴凉、通风、干燥处。不应与有毒、有害物质混放。

ICS 65.040.30
B 91

中华人民共和国农业行业标准

NY/T 1936—2010

连栋温室采光性能测试方法

Test method for daylighting perfermance of gutter connected greenhouses

2010-09-21 发布　　2010-12-01 实施

中华人民共和国农业部 发布

前　言

本标准遵照 GB/T 1.1—2009 给出的规则起草。

本标准由中华人民共和国农业部农业机械化管理司提出并归口。

本标准起草单位:农业部规划设计研究院、中国农业大学。

本标准主要起草人:程勤阳、曲梅、丁小明、陈端生、曹楠、马承伟、施正香。

连栋温室采光性能测试方法

1 范围

本标准规定了温室采光性能测试的性能参数、测量仪器、测试方法和测试报告。

本标准适用于连栋温室采光性能的测试;日光温室、单跨塑料大棚等其他园艺设施的采光性能测试可参照执行。

2 规范性引用文件

NYJ/T 06—2005 连栋温室建设标准

3 术语和定义

NYJ/T 06—2005 界定的以及下列术语和定义适用于本文件。

3.1

连栋温室 gutter connected greenhouse

两跨或两跨以上通过屋檐处天沟连接起来成为一个整体的温室。

3.2

太阳总辐射 E_g solar radiation

水平面上,天空 2π 立体角内所接收到的太阳直接辐射和散射辐射之和。

3.3

光合有效辐射 PAR,photosynthetically active radiation

太阳辐射中对植物光合作用有效的波长在 400 nm～700 nm 的光谱。

3.4

辐照度 E Irradiance

在单位时间投射到单位面积上的辐射能,即观测到的瞬时值。

3.5

光量子流密度 photon flux density

单位时间、单位面积上照射的光量子数。

3.6

太阳总辐射透过率 solar radiation transmission

温室内的平均太阳总辐射与温室外太阳总辐射的百分比。

3.7

光照分布均匀度 uniformity of illuminance

温室内光合有效辐射的均匀程度。

4 温室采光性能参数

温室采光性能用太阳总辐射透过率、光合有效辐射和光照分布均匀度等参数衡量。

4.1 太阳总辐射透过率

按式(1)计算太阳总辐射透过率:

$$\tau = \frac{\frac{1}{n_1}\sum_{i=1}^{n_1} E_{gi}}{E_{go}} \times 100 \quad\cdots\cdots (1)$$

式中：

τ ——太阳总辐射透过率，单位为百分率(%)；

n_1——温室内太阳总辐射测点数量；

E_{gi}——温室内第 i 测点太阳总辐射照度，单位为瓦每平方米(W/m^2)；

E_{go}——温室外测点太阳总辐射照度，单位为瓦每平方米(W/m^2)。

4.2 光合有效辐射

按式(2)计算光合有效辐射：

$$E_P = \frac{1}{n_2}\sum_{i=1}^{n_2} E_{Pi} \quad\cdots\cdots (2)$$

式中：

E_P——温室内光合有效辐射光量子流密度平均值，单位为微摩每平方米秒[$\mu mol/(m^2 \cdot s)$]；

n_2——温室内光合有效辐射测点数量；

E_{Pi}——温室内第 i 测点光合有效辐射光量子流密度，单位为微摩每平方米秒[$\mu mol/(m^2 \cdot s)$]。

4.3 光照分布均匀度

按式(3)计算光照分布均匀度：

$$\lambda = 1 - \frac{s}{E_P} \times 100\% \quad\cdots\cdots (3)$$

式中：

λ——温室内光照分布均匀度；

s——温室内光合有效辐射测量值标准差，单位为微摩每平方米秒[$\mu mol/(m^2 \cdot s)$]，按式(4)计算：

$$s = \sqrt{\frac{\sum_{i=1}^{n_2}(E_{Pi} - E_P)^2}{n_2 - 1}} \quad\cdots\cdots (4)$$

5 测量仪器

5.1 一般要求

5.1.1 测量仪器应经法定计量部门检定，且在检定有效期内。

5.2 总辐射计

5.2.1 总辐射计测量的太阳辐射波长范围为 300 nm～3 000 nm。

5.2.2 总辐射计主要技术性能应满足：

a) 分辨率：±5 W/m^2；

b) 稳定性：±2%；

c) 余弦响应：<±7%；

d) 方向响应：<±5%；

e) 温度响应：±2%；

f) 非线性：±2%；

g) 响应时间：<1 min。

5.3 光量子仪

5.3.1 测量的光谱范围为 400 nm～700 nm。

5.3.2 光量子仪主要技术性能应满足：

a） 响应时间：1 s；

b） 温度相关：最大 0.05%/℃；

c） 余弦校正：上至 80°入射角。

6 测试方法

6.1 温室内测点布置

6.1.1 温室为两跨时，室内布置六个测点，每跨三个测点，分别位于各跨两端第二个开间和中间开间（偶数开间时为居中两个开间中的任一开间）的中央；温室为三跨及以上时，室内布置九个测点，分别位

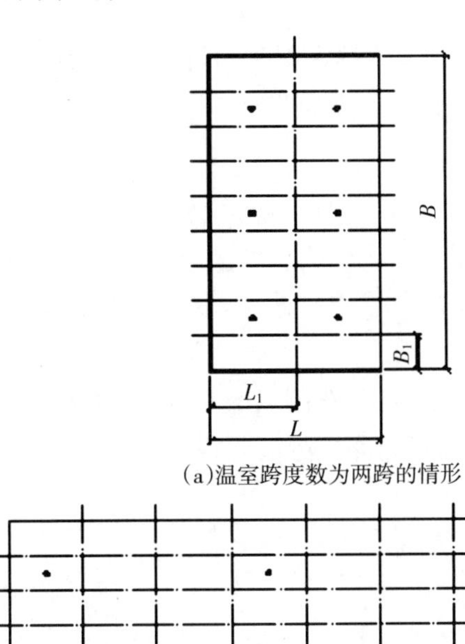

(a)温室跨度数为两跨的情形

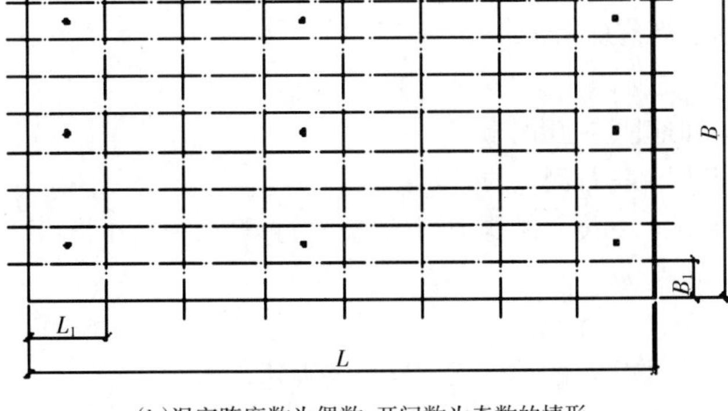

(b)温室跨度数为偶数、开间数为奇数的情形

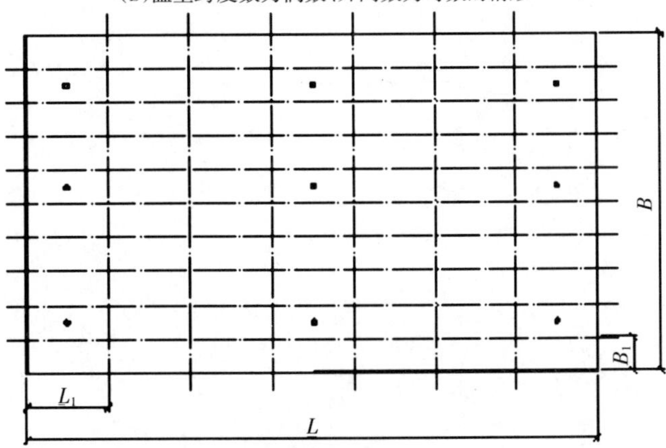

(c)温室跨度数为奇数、开间数为偶数的情形

注：L 为温室跨度方向的总长度，L_1 为跨度大小；B 为温室开间方向总长度，B_1 为开间大小。

图 1 温室内测点布置图

于两边跨和中间跨(偶数跨时为居中两跨中的任一跨),各跨三个测点,分布在各跨两端第二个开间和中间开间的中央(偶数开间时为居中两个开间中的任一开间)。如图 1(a)、(b)、(c)所示。

6.1.2 温室内无作物时,测点高度在距地面 1.5 m 处;温室内有作物时,测点高度在作物最高冠层上方 200 mm~500 mm 处。

6.1.3 温室内测点布置应尽量避开温室构件、内外遮阳幕收拢后等所形成的明显阴影位置。

6.2 温室外测点布置

6.2.1 温室外测量点一个,应选择周围无遮挡的空地或建筑物的上方,传感器与周围建筑物或其他遮挡物的距离应大于遮挡物高度的 6 倍以上。

6.3 测试时间

6.3.1 测量应在天空云量为 0 级~2 级、云未遮挡太阳时的晴朗无云天进行。

6.3.2 测量宜选在温室竣工当年或冬至日前后,真太阳时 10:00~14:00,每间隔 1 h 测定一轮。

6.4 测试步骤及要求

6.4.1 校准调试仪器,达到测量标准。

6.4.2 先在温室外测点测量,再依次在温室内各个测点测量,然后再逆序完成温室内各测点的测量,最后返回到温室外测点测量。每个测点在一轮测量中测两次,取其平均值作为该测点的测量值。所有测点的测量应在 10 min 内完成。

6.4.3 测量时,传感器探头保持水平,测试者应站在测点的北侧,身着深色衣服。

6.4.4 对于有内、外遮阳的温室,测量时遮阳幕布应处于收拢状态。

7 测试报告

测试报告应至少包括下列信息:

a) 测试机构的名称和地址;

b) 委托机构的名称和地址(适用时);

c) 测试依据、测试日期和进行测试的时间;

d) 温室的位置(所在地经纬度)、结构类型、覆盖材料类型、种植作物状态等的描述;

e) 测试用仪器设备的描述;

f) 测量位置点的描述;

g) 测试结果,室内外各点测量的结果以表格形式表达;

h) 测试人员签字或等效标识。

ICS 65.040.30
B 91

中华人民共和国农业行业标准

NY/T 1937—2010

温室湿帘—风机系统降温性能测试方法

Test method for fan-pad cooling system performance in greenhouse

2010-09-21 发布　　2010-12-01 实施

中华人民共和国农业部 发布

前　　言

本标准遵照 GB/T 1.1—2009 给出的规则起草。

本标准由中华人民共和国农业部农业机械化管理司提出并归口。

本标准起草单位：农业部规划设计研究院。

本标准主要起草人：王莉、周长吉、丁小明。

温室湿帘—风机系统降温性能测试方法

1 范围

本标准规定了温室湿帘—风机系统降温性能参数、测试的一般条件和测量工况选择、测试方法及记录内容。

本标准适用于温室所装备的负压通风的湿帘—风机系统降温性能的测定。

2 术语和定义

下列术语和定义适用于本文件。

2.1

湿帘—风机系统 fan-pad cooling system

由湿帘装置、通风机及整个温室空间所形成的室内外空气交换系统。

2.2

湿帘—风机系统换热效率 saturation efficiency of fan-pad cooling system

湿帘—风机系统在一定工况下运行时，湿帘各点换热效率的平均值称为该工况下的湿帘—风机系统换热效率。

2.3

湿帘—风机系统进风量 supply air rate of fan-pad cooling system

湿帘—风机系统在一定工况下运行时，单位时间内从湿帘进入的总空气量。

2.4

湿帘—风机系统排风量 exhaust air rate of fan-pad cooling system

湿帘—风机系统在一定工况下运行时，单位时间内从通风机口排出的总空气量。

2.5

湿帘—风机系统测试阻力 test resistance of fan-pad cooling system

湿帘—风机系统在一定工况下运行时，湿帘风口的气流入口侧与通风机风口的气流入口侧之间的静压差。

2.6

湿帘过流面积 wet pad area for ventilation

能够使得气流通过部分的湿帘面积。

3 性能参数

3.1 湿帘—风机系统换热效率

湿帘—风机系统换热效率按式(1)计算：

$$\eta = \frac{t_{out} - t_{in}}{t_{out} - t_{outw}} \times 100 \qquad (1)$$

式中：

η——湿帘—风机系统换热效率，单位为百分率(%)；

t_{out}——室外空气干球温度，单位为摄氏度(℃)；

t_{outw}——室外空气湿球温度，单位为摄氏度(℃)；

t_{in}——经湿帘进入室内空气干球温度，单位为摄氏度(℃)。

3.2 湿帘—风机系统通风量

3.2.1 湿帘—风机系统进风量

湿帘—风机系统进风量按式(2)计算：

$$Q_{uS} = 3\,600 \times A_w \times \bar{v}_w \quad \cdots\cdots (2)$$

式中：

Q_{uS}——湿帘—风机系统进风量，单位为立方米每小时(m^3/h)；

A_w——湿帘过流面积，单位为平方米(m^2)；

$\bar{v}_w$——湿帘进风口的平均过流风速，单位为米每秒(m/s)。

3.2.2 湿帘—风机系统排风量

湿帘—风机系统排风量按式(3)计算：

$$Q_{fS} = \sum_{i=1}^{n} Q_{fi} \quad \cdots\cdots (3)$$

式中：

Q_{fS}——湿帘—风机系统排风量，单位为立方米每小时(m^3/h)；

Q_{fi}——系统中第 i 台通风机流量，单位为立方米每小时(m^3/h)，$i=1\sim n$；

n——运行的通风机台数。

3.2.3 通风机流量

通风机流量按式(4)计算：

$$Q_f = 3\,600 \times A_f \times \bar{v}_f \quad \cdots\cdots (4)$$

式中：

Q_f——通风机的流量，单位为立方米每小时(m^3/h)；

A_f——通风机排风口面积，单位为平方米(m^2)；

$\bar{v}_f$——通风机排风口平均风速，单位为米每秒(m/s)。

3.3 湿帘—风机系统测试阻力

湿帘—风机系统测试阻力按式(5)计算：

$$p_{sf} = p_{ss} - p_{fs} \quad \cdots\cdots (5)$$

式中：

p_{sf}——湿帘—风机系统测试阻力，单位为帕(Pa)；

p_{ss}——湿帘气流入口侧的静压，单位为帕(Pa)；

p_{fs}——通风机气流入口侧的静压，单位为帕(Pa)。

3.4 湿帘—风机系统耗电量

湿帘—风机系统运行时总的耗电量按式(6)计算：

$$W_s = \sum_{i=1}^{n_1} W_{fi} + \sum_{j=1}^{n_2} W_{pj} \quad \cdots\cdots (6)$$

式中：

W_s——湿帘—风机系统耗电量，单位为千瓦时(kW·h)；

W_{fi}——系统中第 i 台通风机耗电量，单位为千瓦时(kW·h)，$i=1\sim n_1$；

W_{pj}——系统中第 j 台水泵耗电量，单位为千瓦时(kW·h)，$j=1\sim n_2$；

n_1、n_2——分别为运行的通风机和水泵的台数。

4 测试的一般条件和测量工况选择

4.1 一般条件

4.1.1　测试前，应检查通风机处于正常运行状态。

4.1.2　检查温室的密封状况，温室围护结构应没有明显的漏气现象，除湿帘和通风机进出风口外的其他通风口应完全关闭。

4.1.3　通风机和湿帘之间不应存在其他动力引起的气流运动。

4.1.4　测试时室外风速不应大于 2 m/s。

4.1.5　测试时间应安排在 6 月至 9 月间的无降雨天进行，测量时间为真太阳时 12:00～16:00 之间。

4.1.6　测量时室外空气干球温度不宜小于 30℃，空气相对湿度不宜大于 70%。

4.1.7　进入测试区域内人员不宜超过 3 人。

4.2　测量工况

4.2.1　湿帘—风机系统的测量工况可为符合实际使用情况的任何工况。

4.2.2　对于不带调节装置的通风机，可通过改变系统中通风机开启数量改变工况；带调节装置的通风机，可通过通风机自身调节改变工况。

4.2.3　湿帘—风机系统的最大通风量工况点为系统中通风机全部开启、湿帘进风口的所有窗开启为最大时的工况点，带调节装置的通风机应调节到最大风量工况。

4.2.4　湿帘—风机系统的最小换热效率工况点为最大通风量工况点对应的运行工况。

4.2.5　若测试时有作物存在，应对作物的高度、密度等进行测定、记录和描述。

5　测试方法

5.1　换热效率

5.1.1　室内、外空气干球温度测量参照附录 A 进行，玻璃液体温度表法为仲裁法。

5.1.2　室外空气湿球温度测量参照附录 B 进行，通风干湿表法为仲裁法。

5.1.3　室外空气干、湿球温度测量点应为两个测点以上，应选择在测量温室附近、离开地面和建筑物 1.5 m 处、空气流通良好并且无太阳直接照射的地方。

5.1.4　从湿帘进入室内的空气干球温度测量面应选择离开湿帘表面 30 mm～80 mm 距离，并与湿帘表面平行的平面。

5.1.5　从湿帘进入室内的空气干球温度测量在测量平面的布点如图 1，采用等面积分割法。分割时要求 $L/N_1 \leqslant 3\ 000$ mm，$H/N_2 \leqslant 800$ mm。

5.1.6　经湿帘进入室内空气干球温度取各测点测量值的算术平均值。

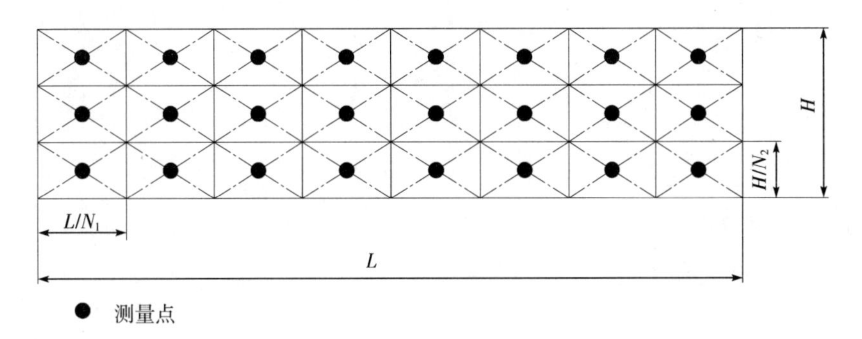

L——湿帘长度；　　N_1——湿帘长度方向测点数；

H——湿帘高度；　　N_2——湿帘高度方向测点数。

图 1　湿帘进风口测量布点

5.1.7　对于连续宽度超过 30 m 的湿帘，当运行的通风机分布均匀时，可选择湿帘左中右部有代表性的 10 m 或一跨以上宽度的三个区域湿帘平面测量进入室内的空气干球温度，以三个区域测量值的算术平均值作为整个湿帘的进入室内空气干球温度。

5.1.8　对于湿帘不连续的温室，可按照连续段进行分区，每一分区内的测量可按 5.1.5～5.1.7 进行。

5.1.9　应选择有代表性的工况进行测量，每种工况应测三次，每次测试的时间应限定在 1 h 之内完成。

5.2　湿帘—风机系统进风量

5.2.1　湿帘—风机系统进风量测量采用速度场法，叶轮式风速计法为仲裁法。

5.2.2　湿帘进风口的平均过流风速取湿帘进风口各测点测量风速的算术平均值。

5.2.3　湿帘过帘风速测量平面应位于湿帘的室内侧、离开湿帘表面 30 mm～80 mm 的平面。

5.2.4　湿帘过帘风速测点在测量平面的布点如图 1，采用等面积分割法，分割时要求 $L/N_1 \leqslant 800$ mm，$H/N_2 \leqslant 500$ mm。

5.2.5　对于连续宽度超过 30 m 的湿帘，当运行的通风机分布均匀时，可选择湿帘左中右部有代表性的 10 m 或一跨以上宽度的三个区域湿帘平面测量过帘风速，以三个区域测量值的算术平均值作为整个湿帘的平均过帘风速。

5.2.6　气流速度测量参照附录 C 进行。

5.3　通风机流量

5.3.1　通风机流量测量采用速度场法或差压法。速度场法的气流速度测量参照附录 C 进行，差压法测量参照附录 D 进行。叶轮风速计法为仲裁法。

5.3.2　风速测量截面可选择在通风机进风口侧或出风口侧、能够正确放置风速传感器(或压力测头)并且离开通风机护网距离最近的与通风机周圈风筒端面平行的平面。当通风机进风口侧护网离开通风机叶片周圈风筒端面的距离超过 30 mm 时，风速测量截面不宜选择在进风口侧。

5.3.3　测量截面大小为通风机叶片周圈风筒内径所包围的圆面积。测量截面上测点的位置按等截面分环法确定。中心点为必测点，测环数至少 2 个，每测环上至少等角度分布 4 个测点。测量截面内的测点数量最少为 9 点。9 测点布置见图 2，13 测点布置见图 3。α、β 和 γ 视通风机机架确定，各测点应避开阻挡气流的杆件等位置。通风机直径≥1 300 mm 时，应采用 13 点法。

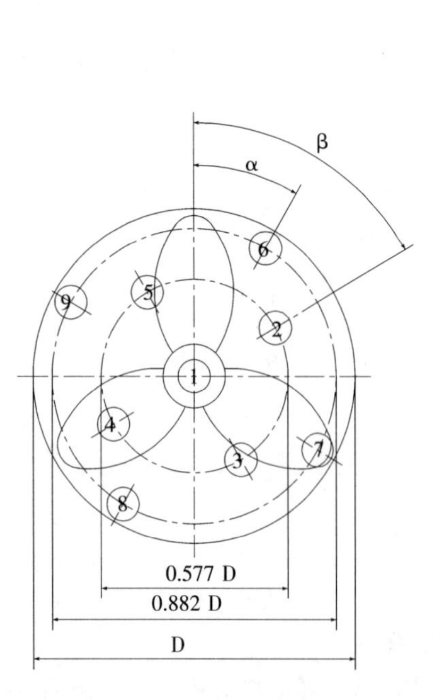

图 2　风机进、出风口测量布点(9 点)

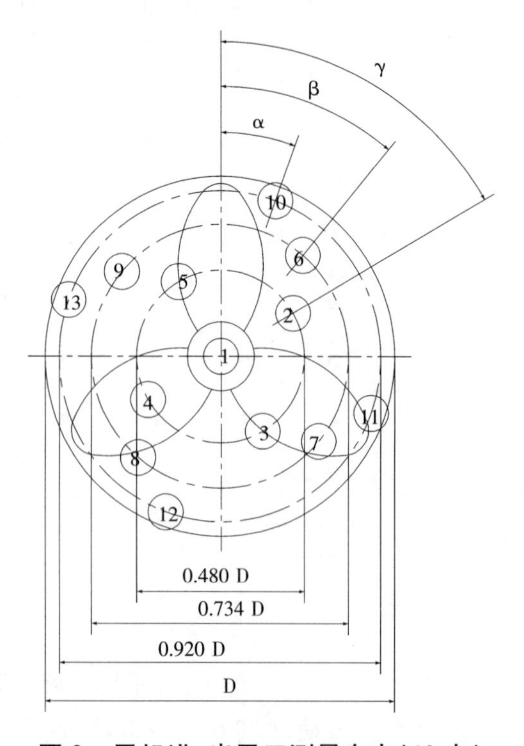

图 3　风机进、出风口测量布点(13 点)

5.3.4　温室中使用多台通风机时，通风机为同型号、同生产商制造、同批次生产并且在温室中均匀分布时，可通过测量不少于三台通风机的风量来确定总风量。

5.3.5　通风机排风口面积通过测量通风机叶片周圈风筒的过流面积得到，风筒的平均直径 D 应等于测量截面上至少三条直径（其夹角大致相等）测量值的算术平均值。如果相邻的两个直径的差大于1%，测量直径的数目应加倍。

5.4　湿帘—风机系统测试阻力

5.4.1　湿帘气流入口侧静压的测点应选择在室外空气静止处。室外有一定微风时，宜选择在垂直于气流流速的位置。

5.4.2　通风机气流入口侧静压的测点位置宜选择在温室通风机气流入口处，距离通风机端面 100 mm 以内的位置。通风机气流入口侧静压的测点应采用皮托管配合测量，取其静压孔静压，测量时皮托管头部管段轴线方向与气流方向偏差不应大于 3°。

5.4.3　差压法测量参照附录 D 进行。

5.5　湿帘—风机系统耗电量

5.5.1　耗电量测量参照附录 E 进行。

5.5.2　湿帘—风机系统耗电量应通过分别测量水泵耗电量和通风机耗电量来确定。如果水泵和通风机负载归结为一个总电源，同时又不存在其他用电负载时，可在总电源端测量总耗电量。

5.5.3　温室中使用多台通风机，这些通风机为同型号、同生产商制造、同批次并且在温室中均匀分布时，可通过测量不少于三台通风机的耗电量来确定通风机总耗电量。

5.5.4　水泵耗电量测量应逐台进行或者在总电源处进行。

5.5.5　所有测量应重复进行三次，每次测量时间 10 min，测量间隔不少于 5 min，三次测量的算术平均值作为测试结果。

6　记录内容

按本标准测量，除 3.1～3.4 涉及的性能参数测量数据外，6.1～6.4 所列的内容应当记录。

6.1　被测温室

被测温室的表述，至少包括但不限于以下内容：

——温室类型（如连栋温室（拱形、文洛型）、日光温室等）；

——技术特征（如围护结构材料、透光覆盖材料、温室尺寸、通风窗（门）的形式与布局等）；

——建设竣工日期。

6.2　湿帘—风机系统

湿帘—风机系统的表述，至少包括但不限于以下内容：

——湿帘材料生产企业；

——湿帘材料安装（或更换）时间；

——湿帘装置的数量、规格；

——湿帘装置安装位置；

——通风机型号、规格及生产厂家；

——通风机技术参数；

——通风机安装位置；

——通风机数量；

——湿帘—风机布局平面图；

——湿帘—风机之间的距离。

6.3 被测温室使用环境

被测温室使用环境的表述，至少包括但不限于以下内容：

——被测温室坐落区域位置（如北京市顺义区或经纬度坐标）；

——被测温室周边距离 10 m 范围内建筑物分布情况；

——被测温室中作物种植情况；

——被测温室室内外遮阳网规格、型号与安装方式等。

6.4 测试环境背景条件

测试环境背景条件，至少包括但不限于以下内容：

——测试时间（年、月、日、时）；

——气象条件（大气压、风速）；

——太阳辐射照度。

附 录 A
(资料性附录)
空气温度测定方法

A.1 玻璃液体温度表法

A.1.1 原理

玻璃液体温度表由密闭的玻璃温包和细管组成。温包内盛有液体,细管空间内充有足够气压的干燥惰性气体。利用玻璃温包中液体随温度变化引起体积膨胀,从细管内液柱位置的变化来测定温度。

A.1.2 仪器

A.1.2.1 玻璃液体温度表:测量范围应满足 0℃~50℃温度区间的测量。温度计的刻度最小分度值应不大于 0.2℃,最大允许误差不超过±0.3℃。

A.1.2.2 悬挂温度表支架。

A.1.3 测量要求

A.1.3.1 温度表使用前应进行校准,校准方法按照 A.3 进行。

A.1.3.2 温包应有热遮蔽,并应保证通风良好。

A.1.3.3 温度表在空气中放置 10 min 后方可读取数据。

A.1.3.4 读数时,首先精确读取最小分度值,再读取整数值。

A.1.3.5 读数时,视线应与温度表标尺垂直。水银温度表按凸出弯月面的最高点读数,酒精温度表按凹月面的最低点读数。

A.1.3.6 读数应快速准确,避免人的呼气和人体热辐射影响读数的准确性。

A.2 数显式温度计法

A.2.1 原理

数显式温度测量仪由传感器和显示仪表组成。温度传感器一般由 PN 结热敏电阻、热电偶、铂电阻等作感温元件。感温元件利用器件自身温度敏感特性随温度变化而相应量化的原理,感温信号经调解电路送仪表显示。

A.2.2 仪器

A.2.2.1 数显式温度测量仪:测量范围应满足 0℃~50℃温度区间,温度计的刻度最小分度值应不大于 0.1℃,最大允许误差不超过±0.5℃,时间常数应小于 15 s。

A.2.2.2 悬挂传感器支架。

A.2.3 测量要求

A.2.3.1 数显式温度测量仪使用前应进行校准,校准方法按照 A.3 进行。

A.2.3.2 温度传感器应有热遮蔽,并应保证通风良好。

A.3 温度计校准

A.3.1 校准用仪器

A.3.1.1 二等标准水银温度计。

A.3.1.2　冰点槽。

A.3.1.3　恒温水浴装置。

A.3.1.4　读数望远镜或放大镜。

A.3.2　0℃点示值校准

A.3.2.1　0℃点示值校准可以在冰点槽中进行，也可以在恒温水浴装置中进行。

A.3.2.2　用冰点槽进行校准时，所用的冰应为蒸馏水制成的冰，并应刨成冰花，用接近0℃的蒸馏水浸润，使冰点槽具备液固两相平衡的条件。以冰点槽中冰水混合液的温度作0℃标准。将玻璃液体温度计的感温包或数显式温度测量仪的感温元件垂直插入冰点槽中，感温端距离冰点槽底部、器壁不得少于20 mm，稳定时间应不少于15 min。数值稳定后进行读数，读数不得少于2次。

A.3.2.3　用恒温水浴装置进行校准时，需控制好装置内水的温度，温度稳定在0.00℃～＋0.10℃的范围内。温度以标准温度计测量值。其他操作按非0℃点示值校准方法中A.3.3.2进行。

A.3.3　非0℃点示值校准

A.3.3.1　非0℃点示值校准取20℃和40℃两点进行，校准顺序从低温度点到高温度点进行。

A.3.3.2　将玻璃液体温度计或数显式温度测量仪的感温元件放入恒温水浴装置中，稳定时间从全部放入后算起不少于10 min。

A.3.3.3　恒温水浴装置的水温偏离校准点不得超过±0.2℃(以标准温度计为准)。校准过程中，水温变化不得超过0.10℃(使用自动控温恒温槽时，控温波动度不得超过±0.05℃/10 min)。

A.3.4　数据读取

A.3.4.1　标准温度计和玻璃液体温度计的数据读取用读数望远镜或放大镜进行。用放大镜读数时，视线应通过放大镜中央与液柱的最高点(对水银温度计)或最低点(对有机液体温度计)相切。用读数望远镜时，应先调整好水平。读数至少应估读到最小分度值的1/10。

A.3.4.2　数据读取按偏差读数记录，即读取值与校准示值的差。

A.3.5　温度计示值修正值的计算

温度计示值修正值的计算按式(A.1)进行。

$$\Delta = l_b + \Delta_b - l_j \qquad \text{(A.1)}$$

式中：

Δ——温度计的示值修正值，单位为摄氏度(℃)；

l_b——标准温度计的偏差读数平均值，单位为摄氏度(℃)；

Δ_b——标准温度计的示值修正值，单位为摄氏度(℃)；

l_j——温度计的偏差读数平均值，单位为摄氏度(℃)。

附 录 B
(资料性附录)
通风干湿表法

B.1 原理

两支型式和尺寸完全相同的温度计,一支作为干球温度计,另一支的温包部位缠上洁净纱布,并用蒸馏水保持湿润,作为湿球温度计。两支温度计装入带有双重防辐射的金属套管中,套管顶部装有发条驱动或电驱动的风扇,启动后抽吸空气均匀地通过套管,使温包处于≥2.5 m/s 的气流中。在通风条件下,干球温度计示出的温度为空气干球温度;湿球温度计则由于温包部位纱布的水分蒸发吸收热量使温包的温度下降,温度计示出的温度称为空气湿球温度。

B.2 仪器

B.2.1 机械通风干湿表:温度计的刻度最小分度值应不大于 0.2℃,干、湿球温度最大允许误差不超过±0.3℃。

B.2.2 电动通风干湿表:温度计的刻度最小分度值应不大于 0.2℃,干、湿球温度最大允许误差不超过±0.3℃。

B.2.3 通风干湿表悬挂支架。

B.2.4 秒表。

B.3 测定步骤

B.3.1 仪器校正

机械通风干湿表使用前需进行校正。校正方法如下:

——通风器作用时间的校正:用纸条止动风扇,上满发条,抽出纸条,风扇转动,启动秒表,待风扇停止转动后,按下秒表,其通风器的作用时间不应少于 6 min。

——通风器发条盒转动的校正:挂好仪器,上发条使之转动。当通风器玻璃孔中条盒上的标线与孔上红线重合时用纸条止动风扇。上满发条,抽掉纸条,待条盒转过一周,标线与玻璃孔上红线重合时,启动秒表,当标线与红线再次重合时,按下秒表。其时间即为发条盒第二周转动时间。这一时间不应超过检定证上所列时间 6 s。

B.3.2 湿球包扎

湿球温包必须用专用纱布(或棉纱布套管)包扎,只包一层纱布,重叠部分不应大于球部周长的1/3,用纱布上的棉纱在纱布首尾两处打结。包扎后的纱布必须紧贴球部,不能褶皱。

B.3.3 安装

B.3.3.1 通风干湿表应垂直悬挂在支架上。

B.3.3.2 通风干湿表所处区域应避免太阳辐射或其他辐射源的影响。

B.3.4 润湿湿球纱布

用吸管吸取蒸馏水送入湿球温度计套管内,充分湿润湿球纱布。

B.3.5 开动通风器

机械通风干湿表上满发条,电动通风干湿表则应接通电源,使风扇转动。

B.3.6 读数

在通风器开动 2 min 后读数，先读湿球温度，后读干球温度，同时记录大气压。如果要进行多次读数，对于电动通风干湿表，从第 3 min 开始读数，每隔 1 min 读数一次，到第 6 min 后就必须重新润湿纱布（在润湿纱布时，应暂停通风器）；对于机械通风干湿表，每次上满发条后只能进行两次读数（即第 3 min和第 4 min 的读数），然后重新上满发条和润湿纱布，再按规定的操作程序读数。

附　录　C
（资料性附录）
气流速度测定方法

C.1　叶轮式风速计法

C.1.1　原理

C.1.1.1　叶轮式风速计是一组三叶或四叶螺旋桨绕水平轴旋转的风速计。螺旋桨装在一个风标的前部，使其旋转平面始终正对风的来向，它的转速正比于风速。

C.1.2　仪器

C.1.2.1　测量范围应满足 0 m/s～45 m/s 区间的测量。最大允许误差不超过±0.3%量程。分辨率不大于 0.1 m/s。

C.1.3　测定要求

C.1.3.1　仪器应经过有资质的检定部门检定，并在检定有效期限内使用。

C.1.3.2　仪器操作程序按仪器使用说明书进行。

C.2　热球式风速计法

C.2.1　原理

C.2.1.1　传感器的头部有一微小的玻璃球，球内烧有加热玻璃的镍铬丝线圈和两个串连的热电偶。热电偶的冷端连接在磷铜质的支柱上，直接暴露在气流中，当一定大小的电流通过加热线圈后，玻璃球被加热到一定温度。此温度和气流的速度有关，流速小时温度较高，反之温度较低。此温度通过热电偶产生电势在电表上指示出来。因此，在校准后，即可用电表读数，表示气流的速度。

C.2.2　仪器

C.2.2.1　室内测量用热球式风速计的测量范围应满足 0 m/s～5 m/s 区间的测量。最大允许误差不超过±5%读数值。分辨率不大于 0.1 m/s。

C.2.2.2　室外测量用热球式风速计的测量范围应满足 0 m/s～20 m/s 区间的测量。最大允许误差不超过±5%读数值。分辨率不大于 0.1 m/s。

C.2.3　测定要求

C.2.3.1　仪器应经过有资质的检定部门检定，并在检定有效期限内使用。

C.2.3.2　仪器操作程序按仪器使用说明书进行。

C.2.3.3　读数应在短时间内读取 10 个数值取算术平均值。

C.3　热线式风速计法

C.3.1　原理

C.3.1.1　将一根细金属丝（称为“热线”）放在流体中，通电流加热金属丝，使其温度高于流体的温度。当流体垂直方向流过金属丝时，带走金属丝的一部分热量，使其温度下降。金属丝散失热量与流体速度之间存在一定的关系，而特殊材料制成的金属丝存在一定的电阻温度特性。因此，可通过测量金属丝两端的电压来确定空气流速。

C.3.2 仪器

C.3.2.1 室内测量用热线式风速计的测量范围应满足 0 m/s～5 m/s 区间。最大允许误差不超过±5%读数值。分辨率不大于 0.01 m/s。

C.3.2.2 室外测量用热线式风速计的测量范围应满足 0 m/s～20 m/s 区间。最大允许误差不超过±5%读数值。分辨率不大于 0.1 m/s。

C.3.3 测定要求

C.3.3.1 仪器应经过有资质的检定部门检定,并在检定有效期限内使用。

C.3.3.2 仪器操作程序按仪器使用说明书进行。

C.3.3.3 读数应在短时间内读取 10 个数值取算术平均值。

附　录　D
（资料性附录）
差压测定方法和动压法测定风速

D.1　差压测定方法

D.1.1　微差压计法

D.1.1.1　原理

微差压计是立式的或倾斜的液柱式压力计。液柱式压力计是利用液柱高度产生的压力和被测压力相平衡的原理制成的测压仪表。在工业生产和实验室中广泛用来测量较小的压力、负压力和压差。液柱式压力计的结构形式有U形管压力计、单管压力计（又称杯形压力计）、斜管压力计和补偿式差压计。

D.1.1.2　仪器

测量范围应满足0 Pa～200 Pa区间的测量。最大允许误差不超过±1.0 Pa。分辨率不大于0.01 mm。

D.1.1.3　测定要求

仪器应经过有资质的检定部门检定，并在检定有效期限内使用。仪器操作程序按仪器使用说明书进行。

D.1.2　数字式微压计法

D.1.2.1　原理

采用转换器把压力传感器敏感元件的响应转换为与压力相应的数字信号后显示数字输出。

D.1.2.2　仪器

测量范围应满足0 Pa～200 Pa区间的测量。最大允许误差不超过±1.0%量程。分辨率不大于1 Pa。

D.1.2.3　测定要求

仪器应经过有资质的检定部门检定，并在检定有效期限内使用。仪器操作程序按仪器使用说明书进行。

D.2　动压法测定空气流速

D.2.1　测试原理

D.2.1.1　借助毕托管与测压计配合，通过测量测点处的全压与静压之差（即动压）而计算得出空气流速。

D.2.1.2　空气流速由式(D.1)计算：

$$v=\left[\frac{2\Delta p}{\rho_a}\right]^{\frac{1}{2}} \quad \text{(D.1)}$$

式中：

v——空气流速，单位为米每秒(m/s)；

Δp——全压与静压之差（即动压），单位为帕(Pa)；

ρ_a——空气密度，单位为千克每立方米(kg/m³)。

D.2.2　测试方法

D.2.2.1 毕托管的全压测管口与测压计的压力高端接口用柔性导压管连接，毕托管的静压测管口与测压计的压力低端接口用柔性导压管连接，测压计的压差读数即为动压测量值。

D.2.2.2 应保证所有柔性导压管管子和接头无堵塞和泄露。

D.2.2.3 柔性导压管长度不宜超过 30 m。

D.2.2.4 毕托管的全压测管口应正对气流的来流方向。

D.2.3 空气密度确定

D.2.3.1 试验环境中的空气密度由式(D.2)确定：

$$\rho_a = \frac{3.484 \times (p_a - 0.378 p_v)}{1\,000 \times (273.15 + t_a)} \quad \cdots\cdots (D.2)$$

式中：

p_a——大气压力(绝对)，单位为帕(Pa)；

p_v——水蒸气分压力，单位为帕(Pa)；

t_a——空气干球温度，单位为摄氏度(℃)。

D.2.3.2 水蒸气分压力由式(D.3)确定：

$$p_v = p_{sat} - 6.66 \times 10^{-4} p_a (t_a - t_w) \quad \cdots\cdots (D.3)$$

式中：

p_{sat}——在湿球温度 t_w 下的饱和蒸汽压，单位为帕(Pa)，其值从表 D.1 中查取(表 D.1 列出了不同温度的水与空气接触时，以 0.1℃为增量的饱和水蒸气压力值 p_{sat})；

t_w——空气湿球温度，单位为摄氏度(℃)。

表 D.1 不同空气湿球温度 t_w 下的饱和蒸汽压 p_{sat}

湿球温度,℃	饱和蒸汽压 p_{sat},hPa									
	0.0	0.1	0.2	0.3	0.4	0.5	0.6	0.7	0.8	0.9
10	12.27	12.36	12.44	12.52	12.61	12.69	12.77	12.87	12.95	13.04
11	13.12	13.21	13.29	13.39	13.47	13.56	13.65	13.75	13.84	13.93
12	14.01	14.11	14.20	14.29	14.39	14.48	14.59	14.68	14.77	14.87
13	14.97	15.07	15.17	15.27	15.36	15.47	15.57	15.67	15.77	15.88
14	15.97	16.08	16.19	16.29	16.40	16.51	16.61	16.72	16.83	16.93
15	17.04	17.16	17.27	17.37	17.49	17.60	17.72	17.83	17.96	18.05
16	18.17	18.29	18.41	18.52	18.64	18.76	18.88	19.00	19.12	19.25
17	19.37	19.49	19.61	19.73	19.87	19.99	20.12	20.24	20.37	20.51
18	20.63	20.76	20.89	21.03	21.16	21.29	21.43	21.56	21.69	21.83
19	21.96	22.11	22.24	22.39	22.52	22.67	22.80	22.95	23.09	23.23
20	23.37	23.52	23.67	23.81	23.96	24.11	24.25	24.41	24.56	24.71
21	24.87	25.01	25.17	25.32	25.48	25.64	25.80	29.95	26.11	26.27
22	26.43	26.60	26.76	26.92	27.08	27.25	27.41	27.59	27.75	27.92
23	28.09	28.25	28.43	28.60	28.77	29.95	28.12	29.31	29.48	29.65
24	29.84	30.01	30.19	30.37	30.66	30.75	30.92	31.11	31.29	31.48
25	31.68	31.87	32.05	32.24	32.44	32.63	32.83	33.01	33.21	33.41
26	33.61	33.81	34.01	34.21	34.41	34.61	34.83	35.03	35.24	35.44

表 D.1（续）

湿球温度,℃	饱和蒸汽压 p_{sat},hPa									
	0.0	0.1	0.2	0.3	0.4	0.5	0.6	0.7	0.8	0.9
27	35.65	35.87	36.08	36.28	36.49	36.71	36.93	37.15	37.36	37.57
28	37.80	38.03	38.24	38.47	38.69	38.92	39.15	39.37	39.60	39.83
29	40.05	40.29	40.52	40.76	41.00	41.23	41.47	41.71	41.95	42.19
30	42.43	42.68	42.92	43.17	43.41	43.67	43.92	44.17	44.43	44.68
31	44.93	45.19	45.44	45.71	45.96	46.23	46.49	46.75	47.01	47.28
32	47.56	47.83	48.09	48.37	48.64	48.92	49.19	49.47	49.75	50.03
33	50.31	50.60	50.88	51.16	51.45	51.73	52.03	52.32	52.61	52.91
34	53.20	53.51	53.80	54.11	54.40	54.71	55.01	55.32	55.63	55.93
35	56.24	56.55	56.87	57.17	57.49	57.81	58.13	58.45	58.77	59.11
36	59.43	59.76	60.08	60.41	60.75	61.08	61.41	61.75	62.08	62.43
37	62.77	63.11	63.45	63.80	64.15	64.49	64.85	65.20	65.56	65.91
38	66.27	66.63	66.99	67.35	67.72	68.08	68.45	68.83	69.19	69.56
39	69.95	70.32	70.69	71.07	71.45	71.84	72.23	72.61	73.00	73.39

附 录 E
(资料性附录)
耗电量测定方法

E.1 耗电量计算公式

E.1.1 耗电量

耗电量按式(E.1)计算:

$$W = \frac{1}{1\,000}\sum P \times T \qquad \text{(E.1)}$$

式中:

W——负载的耗电量,即有功电能量,单位为千瓦时(kW·h);

P——有功功率,单位为瓦(W);

T——计量的时间,单位为小时(h)。

E.1.2 有功功率

单相交流电路的有功功率按式(E.2)计算:

$$P = UI\cos\varphi \qquad \text{(E.2)}$$

式中:

U——电压,单位为伏特(V);

I——电流,单位为安培(A);

φ——电压与电流之间的相位差,单位为度(°)。

三相交流电路的有功功率按式(E.3)计算:

$$P = U_a I_a \cos\varphi_a + U_b I_b \cos\varphi_b + U_c I_c \cos\varphi_c \qquad \text{(E.3)}$$

式中:

U_a、U_b、U_c——各相电压,单位为伏特(V);

I_a、I_b、I_c——各相电流,单位为安培(A);

φ_a、φ_b、φ_c——各相电压与电流之间的相位差,单位为度(°)。

对称负载三相交流电路的有功功率按式(E.4)计算:

$$P = \sqrt{3} U_l I_l \cos\varphi \qquad \text{(E.4)}$$

式中:

U_l——线电压,单位为伏特(V);

I_l——线电流,单位为安培(A);

φ——相电压与相电流之间的相位差,单位为度(°)。

E.2 测试仪器

E.2.1 应采用符合E.2.2要求的钳式电力计等电能计量仪器进行测量。

E.2.2 互感接入式仪器的量程应在待测负载的2倍以上,直接接入式仪器的量程应在待测负载的10倍以上,仪器测量精度应满足有效功率最大允许误差不超过±2%的范围。

E.3 测试要求

E.3.1 仪器应经过有资质的检定部门检定,并在检定有效期限内使用。

E. 3. 2　仪器操作程序按仪器使用说明书进行。

E. 3. 3　计量时间应≥30 min。

ICS 67.080.10
B 08

中华人民共和国农业行业标准

NY/T 1939—2010

热带水果包装、标识通则

The general rule for the packaging and marking of tropic fruits

2010-09-21 发布　　2010-12-01 实施

中华人民共和国农业部 发布

前　言

本标准遵照 GB/T 1.1—2009 给出的规则起草。

本标准由中华人民共和国农业部提出。

本标准由农业部热带作物及制品标准化技术委员会归口。

本标准起草单位:农业部热带农产品质量监督检验测试中心。

本标准主要起草人:章程辉、徐志、郑晓燕、武嫱、尹桂豪、江俊、周永华。

热带水果包装、标识通则

1 范围

本标准规定了热带水果包装标识、运输、贮存的要求。

本标准适用于热带水果的包装和销售。

2 规范性引用文件

下列文件对于本文件的应用是必不可少的。凡是注日期的引用文件，仅注日期的版本适用于本文件。凡是不注日期的引用文件，其最新版本(包括所有的修改单)适用于本文件。

GB/T 191 包装储运图示标志

GB/T 4857.19 包装 运输包装件 流通试验信息记录

GB/T 4857.20 包装 运输包装件 碰撞试验方法

GB/T 4892 硬质直方体运输包装尺寸系列

GB/T 6388 运输包装收发货标志

GB/T 7718 预包装食品标签通则

GB 12904 商品条码 零售商品编码与条码表示

GB/T 13201 圆柱体运输包装尺寸系列

GB/T 13757 袋类运输包装尺寸系列

GB/T 15233 包装 单元货物尺寸

GB/T 16470 托盘包装

国家质量技术监督检验检疫总局令[2005]第75号《定量包装商品计量监督管理办法》

3 术语和定义

下列术语和定义适用于本文件。

3.1

包装 packaging

用适宜的包装材料和方法将热带水果包装成适于运输、贮藏和销售的处理过程。

3.2

标识 marking

用于识别产品性质的各种标识的统称，包括文字、符号、数字、图形及其他说明。

3.3

标注 label

用于说明产品信息的内容，是标识中的一部分。

3.4

商标名称 brand name

在工商部门依法注册的商标名称。

3.5

奇特名称 peculiar name

指以不按常规的命名方法，而使用户、消费者不易理解、不能识别产品的名称。

3.6

保质期　shelf-life

热带水果在标识指明的贮存条件下，保持品质的期限。在保质期内，热带水果应适于食用，并保持标识中已经说明和不必说明的品质。

4　要求

4.1　包装要求

4.1.1　果实分级

根据果实大小、质量、色泽等指标采用机械或人工方法对果实进行分级。果实应无机械伤、无病虫害、无腐烂、无畸形、无冻害、无冷害、无水浸。

4.1.2　包装环境

包装场地应卫生清洁、防潮、防雨、防晒、通风，有条件的应控制合适的温湿度。

4.1.3　包装材料

包装材料应实用、卫生、无毒、无污染。

4.1.4　包装形式

包装形式包括箱式包装、袋式包装、筐式包装等。

4.1.5　包装规格

4.1.5.1　包装需用托盘的，托盘尺寸应符合 GB/T 16470 的规定。

4.1.5.2　包装单元货物尺寸应符合 GB/T 15233 的规定。

4.1.5.3　运输包装件尺寸应按 GB/T 4892，GB/T 13201，GB/T 13757 的规定执行并与运输包装尺寸相匹配。包装规格应包括产品的基本包装单位名称、规格、质量。

4.1.6　包装件的性能检测

应根据 GB/T 4857.19 和 GB/T 4857.20 的要求和方法对包装材料进行各种性能检测。

4.2　标识要求

4.2.1　基本标识要求

4.2.1.1　基本包装单元应有标识。

4.2.1.2　标识中所用的计量单位应是国家法定计量单位。

4.2.1.3　标识内容应通俗易懂、准确、有科学依据。

4.2.1.4　标识应清晰，显著，不易脱落，所用文字应为规范的汉字，可同时使用汉语拼音或外文。

4.2.1.5　标识的印制位置：

a）箱式包装：标识内容印制在箱体外表面易于识读的适当位置。

b）袋式包装：标识内容印制在包装袋外表面适当位置。

c）筐式包装：将标识内容印制在标识牌上。标识牌应不易破损，并牢固拴挂在包装物两侧。

4.2.2　标注要求

4.2.2.1　产品名称：应标明产品的真实属性，并符合下列要求：

a）国家标准、行业标准对产品名称有规定的，应采用相应标准规定的名称；

b）国家标准、行业标准对产品名称没有规定的，应使用不会引起消费者误解和混淆的常用名称或俗名；

c）如标注“奇特名称”、“商标名称”时，应在同一部位明显标注本条 a)、b)项规定的一个名称。

4.2.2.2　生产者或经销商的名称和地址：应是依法登记注册的，能承担产品质量责任的生产者或经销商名称和地址。

4.2.2.3 产地:产地标注应真实,且应按照行政区划的地域概念进行标注。

4.2.2.4 包装日期:按照 GB/T 7718 中 5.1.6.1.1 条执行。日期标示不应另外加贴、补印或篡改。

4.2.2.5 质量:质量的标注应当符合《定量包装商品计量监督管理办法》的要求。

4.2.2.6 产品标准编号:应是有效版本的国家标准、行业标准、地方标准或经备案的企业标准号。

4.2.2.7 产品等级规格:按相应产品标准标注产品等级。

4.2.2.8 保质期和贮存条件:按相应产品标准标注。

4.2.2.9 商标、产品条形码:应按 GB 12904 的规定执行。

4.2.2.10 包装规格:包装规格应标注。

4.2.2.11 有关储运图形符号按 GB/T 191 规定执行。

4.2.2.12 其他:国家和地方对某些热带水果有明确特殊标示要求的,应按相关规定执行。

5 标识内容

5.1 必须标注内容

a) 产品名称;
b) 生产者或经销商名称、地址及联系电话;
c) 产地;
d) 包装日期;
e) 质量;
f) 质量认证标志。

5.2 推荐标注内容

a) 产品标准编号;
b) 水果的质量等级、规格;
c) 保质期和贮存条件;
d) 商标、产品条形码;
e) 包装规格;
f) 储运要求及图形符号;
g) 其他。

5.3 包装件应具备的说明

a) 包装件的质量(kg);
b) 包装件的特性;
c) 内装物;
d) 包装件标志;
e) 附加的搬运辅助装置。

5.4 包装件的标志

包装件上应标明产品名称、产地、包装日期、商标、重量、级别及安全认证标志和认证号等;若获原产地域产品保护的,应印上专用标志。

6 运输

运输包装收发货标志内容需按照 GB/T 6388 进行填写。运输应采用无污染的交通运输工具,不应与其他有毒有害物品混装混运,装卸时应轻搬轻放,严禁抛甩。

7 贮存

7.1 热带水果应贮存在清洁卫生、通风良好、防雨、防潮、防晒的场所，不应与有毒有害物品混存混放。包装箱应离地面 20 cm，离墙间距应大于 20 cm，层高不应超过 2 m。

7.2 保鲜贮藏库内温湿度应符合各种热带水果的温湿度。

ICS 65.080.01
B 31

中华人民共和国农业行业标准

NY/T 1940—2010

热带水果分类和编码

Classification and coding for tropical fruits

2010-09-21 发布　　2010-12-01 实施

中华人民共和国农业部　发布

前　　言

本标准遵照 GB/T 1.1—2009 给出的规则起草。

本标准由中华人民共和国农业部提出。

本标准由农业部热带作物及制品标准化技术委员会归口。

本标准起草单位:中国热带农业科学院分析测试中心。

本标准主要起草人:吴莉宇、徐志、江俊、杨秀娟、尚静、赵岩。

热带水果分类和编码

1 范围

本标准规定了热带水果分类原则和方法、编码方法及分类代码。

本标准适用于热带水果的生产、贸易、物流、管理、统计等过程的水果代码信息化。不适用于热带水果的植物学或农艺学分类。

2 规范性引用文件

下列文件对于本文件的应用是必不可少的。凡是注日期的引用文件，仅注日期的版本适用于本文件。凡是不注日期的引用文件，其最新版本(包括所有的修改单)适用于本文件。

GB/T 7027 信息分类和编码的基本原则与方法

GB/T 7635.1 全国主要产品分类与代码 第1部分：可运输产品

GB/T 10113 分类与编码通用术语

3 术语和定义

GB/T 10113界定的下列术语和定义适用于本文件。为了便于使用，以下重复列出了GB/T 10113中的术语和定义。

3.1

线分类法 method of linear classification

将分类对象按选定的若干属性(或特征)，逐次地分为若干层级，每个层级又分为若干类目。同一分支的同层级类目之间构成并列关系，不同层级类目之间构成隶属关系。

3.2

编码 coding

给事物或概念赋予代码的过程。

3.3

代码 code

表示特定事物或概念的一个或一组字符。

注：这些字符可以是阿拉伯数字、拉丁字母或便于人和机器识别与处理的其他符号。

3.4

层次码 layer code

能反映编码对象为隶属关系的代码。

4 分类原则和编码方法

4.1 分类原则

4.1.1 分类遵循科学性、系统性、可扩展性、兼容性、综合实用性的基本原则，符合GB/T 7027的要求。

4.1.2 按落叶果树和常绿果树再结合果实构造以及果树的生物学特性进行分类，热带水果分为十一大类，分别为：

—— 香蕉类；

—— 荔枝类；

—— 柑果类；
—— 聚复果类；
—— 荚果类；
—— 果蔗类；
—— 西甜瓜类；
—— 落叶浆果类；
—— 常绿果树浆果类；
—— 常绿果树核果类；
—— 常绿果树坚(壳)果类。

各类中的水果见表1，实例图片参见附录A。

4.2 编码方法

4.2.1 采用GB/T 7027中规定的线分类法，并按照GB/T 7635.1的中的要求进行编码。

4.2.1.1 代码采用六层八位全数字型层次编码，代码结构示意图见图1。

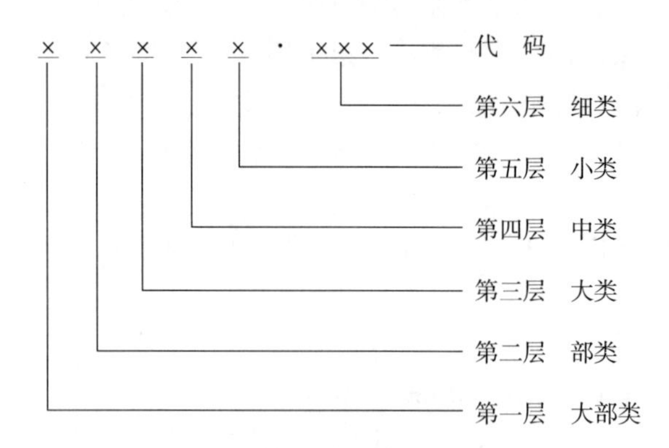

图1 代码结构示意图

4.2.1.2 代码第一至五层各用1位数字表示，按照GB/T 7635.1中代码规定，第一层代码为0，第二层代码为1，第三层代码为3、8，第四层代码为0～9，第五层代码为1～9，第六层用3位数字表示，代码为010～999，采用了顺序码和系列顺序码。

4.2.1.3 第六层代码001～009为特殊区域，其所列产品类目按不同的特征属性再分类或按不同的要求列类，以满足管理上的特殊需要。

4.2.1.4 各层级中留有适当空码，以备增加或调整类目用。

4.3 分类代码表

热带水果分类代码表见表1。

表1 热带水果分类代码表

序号	名称	英文名	拉丁名	别 名	代码
一	香蕉类				
1	香蕉	Banana	*Musa* AAA	甘蕉、芎蕉	01311·013
2	大蕉	Banana	*Musa* ABB	绿天，扇仙，天苴，板蕉	01311·014
3	粉蕉	Banana	*Musa* ABB	糯米蕉、美蕉	01311·043
4	金香蕉	Banana	*Musa* AA	贡蕉、皇帝蕉	01311·044
二	荔枝类				
5	荔枝	Litchi	*Litchi chinensis* Sonn.	离枝	01311·023
6	龙眼	Longan	*Dimocarpus longan* Lour.	桂圆、益智	01311·024
7	红毛丹	Rambutan	*Nephelium lappaceum* L.	毛荔枝	01311·028

表 1（续）

序号	名称	英文名	拉丁名	别　名	代码
三	柑果类				
8	甜橙	Sweet orange	*Citrus sinensis* (Linn.) Osbeck	橙、广柑	01322·010
9	柚	Pomelo	*Citrus grandis* (Linn.) Osbeck	气柑、朱栾、文旦	01323·010
10	柠檬	Lemon	*Citrus limon* (Linn.) Burm. f.	柠果,洋柠檬,益母果	01324·010
四	聚复果类				
11	菠萝	Pineapple	*Ananas comosus* (L.) Merr.	凤梨、黄梨	01311·016
12	菠萝蜜	Jackfruit	*Artocarpus heterophyllus* Lam.	木菠萝、树菠萝	01311·026
13	面包果	Breadfruit	*Artocarpus altilis* Fosberg	面包树	01311·041
14	番荔枝	Custard Apple, Atemoya, Soursop	*Annona squamosa* L.. *Annona atemoya* Hort. *Annona muricata* L.	林檎、佛头果、释迦	01311·031
15	榴莲	Durian	*Durio zibethinus* Murr.	韶子、流莲	01311·042
五	荚果类				
16	酸豆	Tamarind, Tamarindo Indian date	*Tamarindus indica* L.	酸角、罗望子	01313·017
17	苹婆	Pimpon,Pimpu	*Sterculia nobilis* Smith	凤眼果、七姐果、富贵子	01313·018
六	果蔗类				
18	果蔗	Sugar cane	*Saccharum officenarum* L.	薯蔗、甘蔗	01821·010
七	西甜瓜类				
19	甜瓜	Melon	*Cucumis melo* L.	甘瓜、香瓜、果瓜	01341·010
20	西瓜	Water melon	*Citrullus vulgaris* Schrad	寒瓜、旱瓜、水瓜	01341·100
八	落叶浆果类				
21	无花果	Fig	*Ficus carica* L.	映日果、奶浆果、蜜果	01311·012
22	果桑	Mulberry	*Morus* spp.	桑葚	01342·033
九	常绿果树浆果类				
23	番石榴	Guava	*Psidium guajava* L.	鸡矢果、拔子	01311·021
24	杨桃	Carambola	*Averrhoa carambola* L.	羊桃、五敛子	01311·025
25	火龙果	Pitaya	*Hylocereus undatus* Britt	红龙果、仙蜜果	01311·027
26	番木瓜	Papaya,Pawpaw	*Carica papaya* L.	木瓜、万寿果、乳瓜	01311·032
27	蒲桃	Rose apple	*Syzygium jambos* Alston	香果、响鼓	01311·033
28	莲雾	Wax jambu, Wax apple	*Syzygium samarangense* (Bl.) Merr. et Perry.	洋蒲桃、水翁果	01311·034
29	人心果	Sapodilla	*Achras sapota* L.	吴凤柿、人参果、赤铁果	01311·035
30	黄皮	Wonpee,Wanpi	*Clausena lansium* (Lour.) Skeels	黄批、黄弹子	01311·036
31	西番莲	Passionfruit, granadilla	*Passiflora edulis* Sims. *Passiflora edulis* Sim. f, *flavicarpa* Deg.	鸡蛋果、百香果、时计果	01311·037
32	蛋黄果	Canistal	*Lucuma nervosa* A. DC.	蛋果、狮头果、桃揽	01311·038
33	枇杷	Loguat	*Eriobotrya japonica* Lindl.	卢桔	01342·021
十	常绿果树核果类				
34	芒果	Mango	*Mangifera indica* Linn.	檬果、杧果	01311·017
35	油梨	Avocado	*Persea americana* Mill.	鳄梨、牛油果	01311·018
36	余甘子	Emblic myrobalon, Aonla	*Phyllanthus emblica* L.	油甘子、圆橄榄	01311·039
37	毛叶枣	Ber, Indian jujube, Cottony jujube	*Zizyphus mauritiana* Lam.	印度枣、缅枣、滇刺枣	01311·040
38	橄榄(白榄和乌榄)	Olive(Chinese white olive, Chinese black olive)	*Canarium* L. [*Canarium album* (Lour.) Raeusch, *Canarium pimela* Koenig]	青果,山榄,黑榄、木威子	01342·022

表 1（续）

序号	名称	英文名	拉丁名	别　名	代码
39	杨梅	Red hayberry, Strawberry tree	*Myrica rubra* Sieb. et Zucc	树梅	01342・031
十一	常绿果树坚(壳)果类				
40	山竹子	Mangosteen	*Garcinia mangostana* L.	莽吉柿、凤果、倒捻子	01311・012
41	椰子	Coconut	*Cocos nucifera* L.	胥余	01311・015
42	腰果	Cashew	*Anacardium occidentale* L.	槚枷树	01313・012
43	澳洲坚果	Macadamia nut, Hawaii nut, Queensland nut	*Macadamia integrifolia* Maiden &Betche, *Macadamia tetraphylla* S. Johnson	夏威夷果、昆士兰栗、澳洲胡桃	01313・015
44	蛇皮果	Salak	*Zalacca edulis* Wall	沙拉、沙律	01313・016

附　录　A
（资料性附录）
热带水果图示

图 A.1　荔枝 *Litchi chinensis* Sonn

图 A.2　龙眼 *Dimocarpus longan* Lour.

图 A.3　红毛丹 *Nephelium lappaceum* L.

图 A.4　杨桃 *Averrhoa carambola* L.

图 A.5　莲雾 *Syzygium samarangense*(Bl.)Merr. et Perry.

图 A.6　人心果 *Achras sapota* L.

图 A.7　火龙果 *Hylocereus undatus* Britt

图 A.8　枇杷 *Eriobotrya japonica* Lindl.

图 A.9　黄皮 *Clausena lansium* (Lour.) Skeels

图 A. 10　番石榴 ***Psidium guajava* L.**

图 A. 11　西番莲 ***Passiflora edulis* Sim. f, *flavicarpa* Deg.**

图 A. 12　番木瓜 ***Carica papaya* L.**

图 A. 13　蛋黄果 ***Lucuma nervosa* A. DC.**

图 A. 14　甜橙 ***Citrus sinensis* (Linn.) Osbeck**

图 A. 15　柚 ***Citrus grandis* (Linn.) Osbeck**

图 A. 16　柠檬 ***Citrus grandis* (Linn.) Osbeck**

图 A. 17　香蕉 ***Musa acuminata* AAA group**

图 A. 18　甜瓜 ***Cucumis melo* L.**

图 A. 19　橄榄 ***Canarium album* (Lour.) Raeusch**

图 A. 20　芒果 ***Mangifera indica* Linn.**

图 A. 21　杨梅 ***Myrica rubra* Sieb. et Zucc**

图 A. 22　余甘子 ***Phyllanthus emblica*** **L.**

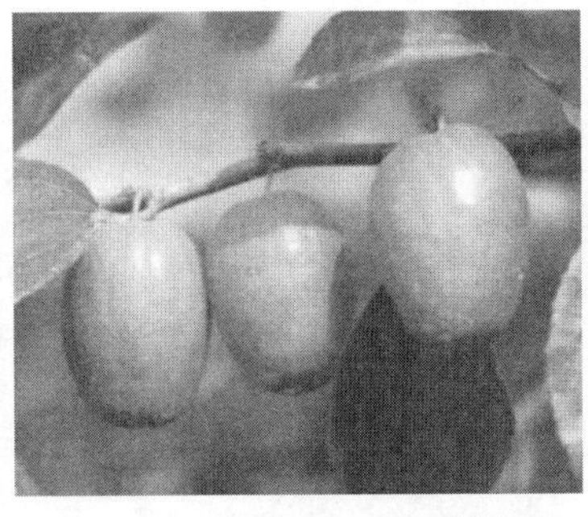

图 A. 23　毛叶枣 ***Zizyphus mauritiana*** **Lam.**

图 A. 24　油梨 ***Persea americana*** **Mill.**

图 A. 25　菠萝 ***Ananas comosus*** **(L.) Merr.**

图 A. 26　菠萝蜜 ***Artocarpus heterophyllus*** **Lam.**

图 A. 27　面包果 ***Artocarpus altilis*** **Fosberg**

图 A. 28　番荔枝 ***Annona squamosa*** **L.**

图 A. 29　榴莲 ***Durio zibethinus*** **Murr.**

图 A. 30　果蔗 ***Saccharum officenarum*** **L.**

图 A. 31　腰果 ***Anacardium occidentale*** **L.**

图 A. 32　椰子 ***Cocos nucifera*** **L.**

图 A. 33　澳洲坚果 ***Macadamia integrifolia*** **Maiden**

图 A.34　山竹子 ***Garcinia mangostana* L.**

图 A.35　蛇皮果 ***Zalacca edulis* Wall**

图 A.36　酸豆 ***Tamarindus indica* L.**

图 A.37　苹婆 ***Sterculia nobilis* Smith**

图 A.38　无花果 ***Ficus carica* L.**

图 A.39　果桑 ***Morus* spp.**

图 A.40　西瓜 ***Citrullus vulgaris* Schrad**

ICS 65.020.20
B 04

中华人民共和国农业行业标准

NY/T 1941—2010

农作物种质资源鉴定技术规程　龙舌兰麻

Technical code for evaluating germplasm resource—Agave

2010-09-21 发布　　　　2010-12-01 实施

中华人民共和国农业部　发布

前　言

本标准按照 GB/T 1.1—2009 给出的规则起草。

本标准由中华人民共和国农业部提出。

本标准由农业部热带作物及制品标准化技术委员会归口。

本标准起草单位:中国热带农业科学院南亚热带作物研究所。

本标准主要起草人:周文钊、陆军迎、李俊峰、张燕梅、张浩、戴梅莲。

农作物种质资源鉴定技术规程　龙舌兰麻

1　范围

本标准规定了龙舌兰麻(Agave)种质资源主要性状鉴定的术语和定义、技术要求和方法。

本标准适用于龙舌兰麻(Agave)种质资源的植物学特征、生物学特性和品质性状的鉴定。

2　规范性引用文件

下列文件对于本文件的应用是必不可少的。凡是注日期的引用文件，仅注日期的版本适用于本文件。凡是不注日期的引用文件，其最新版本(包括所有的修改单)适用于本文件。

GB/T 15031　剑麻纤维

3　术语和定义

下列术语和定义适用于本文件。

3.1

龙舌兰麻　agave

指可以从叶片中获取纤维的龙舌兰科(Agaveceae)植物的统称。

注：改写 NY/T 233—94，定义 2.1。

3.2

成龄期　mature period

植株叶片生长量达到相对稳定开始至叶片年增长量保持相对恒定的时期。

4　技术要求

4.1　鉴定材料

鉴定地点的环境条件应能够满足龙舌兰麻的正常生长及其性状的正常表达，观测样株不少于10株；采用双行定植时，每试验小区两个双行以上，每双行总株数不少于18株。

4.2　鉴定内容

鉴定内容见表1。

表1　龙舌兰麻种质资源鉴定内容

性　状	鉴　定　项　目
植物学特征	叶序、叶片形态、叶基形态、叶片形状、叶片颜色、叶片斑纹、叶片斑纹色、叶片蜡粉、叶面、叶缘、叶缘刺、叶顶刺形状、叶尖形态、花序形状、花轴分枝类型、花被形状、花丝伸展状态、果实类型
生物学特性	株高、叶片长度、叶片宽度、叶片厚度、叶基厚度、花期、结果状况、生命周期、单叶重、周期展叶数、叶片纤维含量、纤维产量、皂素含量
品质性状	纤维长度、束纤维断裂强力、纤维色泽

5　鉴定方法

5.1　植物学特征

5.1.1　叶序

观察叶片在植株茎上的着生方式，根据叶片在茎上的排列方式确定叶序的类型。分为覆瓦状（叶片在茎上沿螺旋线生长）、辐射状（叶片沿茎的四周放射状生长）、莲座状（叶片着生位置在茎上成莲花状）、其他（须注明）。

5.1.2 叶片形态

观察成龄期植株与心叶成45°角生长的叶片伸展的外部形态，参照图1，按最大相似原则确定叶片形态，分为刚直型（叶面纵向平直，叶缘几乎成一直线）、波浪型（叶面不平，叶缘似波浪状）、下垂型（叶面较平滑，叶缘线性弯曲）。

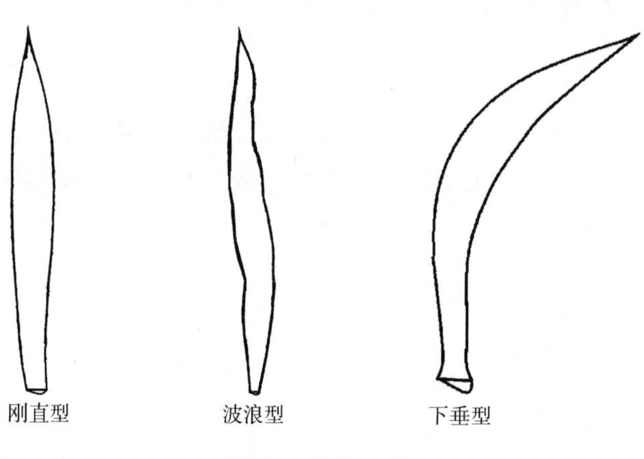

图1 叶片形态

5.1.3 叶基形态

观察成龄期植株与心叶成45°角生长的叶片基部形状，按图2确定叶基形态，分为顺大型、突窄型。

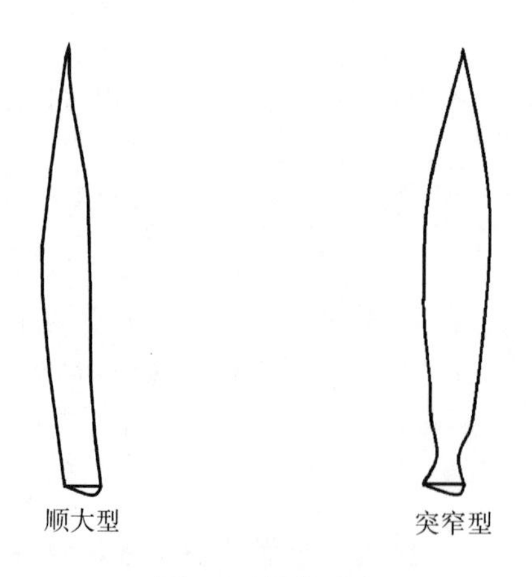

图2 叶基形态

5.1.4 叶片形状

观察成龄期植株与心叶成45°角生长的叶片，根据叶片形状及长宽比例，按图3确定叶片形状，分为剑形、披针形、棱形、条形、柱形、长卵形、其他（须注明）。

5.1.5 叶片颜色

观察成龄期植株与心叶成45°角生长的叶片叶面颜色，根据最大相似原则，分为灰绿、黄绿、绿、蓝绿。

5.1.6 叶片斑纹

观察成龄期植株与心叶成45°角生长的叶片表面斑纹，按图4确定叶片斑纹类型，分为无斑纹（叶片表面颜色均匀）、有花斑（块状斑纹或点状斑纹散布在叶片表面）、有条斑（条状斑纹纵向排列在叶片表面）、有线纹（刺状或弧状等线纹排列在叶片表面）、其他（须注明）。

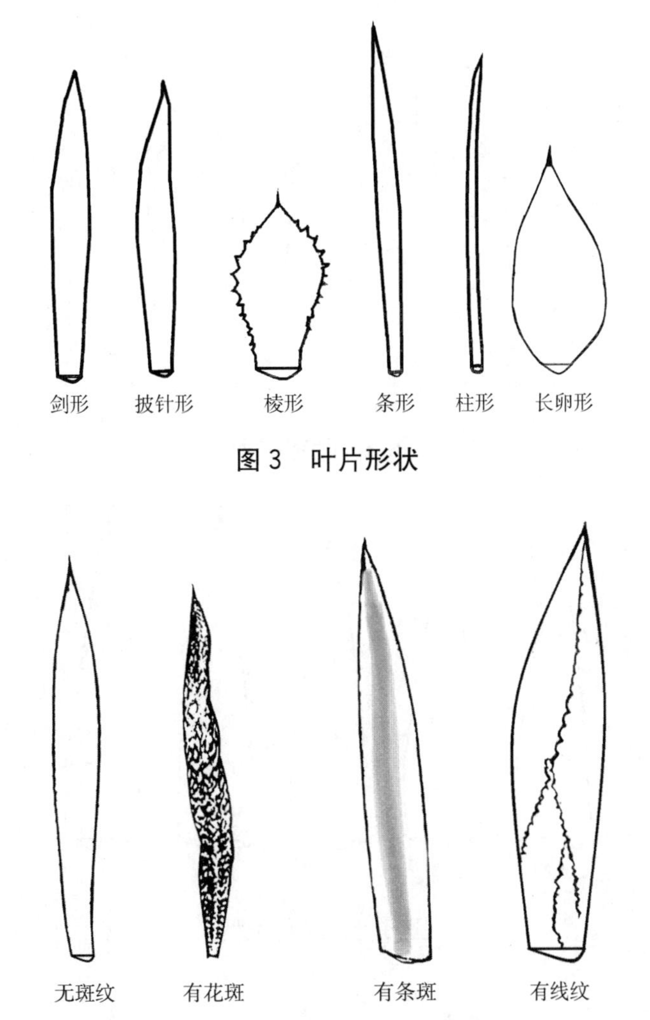

图 3　叶片形状

图 4　叶片斑纹类型

5.1.7　叶片斑纹色

观察成龄期植株与心叶成 45°角生长的叶片斑纹的颜色，叶片斑纹色分为白色、黄色、其他（须注明）。

5.1.8　叶片蜡粉

观察和触摸成龄期植株与心叶成 45°角生长的叶片表面蜡粉，根据叶片表面蜡粉的有无和多少确定叶片蜡粉类型，分为无蜡粉、少蜡粉（蜡粉不明显，但轻擦叶片表面显底色）、多蜡粉（蜡粉明显）。

5.1.9　叶面

观察成龄期植株与心叶成 45°角生长的叶片上表面，确定叶面平整状况，分为平顺、波浪状、有纵沟。

5.1.10　叶缘

观察成龄期植株与心叶成 45°角生长的叶片叶缘状况，按图 5 确定叶缘类型，分为平顺（叶片边缘顺畅无起伏）、波浪形（叶缘波浪状起伏）、有丝状物（叶缘有丝状撕裂）、有刺（叶缘有齿状突起）。

5.1.11　叶缘刺

观察成龄期植株与心叶成 45°角生长的叶片叶缘刺状况，按图 6 及最大相似原则确定叶缘刺类型，分为无刺、少刺（叶缘刺零星分布）、小刺、钩刺、锯刺。

5.1.12　叶顶刺

观察成龄期植株叶片顶刺状况，按图 7 确定叶顶刺的类型，分为无刺、钝刺、锐刺。

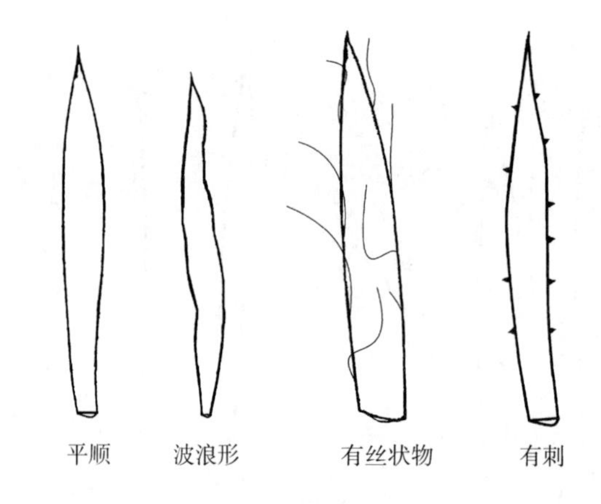

图5 叶缘类型

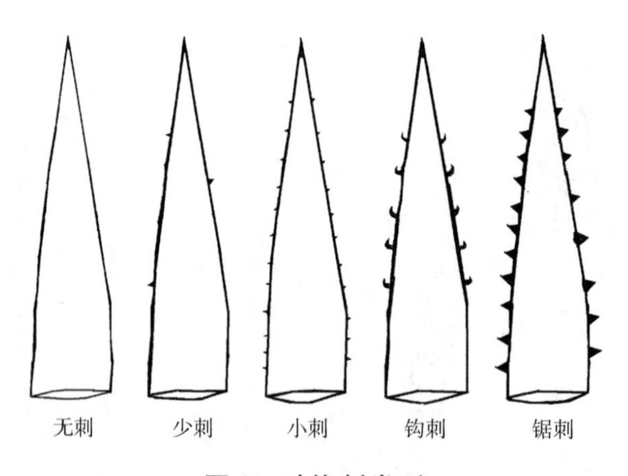

图6 叶缘刺类型

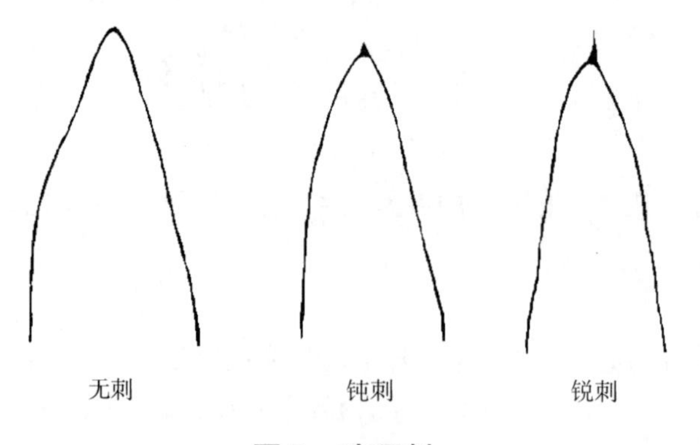

图7 叶顶刺

5.1.13 **叶尖形态**

观察成龄期植株叶片尖端,按图8确定叶尖的类型,分为锐尖、渐尖、弯尖。

5.1.14 **花序形状**

在植株抽轴开花期,观察植株花序的形状,按图9确定花序类型,分为圆锥花序、穗状花序、总状花序。

5.1.15 **花轴分枝类型**

在植株抽轴开花期,观察植株花轴分枝情况,按图10确定花轴分枝类型,分为基部开始分枝型、中部开始分枝型。

5.1.16 **花被形态**

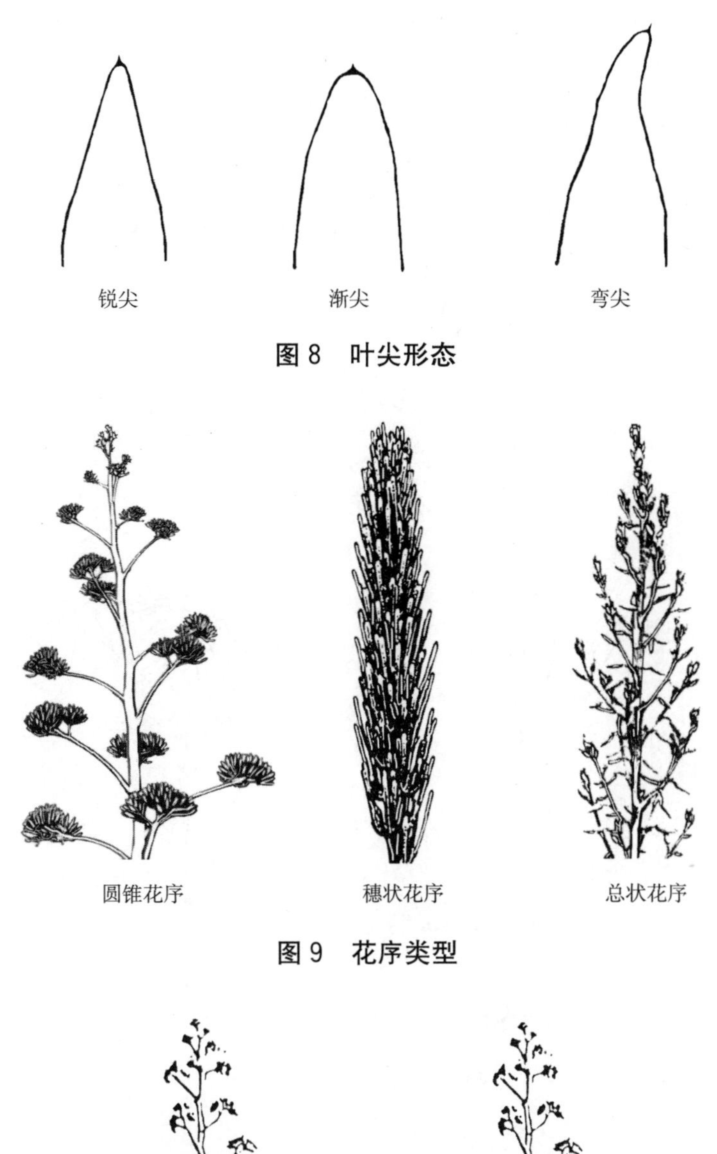

图 8　叶尖形态

图 9　花序类型

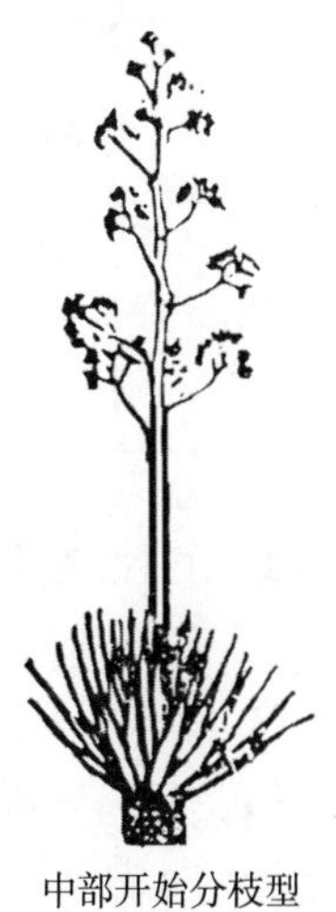

图 10　花轴分枝类型

在植株开花期，观察植株花序上当天完全开放的花的花被联合部分的形状，按图 11 确定花被形状，分为筒状（花被大部分联合成一管状或圆筒状）、钟状（花被下部联合成宽而短的筒，上部扩大成钟形）、漏斗状（花被大部分联合成筒形，并由基部渐渐向上扩大成漏斗形）。

5.1.17　花丝伸展状态

在植株开花期，观察植株花序上当天开放的花的花丝伸展情况，按图 12 确定花丝伸展状态，分为花丝挺直伸展、花丝弯向伸展。

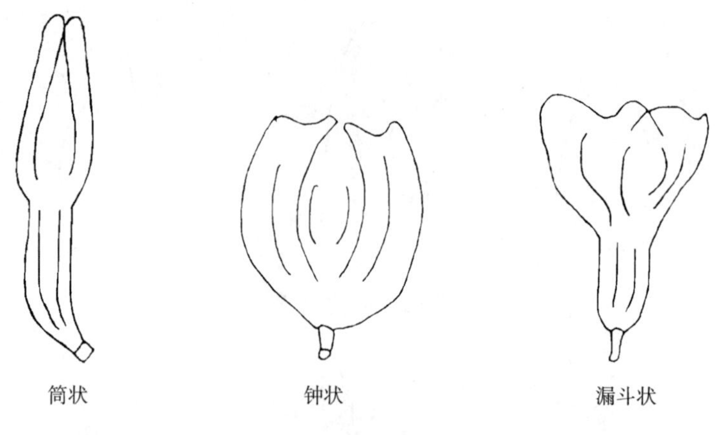

图 11 花被形态

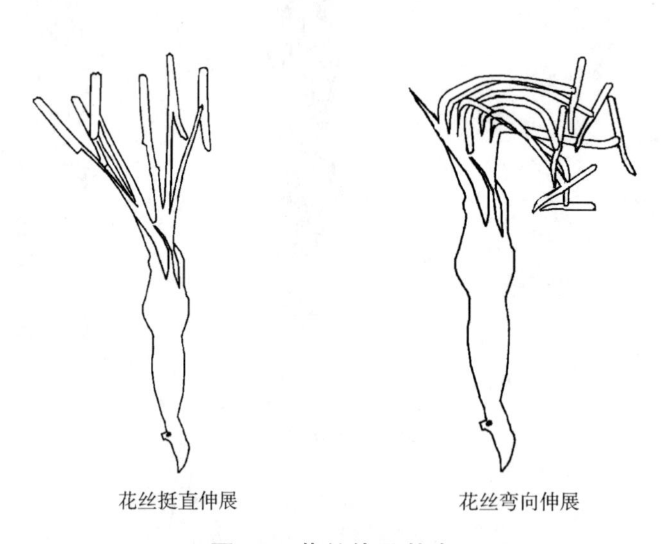

图 12 花丝伸展状态

5.1.18 果实类型

在植株结果期，观察植株果实的类型，分为蒴果、浆果。

5.2 生物学特性

5.2.1 株高

在植株抽轴开花期，随机选取 10 株，重复 3 次，测量植株根颈至叶片最高点的高度，结果以平均值表示，精确到 1 cm。

5.2.2 叶片长度

在植株成龄期，随机选取 10 株，连续 5 年，观测与心叶成 45°角生长的正常叶片，测量叶片正面基部至叶尖的长度，结果以平均值表示，精确到 0.1 cm。

5.2.3 叶片宽度

用 5.2.2 的样本，测量叶片背面最宽处的距离，结果以平均值表示，精确到 0.1 cm。

5.2.4 叶片厚度

用 5.2.2 的样本，测量叶片最宽处的中部厚度，结果以平均值表示，精确到 0.1 cm。

5.2.5 叶基厚度

用 5.2.2 的样本，测量叶片基部距麻茎 3 cm 处的厚度，结果以平均值表示，精确到 0.1 cm。

5.2.6 **花期**

在植株抽轴开始，连续2年，观察植株开花情况，记录小区第一个花序开始开花到最后一个花序开完花的日期，表示方法为“MMDD-MMDD”。

5.2.7 **结果状况**

在植株结果期，随机选取10株，重复3次，观察整个花序的结果情况，按植株自然状态下果实数量确定结果状况，分为无(整个花序不结果)、少(整个花序结果数<20个)、多(整个花序结果数≥20个)。

5.2.8 **生命周期**

从幼苗种植开始，记录小区植株从幼苗生长发育到50%以上植株抽轴开花的年数。表示方法为“y”。

5.2.9 **单叶重**

在植株成龄期，随机选取10株，连续5年，收获心叶以下大于45°角生长的成熟叶片，计算叶片数量并称量鲜叶质量，计算平均单叶质量，精确到0.1 g。

5.2.10 **周期展叶数**

随机选取10株，重复3次，计算从定植开始至开花期平均每株展开叶片的数量。表示方法为：片/株·周期。

5.2.11 **叶片纤维含量**

取5.2.9的叶片样本，称量鲜叶质量，用机械抽取纤维后干燥，称量干纤维质量，计算干纤维质量占鲜叶质量的百分率，结果以平均值表示，精确到0.01%。

5.2.12 **纤维产量**

采用5.2.11的干纤维质量计算平均单株干纤维质量与单位面积种植株数的乘积，单位为千克每公顷年($kg/hm^2 \cdot a$)。精确到0.1 $kg/hm^2 \cdot a$。

5.2.13 **皂素含量**

皂素含量测定参见附录A。

5.3 **品质性状**

5.3.1 **纤维长度**

采用5.2.11的干纤维样本，纤维长度测定按GB/T 15031的规定执行。

5.3.2 **束纤维断裂强力**

采用5.2.11的干纤维样本，束纤维断裂强力测定按GB/T 15031的规定执行。

5.3.3 **纤维色泽**

按5.2.11的方法获取干纤维，观察新获取的剑麻纤维色泽，按照最大相似原则，纤维色泽分为洁白，有光泽、黄白，光泽差、浅黄或棕黄、无光泽。

附 录 A
(资料性附录)
皂素含量测定方法

A.1 范围

本附录适用于龙舌兰麻种质资源皂素含量的测定。

A.2 步骤

A.2.1 材料的选取

选取植株成龄期心叶以下大于45°角生长的叶片。

A.2.2 操作方法

称取一定量的鲜叶片样品，捣烂，压出汁液，向汁液中加入浓硫酸至7.5%的浓度，沸水水解4 h。冷后滤出水解物，水洗至中性。按每100 g水解物加入10 g氢氧化钙和2 g活性炭，拌合均匀，干燥。干物研细，用乙醇分次加热提取3次(每次用90%乙醇100 mL，加热迴流0.5 h)。合并提取液，减压浓缩至50 mL，冷后置冰箱内2 d。滤出总皂苷元，乙醇洗2次(每次5 mL)，干燥，称重，记录皂苷元总质量。

A.3 结果计算

皂素含量以叶片中总皂苷元的百分含量来表示。总皂苷元含量按式(A.1)计算：

$$H = \frac{N}{G} \times 100 \quad \cdots\cdots\cdots\cdots (A.1)$$

式中：

H——总皂苷元的百分含量，单位为百分率(%)；

N——皂苷元总质量；

G——鲜叶片样品质量。

计算结果表示到小数点后两位。

ICS 65.020
B 05

中华人民共和国农业行业标准

NY/T 1942—2010

龙舌兰麻抗病性鉴定技术规程

Technical code for evaluating resistance of agave diseases

2010-09-21 发布　　2010-12-01 实施

中华人民共和国农业部　发布

前 言

本标准遵照 GB/T 1.1—2009 给出的规则起草。

本标准由中华人民共和国农业部提出。

本标准由农业部热带作物及制品标准化技术委员会归口。

本标准起草单位:中国热带农业科学院南亚热带作物研究所。

本标准主要起草人:赵艳龙、詹儒林、周文钊、何衍彪、常金梅、柳凤、陆军迎。

龙舌兰麻抗病性鉴定技术规程

1 范围

本标准规定了龙舌兰麻(Agave)抗病性鉴定方法。

本标准适用于龙舌兰麻(Agave)对剑麻斑马纹病和剑麻茎腐病的抗性鉴定。

2 规范性引用文件

下列文件对于本文件的应用是必不可少的。凡是注日期的引用文件，仅注日期的版本适用于本文件。凡是不注日期的引用文件，其最新版本(包括所有的修改单)适用于本文件。

NY/T 222—2004 剑麻栽培技术规程

3 术语和定义

NY/T 1248.1—2006 界定的以及下列术语和定义适用于本文件。为了便于使用，以下重复列出了NY/T 1248.1—2006 中的某些术语和定义。

3.1

抗病性　disease resistance

植物体所具有的能够减轻或克服病原体致病作用的可遗传的性状。

[NY/T 1248.1—2006，定义 2.1]

3.2

抗病性鉴定　screening for disease resistance

通过适宜技术方法鉴别植物对其特定侵染性病害的抵抗水平。

[NY/T 1248.1—2006，定义 2.2]

3.3

接种体　inoculum

用于接种以引起病害的病原体或病原体的一部分。

[NY/T 1248.1—2006，定义 2.9]

3.4

人工接种　artificial inoculation

在适宜条件下，通过人工操作将接种体接于植物体适当部位。

[NY/T 1248.1—2006，定义 2.4]

3.5

培养基　medium

自然或人工配制的、可以使病原体在其上生长的基质。

[NY/T 1248.1—2006，定义 2.8]

3.6

剑麻斑马纹病　zebra disease

由烟草疫霉菌(*Phytophthora nicotianae*)引起的以叶片产生斑马纹症状为主，甚至发生茎腐和轴腐的龙舌兰麻病害。

3.7

剑麻茎腐病　bole rot disease

由黑曲霉菌(*Aspergillus niger*)引起的在茎部和割叶后叶片基部产生病斑和腐烂为主,也可能引起轴部腐烂的龙舌兰麻病害。

4　鉴定方法

4.1　剑麻斑马纹病

4.1.1　大田鉴定

4.1.1.1　鉴定圃设置

鉴定圃应设置在重病区,具备良好的自然发病环境(主要是地势较低洼、易积水)条件。

4.1.1.2　鉴定材料

选存叶数20片以上、生长健壮且无病虫害的龙舌兰麻苗,同一种质要求各株形及大小比较整齐。各参鉴种质麻苗数为100株。

4.1.1.3　鉴定设计

设置已知感病品种(H.11648,下同)一份作为对照材料,按随机区组设计,重复4次,将鉴定材料和对照材料种植于鉴定圃内。

4.1.1.4　病情调查与分级

每年高温多雨季节对所有种植麻苗的剑麻斑马纹病病害发生情况进行调查并分级,分级按NY/T 222—2004中附录C的规定执行。

4.1.1.5　病情指数计算

按式(1)计算病情指数(DI):

$$DI=\frac{\sum(N_i\times i)}{3M}\times 100 \quad\cdots\cdots(1)$$

式中:

N_i——第i病害级的麻苗数;

i——病害级别;

M——调查总麻苗数。

4.1.1.6　抗性评价

当设置的感病对照材料病情指数达到75以上时,判定该批次鉴定有效。根据鉴定材料病情指数对各种质资源的抗病性进行评价,评价标准见表1。

表1　龙舌兰麻抗病性评价标准

抗性	病情指数
免疫	0
高抗	$0<DI\leqslant 25$
中抗	$25<DI\leqslant 50$
中感	$50<DI\leqslant 75$
高感	$DI>75$

4.1.1.7　重复鉴定

用大田鉴定方法进行鉴定,需进行至少三年的重复鉴定。

4.1.2　活体接种鉴定

4.1.2.1　病原菌分离与纯化

以常规组织分离法从龙舌兰麻病株上分离斑马纹病病菌并纯化。按柯赫氏法则(附录A)并经鉴定确认为烟草疫霉菌后,在室温下保存备用。

4.1.2.2 接种体的准备

供试菌株在胡萝卜培养基上培养 4 d,温度 28 ℃,用直径为 8 mm 的灭菌打孔器,在距离中心 3 cm 处打下菌饼作为接种体。

4.1.2.3 鉴定材料

用盆栽法培育龙舌兰麻种苗至存叶 20 片以上,选生长健壮、无病虫害的苗用于人工接种。

4.1.2.4 接种方法

采用叶面针刺法接种,每份种质 5 株,并设已知感病品种一份作为对照材料,重复 4 次。每株于不同方向选取种苗中下部的叶片 3 片,先用 70%酒精棉球擦拭叶片表面进行消毒后,再用灼烧灭菌后冷凉的大头针在距离叶基部 10 cm 处将叶片正面的表皮刺破,将菌饼的菌丝生长面贴在针刺的位置,用无菌湿棉花覆盖菌饼保湿,48 h 后除去棉花及菌饼,继续在温度为 25℃～30℃、湿度 80%以上的条件下培养。

4.1.2.5 病情调查与分级

接种后 10 d 进行病情调查与分级,分级标准见表 2。

表 2 斑马纹病活体接种病害分级标准

病害级别	症状表现
0	叶片无病斑
1	叶片出现病斑,但不扩展
2	叶片出现病斑并向外扩展
3	叶片病斑向叶基部扩展达 5 cm 以上
4	病斑扩展到叶基部或茎部

4.1.2.6 病情指数计算

按式(2)计算病情指数(DI):

$$DI = \frac{\sum(N_i \times i)}{4M} \times 100 \quad \cdots\cdots (2)$$

式中:

N_i——第 i 病害级的叶片数;

i——病害级别;

M——调查总叶片数。

4.1.2.7 抗性评价

按 4.1.1.6 的规定执行。

4.1.2.8 重复鉴定

经活体接种鉴定方法鉴定为免疫、高抗、中抗的种质资源,需按照大田鉴定方法对其抗病性进行至少一年的重复鉴定。

4.2 剑麻茎腐病

4.2.1 大田鉴定

4.2.1.1 鉴定圃设置

鉴定圃应设置在重病区,具备良好的自然发病环境(主要是土壤缺钙致麻株叶片含钙量低于 2.5%)条件。

4.2.1.2 鉴定材料

选存叶数 20 片以上、生长健壮且无病虫害的龙舌兰麻苗,同一种质要求各株形及大小比较整齐。各参鉴种质麻苗数为 100 株。

4.2.1.3 鉴定设计

设置已知感病品种一份作为对照材料，按随机区组设计，重复 4 次，将鉴定材料和对照材料种植于鉴定圃内。在植株恢复生长后，于高温多雨季节，每株用表面消毒过的锋利刀具在离叶基部 2 cm～3 cm 处割除中下部的全部叶片(应保证割叶 11 片以上)。

4.2.1.4 病情调查与分级

每年高温多雨季节对所有种植麻苗的剑麻茎腐病病害发生情况进行调查并分级，分级按 NY/T 222—2004 中附录 D 的规定执行。

4.2.1.5 病情指数计算

按式(3)计算病情指数(DI)：

$$DI = \frac{\sum (N_i \times i)}{4M} \times 100 \quad \cdots\cdots (3)$$

式中：

N_i——第 i 病害级的麻苗数；

i——病害级别；

M——调查总麻苗数。

4.2.1.6 抗性评价

当设置的感病对照材料病情指数达到 50 以上时，判定该批次鉴定有效。根据病情指数对各种质的抗性进行评价，评价标准见表 1。

4.2.1.7 重复鉴定

用大田鉴定方法进行鉴定，需进行至少三年的重复鉴定。

4.2.2 活体接种鉴定

4.2.2.1 病原物分离与纯化

以常规组织分离法从龙舌兰麻病株上分离茎腐病病菌并纯化。按柯赫氏法则(附录 A)并经鉴定确认为黑曲霉菌后，在室温下保存备用。

4.2.2.2 接种体准备

供试菌株在 PDA 培养基上培养 7 d，温度 30℃，用无菌水将产生的分生孢子洗下，用血球计数板测定浓度，配成浓度为 10^7 个/mL 的分生孢子悬浮液。随配随用。

4.2.2.3 鉴定材料

用盆栽法培育龙舌兰麻种苗至存叶 20 片以上，选生长健壮、无病虫害的苗用于人工接种。

4.2.2.4 接种

采用割口接种法，每份种质 5 株，并设已知感病品种一份作为对照材料，重复 4 次。每株用表面消毒过的锋利刀具在离叶基部约 5 cm 处割除中下部的全部叶片，然后在割口上滴 0.1 mL 分生孢子悬浮液，在温度 25℃～30℃、湿度 80%以上的条件下培养。

4.2.2.5 病情调查与分级

接种后 11 d，用直尺测量病斑的纵向长度(割口的中央至病斑最下端的距离)，根据病斑的长度对病害进行分级，分级标准见表 3。

表 3 茎腐病活体接种病害分级标准

病害级别	病斑长度(r) mm
0	0
1	$0 < r \leqslant 10.0$
2	$10 < r \leqslant 30.0$
3	$30 < r < 50.0$
4	50

4.2.2.6 病情指数计算

按式(4)计算病情指数(DI)：

$$DI = \frac{\sum (N_i \times i)}{4M} \times 100 \quad \cdots\cdots (4)$$

式中：

N_i——第 i 病害级的病斑数；

i——病害级别；

M——调查总病斑数。

4.2.2.7 抗性评价

按 4.2.1.6 的规定执行。

4.2.2.8 重复鉴定

经活体接种鉴定方法鉴定为免疫、高抗、中抗的种质资源，需按照大田鉴定方法对其抗病性进行至少一年的重复鉴定。

附 录 A
(资料性附录)
柯赫氏法则

A.1 范围

该附录适用于植物病原物分离及确定的方法。

A.2 共存性观察

被疑为病原物的生物必须经常被发现于病植物体上。

A.3 分离

应把该生物从病植物体分离出来,在培养基上养成纯培养。纯培养即只有该种生物而无其他生物的培养物。

A.4 接种

用上述纯培养接种于健康植物上,又引起与原样本相同的病害。

A.5 再分离

从上述接种引起的病植物再度进行分离而得纯培养。此纯培养与接种所用纯培养完全一致。

ICS 67.040
X 11

中华人民共和国农业行业标准

NY/T 1943—2010

木薯种质资源描述规范

Description standard for germplasm resources of cassava

2010-09-21 发布　　　　2010-12-01 实施

中华人民共和国农业部 发布

前　言

本标准遵照 GB/T 1.1—2009 给出的规则起草。

本标准由中华人民共和国农业部提出。

本标准由农业部热带作物及制品标准化技术委员会归口。

本标准起草单位:中国热带农业科学院热带作物品种资源研究所。

本标准主要起草人:李开绵、闫庆祥、叶剑秋、黄洁、张振文、陆小静、欧文军、蒋盛军、许瑞丽、吴传毅、薛茂富。

木薯种质资源描述规范

1 范围

本标准规定了木薯(*Manihot esculenta* Crantz)种质资源描述要求和描述方法。

本标准适用于木薯种质资源种质基本信息、植物学性状、农艺性状、品质性状的描述。

2 规范性引用文件

下列文件对于本文件的应用是必不可少的。凡是注日期的引用文件，仅注日期的版本适用于本文件。凡是不注日期的引用文件，其最新版本(包括所有的修改单)适用于本文件。

GB/T 2260 全国县及县以上行政区划代码表

NY/T 11 谷物籽粒粗淀粉测定法

GB/T 5009.5 食品中蛋白质的测定

GB/T 6195 水果、蔬菜维生素C含量测定法(2,6-二氯靛酚滴定法)

GB/T 5009.10 植物类食品中粗纤维的测定

GB/T 5009.82 食物中维生素A和维生素E的测定方法

ISO 3166—1 国家及其地区的名称代码 第1部分:国家代码 ISO3166—1

ISO 3166—2 国家及其地区名称的代码 第2部分:国家地区代码 ISO3166—2

ISO 3166—3 国家和他们的地区名的代码 第3部分:国家曾用名代码 ISO3166—3

3 术语和定义

下列术语和定义适用于本文件。

3.1

生长中期 mid-term of growth

一般在种植后150 d～180 d。

3.2

收获期 havest time

一般在种植后240 d～300 d。

4 要求

描述应包括种质基本信息、植物学性状、农艺性状和品质性状，见表1。

表1 木薯种质资源描述内容

描述类别	描述内容
种质基本信息	全国统一编号、种质库编号、种质圃编号、采集号、引种号、种质名称、种质外文名、科名、属名、学名、种质资源类型、主要特性、主要用途、系谱、选育单位、育成年份、原产国、原产省、原产地、经度、纬度、海拔、采集地、采集单位、采集时间、采集材料类型、保存单位名称、保存单位编号、保存种质的形式、图像、鉴定评价的机构名称、鉴定评价的地点、备注
植物学性状	株型、株高、主茎高度、主茎粗、主茎节数密度、嫩茎生长情况、嫩茎颜色、成熟主茎外皮颜色、成熟主茎内皮颜色、顶端未展开嫩叶颜色、嫩叶茸毛、第一片完全展开叶的颜色、叶脉颜色、裂片叶形、叶片裂叶数、中间裂叶长度、中间裂叶宽度、叶柄颜色、叶柄长度、叶痕突起程度、花、花托颜色、花萼颜色、柱头颜色、子房颜色、花粉、花药颜色、果实、果实长度、果实直径、种子长度、种子直径、种子颜色、块根分布、结薯集中度、单株块根数、块根形状、块根直径、块根外皮颜色、块根内皮颜色、块根肉质颜色

表 1（续）

描述类别	描述内容
农艺性状	苗期、第一次分枝的时间、第二次分枝的时间、分枝角度、茎的分枝数、花期、块根成熟特性、产量、茎叶鲜重、收获指数
品质性状	干物率、淀粉率、氢氰酸含量、蛋白质含量、维生素 C 含量、纤维素含量

5 描述方法

5.1 种质基本信息

5.1.1 全国统一编号

种质资源的全国统一编号是由木薯编号(MS)加上 6 位顺序号组成的字符串，后 6 位顺序号从 000001 到 999999 代表具体种质的编号。全国统一编号具有惟一性。

5.1.2 种质库编号

指进入国家木薯种质资源长期库保存的作物种质统一的种质库编号，具有惟一性。一般由 8 位字符串组成，前 3 位是入库种质代码，中间 1 位代表植株所属种类，后 4 位为顺序码。

5.1.3 种质圃编号

种质在国家木薯种质资源圃中的编号。圃编号是由“GP”加上编号再加上 4 位顺序号码组成，每份种质具有惟一的圃编号。

5.1.4 采集号

种质资源在野外采集时赋予的编号。一般由年份加 2 位省份代码再加上顺序号组成。省份代码可按 GB/T 2260 的规定表示。

5.1.5 引种号

种质从国外引入时赋予的编号。引种号是由年份加 4 位顺序号组成的 8 位字符串，每份种质具有惟一的引种号。

5.1.6 种质名称

国内种质采用常用的中文名称，有别称的附在其后的半角括号内，用逗号隔开，如“种质名称 1(种质名称 2，种质名称 3)”；国外引进种质采用常用的中文译名，如果没有中文译名，可以直接写其原名。

5.1.7 种质外文名

国内种质的外文名称可写汉语拼音，每个汉字的汉语拼音首字母大写，其他字母小写；国外种质的外文名称直接写其原名。

5.1.8 科名

大戟科(Euphorbiaceae)。

5.1.9 属名

木薯属(Manihot)。

5.1.10 学名

学名由拉丁名加英文半角内的中文名组成。拉丁名由表示属名和种加词的拉丁文(斜体字)和表示命名人的全名或简写名组成。

5.1.11 种质资源类型

种质资源类型包括野生种、栽培种、当家种、育种材料。

5.1.12 主要特性

种质资源主要特性包括高产、高淀粉、高酒精转化率、高蛋白、高胡萝卜素和抗病、抗虫、抗旱、抗寒、耐盐。

5.1.13 **主要用途**

主要用途分为食用、饲用和工业用。

5.1.14 **系谱**

木薯选育品种(系)的亲缘关系。

5.1.15 **选育单位**

选育木薯品种(系)的单位或个人。单位名称应写全称。

5.1.16 **育成年份**

木薯品种(系)通过新品种审定或登记的年份,用4位阿拉伯数字表示。

5.1.17 **原产国**

木薯种质原产国家名称、地区名称或国际组织名称。国家、地区或国际组织名称可按ISO 3166-1、ISO 3166-2或ISO 3166-3的规定表示。如该国家已不存在,应在原国家名称前加"原"。国家组织名称用该组织的英文缩写。

5.1.18 **原产省**

种质原产省份,省份名称可按GB/T 2260的规定表示。国外引进种质原产省用原产国家一级行政区的名称。

5.1.19 **原产地**

木薯种质的原产县、乡、村名称。县名按GB/T 2260的规定表示。

5.1.20 **经度**

种质原产地的经度。单位为度和分,格式为DDDFF,其中DDD为度,FF为分。

5.1.21 **纬度**

种质资源原产地的纬度。单位为度和分,格式为DDFF,其中DD为度,FF为分。

5.1.22 **海拔**

种质资源原产地的海拔高度。单位为米(m)。

5.1.23 **采集地**

木薯种质的来源国家、省、县名称,地区名称或国际组织名称。

5.1.24 **采集单位**

木薯种质采集单位或个人名称。单位名称应写全称。

5.1.25 **采集时间**

以"年月日"表示,格式"YYYYMMDD"。

5.1.26 **采集材料类型**

采集材料的类型包括植株、果实、种子、种茎、花粉。

5.1.27 **保存单位名称**

负责木薯种质繁殖、并提交国家种质资源长期库前的原保存单位或个人名称,单位名称应写全称。

5.1.28 **保存单位编号**

木薯种质在原保存单位中的种质编号。保存单位编号在同一保存单位应具有唯一性。

5.1.29 **保存种质的形式**

种质保存形式分为田间保存和离体库保存。

5.1.30 **图像**

木薯种质的图像文件名,图像格式为.jpg。图像文件名由统一编号加"-"加序号加".jpg"组成。图像要求600 dpi以上或1024×768以上。

5.1.31 **鉴定评价的机构名称**

木薯种质特性鉴定评价的机构名称，单位名称应写全称。

5.1.32 鉴定评价地点

木薯种质描述鉴定和评价的地点，记录到省和县名。

5.1.33 备注

资源收集者了解的生态环境的主要信息、产量、栽培实践等。

5.2 植物学性状

5.2.1 植株

5.2.1.1 株型

在生长中期，观察长势正常植株的形状，包括紧凑型、伞型、张开型、圆柱型和直立型。以出现最多的株型为准。

5.2.1.2 株高

在收获期，随机选取长势正常植株10株，测量植株从地面至最高点的高度，计算平均值。单位为厘米(cm)，精确到0.1 cm。

5.2.1.3 主茎高度

在收获期，随机选取长势正常植株10株，测量植株从地面至主茎第一分枝处的高度，计算平均值。单位为厘米(cm)，精确到0.1 cm。

5.2.1.4 主茎粗

在收获期，随机选取长势正常的植株10株，用游标卡尺测量离地面10 cm高处主茎的直径，计算平均值。单位为厘米(cm)，精确到0.1 cm。

5.2.1.5 主茎节数密度

在收获期，随机选取长势正常植株10株，计算主茎从地面至50 cm高处的节数，计算平均值，以"节/50 cm"表示，精确到0.1节/50 cm。

5.2.1.6 嫩茎生长情况

在生长中期，观察种质植株幼苗，目测其嫩茎生长情况，可分为直立形、之字形。以最多出现的情形为准。

5.2.1.7 嫩茎颜色

在生长中期，随机选取植株顶端5.0 cm～10 cm长的嫩茎10株，目测并与标准比色卡对比，按照最大相似原则，确定嫩茎颜色。

5.2.1.8 成熟主茎外皮颜色

在收获期，目测离地20 cm的主茎外皮，并与标准比色卡对比，按照最大相似原则，确定其外皮颜色。

5.2.1.9 成熟主茎内皮颜色

在收获期，剥开离地20 cm的主茎外表皮，目测内皮颜色并与标准比色卡对比，按照最大相似原则，确定其内皮颜色。

5.2.2 叶

5.2.2.1 顶端未展开嫩叶颜色

在生长中期，目测植株顶端未展开嫩叶，并与标准比色卡对比，按照最大相似原则确定顶端嫩叶颜色。

5.2.2.2 嫩叶茸毛

目测植株顶端未展开嫩叶叶面是否有茸毛。

5.2.2.3 第一片完全展开叶的颜色

在生长中期，目测植株顶端第一片完全展开的叶片，与标准比色卡对比，按照最大相似原则确定其颜色。

5.2.2.4 叶脉颜色

在生长中期，取植株中上部成熟叶片，目测并与标准比色卡对照，观察叶片背面叶脉的颜色。

5.2.2.5 裂片叶形

在生长中期，取植株中上部成熟叶片，按照最大相似原则确定成熟叶片中间裂片的形状。叶形可分为椭圆形、披针形、线形、拱形和倒卵披针形。

5.2.2.6 叶片裂叶数

在生长中期，取10株，每株取10片中上部成熟叶片，观测叶片的裂叶数，以出现最多的情形为准。

5.2.2.7 中间裂叶长度

在生长中期，随机选择植株10株，每株选取完全展开叶片3张，用直尺测量中间裂叶的长度，计算平均值，单位为厘米(cm)，精确到0.1 cm。

5.2.2.8 中间裂叶宽度

在生长中期，随机选择植株10株，每株选取完全展开叶片3张，测量中间裂叶最宽处的宽度，计算平均值。单位为厘米(cm)，精确到0.1 cm。

5.2.2.9 叶柄颜色

在生长中期，随机选择植株10株，目测植株中上部叶柄并与标准比色卡对照，按照最大相似原则确定叶柄的颜色。

5.2.2.10 叶柄长度

在生长中期，随机选择植株10株，每株选取3片成熟叶片的叶柄，测量其长度，计算平均值。单位厘米(cm)，精确到0.1 cm。

5.2.2.11 叶痕突起程度

在收获期，随机选取植株10株，每株选取叶片刚脱落的叶痕3个，用直尺测量叶痕的深度，计算平均值。单位厘米(mm)，精确到0.1 mm。

5.2.3 花、果和种子

5.2.3.1 花

观察正常生长的植株是否开花。

5.2.3.2 花托颜色

在开花期，选取正在开放的花朵10朵，与标准比色卡对照，以最大相似原则确定花托颜色。

5.2.3.3 花萼颜色

在开花期，选取正在开放的花朵10朵，与标准比色卡对照，按照最大相似原则确定花萼颜色。

5.2.3.4 柱头颜色

在开花期，选取正在开放的雌花10朵，与标准比色卡对照，按照最大相似原则确定柱头颜色。

5.2.3.5 子房颜色

在开花期，选取正在开放的雌花10朵，与标准比色卡对照，按照最大相似原则确定子房颜色。

5.2.3.6 花粉

在开花期，选取正在开放的雄花，观察是否有花粉。

5.2.3.7 花药颜色

在开花期，选取正在开放的雄花，与标准比色卡对照，按照最大相似原则确定花药颜色。

5.2.3.8 果实

以种质所有成熟植株为观察对象，目测并确定是否有果实。

5.2.3.9　果实长度

随机选取10粒成熟果实，用游标卡尺测量其长度，单位为毫米(mm)。取平均值，精确到0.1 mm。

5.2.3.10　果实直径

随机选取10粒成熟果实，用游标卡尺测量其直径，单位为毫米(mm)。取平均值，精确到0.1 mm。

5.2.3.11　种子长度

随机选取10粒成熟种子，用游标卡尺测量其长度，单位为毫米(mm)。取平均值，精确到0.1 mm。

5.2.3.12　种子直径

随机选取10粒成熟种子，用游标卡尺测量其直径，单位为毫米(mm)。取平均值，精确到0.1 mm。

5.2.3.13　种子颜色

随机选取成熟种子10粒，用比色卡按照最大相似原则，以确定其种子颜色。

5.2.4　块根

5.2.4.1　块根分布

在收获期，以该种质所有植株为观察对象，随机选取10株，观测块根的整体分布情况，以最多出现的情形为准。块根分布分为垂直、水平和不规则。

5.2.4.2　结薯集中度

在收获期，以种质所有植株为观察对象，随机选取10株，观测块根集中和分散程度，以最多出现的情形为准。

5.2.4.3　单株块根数

在块根成熟期，随机选取直径不小于3 cm的块根，计算块根总数，计算平均值。

5.2.4.4　块根形状

在收获期，随机选取10株块根，观察并按照最大相似原则，确定成熟块根的形状，分为圆锥形、圆柱形、圆锥—圆柱形和纺锤形。

5.2.4.5　块根直径

在收获期，随机选取10株块根，用游标卡尺测量所有块根最大处的直径，计算平均值。精确到0.1 cm。

5.2.4.6　块根外皮颜色

在收获期，随机选取10株块根，与标准比色卡对照，确定块根外皮颜色。

5.2.4.7　块根内皮颜色

在收获期，随机选取10株块根，与标准比色卡对照，确定块根内皮颜色。

5.2.4.8　块根肉质颜色

在收获期，随机选取10株块根，切开块根，与标准比色卡对照，确定块根肉质颜色。

5.3　农艺性状

5.3.1　苗期

随机选取30株植株，从定植到5 cm以上高度的植株达到60%以上天数，单位以天(d)表示。

5.3.2　第一次分枝的时间

随机选取长势正常的植株10株，记载每株从定植到出现第一次分枝的天数，计算平均值。单位为天(d)，精确到1 d。

5.3.3　第二次分枝的时间

随机选取长势正常的植株10株，记载每株从定植到出现第二次分枝的天数，计算平均值。单位为天(d)，精确到1 d。

5.3.4　分枝角度

在收获期，选取长势正常植株10株，测量主茎与第一分枝的角度，计算平均值。按下列标准确定分枝角度：

a） 无分枝；

b） 小（<30°）；

c） 中（30°～45°）；

d） 大（>45°）。

5.3.5 茎的分枝数

在收获期，选取长势正常植株10株，观测每株的一级分枝数，数值取最大分枝数。以最多出现的情形为准。

5.3.6 花期

随机选择30株，从植株开始开花至5%以上的植株开花这段时期为始花期，95%以上的植株开花为终花期。

5.3.7 块根成熟特性

以种质30株为观测对象，一般以块根淀粉含量达到25%以上，根据下列标准确定种质的成熟特性：

a） 早熟（植后180 d成熟）；

b） 中熟（植后240 d成熟）；

c） 晚熟（植后300 d成熟）。

5.3.8 产量

在收获期，随机选取10株正常生长的植株全部块根，称取新鲜块根质量，计算平均值，精确到0.1 kg/株。

5.3.9 茎叶鲜重

在收获期，随机选取10株正常生长的植株，称取除去块根的植株其余部分的鲜重，计算平均值，精确到0.1 kg/株。

5.3.10 收获指数

收获时，随机选取10株植株，计算块根鲜重占植株总生物量鲜重的比值，精确到0.01。

5.4 品质性状

5.4.1 干物率

选取中等大小的鲜薯5 kg，采用烘干法测定，计算结果用%表示，精确到0.1%。

5.4.2 淀粉率

按NY/T 11规定的方法测定。

5.4.3 氢氰酸含量

按附录A执行。

5.4.4 蛋白质含量

可按GB/T 5009.5规定的方法测定，用%表示，精确到0.1%。

5.4.5 维生素C含量

可按GB/T 6195规定的方法测定，用mg/100 g表示，精确到0.1 mg/100 g。

5.4.6 纤维素含量

可按GB/T 5009.10规定的方法测定，用%表示，精确到0.1%。

附 录 A
(规范性附录)
氢氰酸含量测定法

A.1 范围

本附录适用于木薯氢氰酸含量的测定。

A.2 测定原理

将木薯浸入水中,使之发酵,析出氢氰酸,便可得到含氢氰酸的水溶液。将此溶液通入蒸汽蒸馏出氢氰酸,用过量的硝酸汞标准溶液吸收蒸馏出来的氢氰酸,最后以标定好的硫氰化钾(KC-NS)滴定多余硝酸汞,由硝酸汞用量与剩余硝酸汞之差,即可算出样品中的氢氰酸含量。其化学反应如下:

$$Hg(NO_3)_2 + 2HCN \longrightarrow Hg(CN)_2 + 2HNO_3$$

$$Hg(NO_3)_2 + 2KSCN \longrightarrow Hg(CNS)_2 + 2KNO_3$$

A.3 测定步骤

a) 准确称取木薯肉质 50 g(或木薯皮 10 g~15 g)。磨碎后,用 100 mL~150 mL 蒸馏水洗入 500 mL的圆底烧瓶中,塞上瓶塞,在 30℃~35℃下放置 6 h,经木薯配糖酶的作用,将木薯含氰配糖体水解为右旋糖、丙酮及氢氰酸。

b) 将水解所得的含氢氰酸溶液通入蒸汽蒸馏,蒸馏液通入事先加入的 25 mL 0.007 5 mol/L 的硝酸汞标准液中(木薯皮应该用 50 mL),使氢氰酸被充分吸收(硝酸汞液应预加 4 mol/L 硝酸 1 mL,使呈酸性),蒸馏液约收集 200 mL 后即可停止蒸馏。

c) 在含硝酸汞的蒸馏液中,加 40%铁铵矾[$NH_4Fe(SO_4)_2 \cdot 12H_2O$]指示剂 2 mL,再用标准 0.015 mol/L 的硫氰酸钾溶液滴定蒸馏液中剩余的硝酸汞,至溶液呈淡黄色为止。木薯氢氰酸含量的测定。

A.4 结果计算

A.4.1 计算式

将 A.3 滴定结果按式(A.1)计算,可得出木薯样品中的氢氰酸 X(mg/kg)含量:

$$X = \frac{(V_1 - V_2) \times c \times 27 \times 1\,000}{m} \quad \cdots\cdots (A.1)$$

式中:

X——木薯样品中的氢氰酸含量,单位为毫克每千克(mg/kg);

V_1——用 KCNS 滴定 25 mL(或 50 mL)$Hg(NO_3)_2$ 时消耗的体积,单位为毫升(mL);

V_2——滴定剩余 $Hg(NO_3)_2$ 时消耗的 KCNS 体积,单位为毫升(mL);

c——标准 KCNS 的浓度,单位为摩尔每升(mol/L);

27——HCN 的摩尔质量,单位为克每摩尔(g/mol);

m——木薯样品质量,单位为克(g)。

ICS 67.140.10
X 55

中华人民共和国农业行业标准

NY/T 1960—2010

茶叶中磁性金属物的测定

Determination of magnetic metals content in tea

2010-12-23 发布 2011-02-01 实施

中华人民共和国农业部 发布

前　言

本标准遵照 GB/T 1.1—2009 给出的规则起草。

本标准由中华人民共和国农业部种植业管理司提出并归口。

本标准起草单位:中国农业科学院茶叶研究所、农业部茶叶质量监督检验测试中心。

本标准主要起草人:刘新、陈利燕、刘栩、刘汀。

茶叶中磁性金属物的测定

1 范围

本标准规定了茶叶中磁性金属物的测定方法。

本标准适用于茶叶中磁性金属物的测定。

2 规范性引用文件

下列文件对于本文件的应用是必不可少的。凡是注日期的引用文件,仅注日期的版本适用于本文件。凡是不注日期的引用文件,其最新版本(包括所用的修改单)适用于本文件。

GB/T 8302 茶 取样

3 原理

样品经粉碎后通过磁性金属测定仪,利用磁场作用将具有磁性的金属物从试样中分离出来,用四氯化碳洗去茶粉,重量法测定。

4 试剂

四氯化碳(CCl_4):分析纯。

5 仪器

5.1 磁性金属物测定仪:磁感应强度应不少于 120 mT(毫特斯拉)。

5.2 天平:感量 0.1 g,0.000 1 g。

5.3 粉碎机:转速 24 000 r/min。

5.4 恒温水浴锅。

5.5 恒温干燥箱。

5.6 瓷坩埚:50 mL。

5.7 标准筛:孔径 0.45 mm。

6 分析步骤

6.1 取样

参照 GB/T 8302 规定的方法取样。

6.2 磁性金属物的测定

称取试样 200 g(精确至 0.1 g),目测样品如有可见的金属物应先取出。将样品粉碎,过 0.45 mm 标准筛后,倒入磁性金属物测定仪上部的容器内。打开通磁开关,调节流量控制板旋钮,打开运转开关,使试样在 2 min~3 min 全部匀速经淌样板流到盛样箱内。试样全部通过淌样板后,将干净的白纸接在测定仪的淌样板下面,关闭通磁开关,用毛刷将吸附在淌样板上的磁性物质刷到白纸上。然后,将白纸上的收集物倒入已恒重的坩埚(精确至 0.000 1 g)。将盛样箱内样品按以上步骤重复两次,各次收集物均倒入坩埚中,用 80 mL 四氯化碳分 4 次~5 次漂洗坩锅内的收集物,弃去漂洗液,直至茶粉除净,将坩埚于 80℃水浴挥发至干,放入恒温干燥箱(105±2)℃恒重,称量(精确至 0.000 1 g)。

7 结果计算

样品中磁性金属物含量(X)以质量分数计,数值以%表示,按式(1)计算:

$$X = \frac{m_2 - m_1}{m} \times 100 \quad \cdots\cdots (1)$$

式中:

m——试样总质量,单位为克(g);

m_1——坩埚质量,单位为克(g);

m_2——磁性金属物和坩埚质量,单位为克(g)。

重复测定两次,结果取平均值。

计算结果保留两位有效数字。

ICS 65.020.01
B 20

中华人民共和国农业行业标准

NY/T 1961—2010

粮食作物名词术语

Terminology of grain crop

2010-12-23 发布　　　　2011-02-01 实施

中华人民共和国农业部 发布

前　言

本标准遵照 GB/T 1.1—2009 给出的规则起草。

本标准由中华人民共和国农业部种植业管理司提出并归口。

本标准起草单位：中国农业科学院作物科学研究所、中国农业科学院农业质量标准与检测技术研究所、农业部作物品种资源监督检验测试中心。

本标准主要起草人：朱志华、王敏、周明德、刘三才、毛雪飞、李为喜、刘方、李燕。

粮食作物名词术语

1 范围

本标准规定了禾谷类、豆类、薯类、油料类和其他粮食作物的名词术语和定义。

本标准适用于农业及有关行业教学、科研、生产、经营、管理及信息交换等领域。

2 术语和定义

2.1 通用类

2.1.1

作物 crop

经过人类长期繁衍、驯化且为人类有目的栽培的植物。

2.1.2

粮食作物 grain crop

以种子、果实、块根、块茎等组织、器官为主要收获物，经初加工后作为维系人类生存主要食物来源的栽培作物。

2.2 禾谷类

2.2.1

稻 rice

属禾本科(Gramineae)，稻属(*Oryza*)，包括2个栽培种，即亚洲栽培稻(*Oryza sativa* L.)和非洲栽培稻(*Oryza glaberrima* steud.)以及20个～25个野生种。亚洲栽培稻是一年生、短日照、自花授粉植物。依据其生态群、生态型、变种的不同，分为籼稻亚种(*Oryza sativa* L. subsp. *hsien* Ting)和粳稻亚种(*Oryza sativa* L. subsp. *keng* Ting)；每个亚种分为早稻、中稻和晚稻3种生态群；每个生态群分为水稻和陆稻2种生态型；每个生态型又有黏稻和糯稻2个变种之分。

2.2.1.1

籼稻 indica-type rice

栽培稻的基本型，主要种植于低纬度和低海拔的温热地区。依据籼稻品种对温光反应特点，分为早籼稻、中籼稻和晚籼稻。

2.2.1.1.1

早籼稻、中籼稻 early indica-type rice, semi-late indica-type rice

生物学上具有对光反应迟钝、温反应中等偏强或对光反应中等、温反应中等偏弱的籼稻。

2.2.1.1.2

晚籼稻 late indica-type rice

生物学上具有光温反应敏感特性的籼稻，属短日性作物。

2.2.1.2

粳稻 japonica-type rice

栽培稻的变异型，主要种植于高纬度和低纬度的高海拔地区。依据粳稻品种对温光反应的不同，分为早粳稻、中粳稻和晚粳稻。

2.2.1.2.1

早粳稻、中粳稻 early japonica-type rice; semi-late japonica-type rice

生物学上具有对光反应迟钝、温反应中等偏强或对光反应中等、温反应中等偏弱的粳稻。

2.2.1.2.2

晚粳稻 late japonica-type rice

生物学上具有光温反应敏感特性的粳稻,属短日性作物。

2.2.1.3

水稻 lowland rice

稻的基本型,具有特殊的裂生通气组织,能将空气从植株上部输送到根部,使根部有足够的氧气,不会在淹水条件下因缺氧而死亡,耐旱性差。

2.2.1.4

陆稻 upland rice

水稻的籼、粳型早、中、晚季稻的环境适应性变异而产生的变异型。对栽培土壤中水分条件敏感性较弱,具有极强耐旱性反应的生态类型水稻。

2.2.1.5

黏稻 stiky rice

籽粒直链淀粉含量较高,且较难糊化,米粒黏性,米色透明且具光泽,米粒与碘化钾溶液反应呈蓝色。

2.2.1.5.1

籼黏稻 indica-type sticky rice

具有籼稻特征特性的黏性水稻。

2.2.1.5.2

粳黏稻 japonica-type sticky rice

具有粳稻特征特性的黏性水稻。

2.2.1.6

糯稻 glutinous rice

籽粒支链淀粉含量高,且较易糊化,米粒糯性,米色乳白色,米粒与碘化钾溶液反应呈棕红色。

2.2.1.6.1

籼糯稻 indica-type glutinous rice

具有籼稻特征特性的糯性水稻。

2.2.1.6.2

粳糯稻 japonica-type glutinous rice

具有粳稻特征特性的糯性水稻。

2.2.2

小麦 wheat

禾本科小麦属栽培种,学名 *Triticum aestivum* L.。根据生育期间度过春化阶段所需低温程度和历时长短的不同,又有冬小麦、春小麦之分。

2.2.2.1

冬小麦 winter wheat

在种子发芽出土后,须通过 0℃~5℃、35 d~50 d 的春化阶段才能进入生殖生长的小麦。

2.2.2.2

春小麦 spring wheat

在种子发芽出土后,通过 5℃~20℃、5 d~15 d 的春化阶段即能进入生殖生长的小麦。

2.2.2.3

专用麦　special wheat

依据小麦籽粒颜色、冬春性、硬度、蛋白质含量和面筋质量等品质特性及适宜用途，又可将冬小麦、春小麦分为不同类型用途的小麦。

2.2.2.3.1

强筋麦　high gluten wheat

籽粒为硬质、面筋含量高、面团柔和性及延展性好、适于制作优质面包的小麦。

2.2.2.3.2

中筋麦　medium gluten wheat

籽粒为硬质、半硬质或软质、面筋含量中等、面团柔和性及延展性较好、适于制作面条或馒头的小麦。

2.2.2.3.3

弱筋麦　low gluten wheat

籽粒为软质、面筋含量低、面团柔和性及弹性较差、适于制作饼干、糕点的小麦。

2.2.3

玉米　maize

禾本科玉蜀黍属栽培种，学名 *Zea mays* L.，又称苞谷、苞米、玉蜀黍、大蜀黍、棒子、玉茭、珍珠米等。依据自然生态条件和播种类型的不同，又有春玉米、夏玉米、秋玉米和冬玉米之分。

2.2.3.1

春玉米　spring maize

春季播种，当年秋季收获。主要分布在东北、华北北部、西北以及西南诸省的高海拔丘陵地区和干旱地区。

2.2.3.2

夏玉米　summer maize

麦收前后种植，当年秋季收获。主要分布于黄淮海平原地区。

2.2.3.3

秋玉米　autumn maize

三熟制区域的第三熟作物或双季玉米的第二茬。主要分布在南方沿海地区或内陆丘陵山地。

2.2.3.4

冬玉米　winter maize

10 月中旬至 11 月上旬播种，翌年 2 月至 3 月收获。主要分布在云南、广西和海南等地。

2.2.4

谷子　foxtail millet

禾本科狗尾草属栽培种，学名 *Setaria italica*（L.）Beauv.，又称小米、粟米，属喜温作物。根据其生态型和不同的种植制度，又有春谷、夏谷之分。

2.2.4.1

春谷　spring foxtail millet

春季播种，当年秋季收获的谷子。

2.2.4.2

夏谷　summer foxtail millet

夏季播种，当年秋季收获的谷子。

2.2.5

高粱　sorghum

禾本科高粱属栽培种，学名 *Sorghum bicolor*（L.）Moench，又称蜀黍。根据其生育特性和种植季节的不同，又有春播早熟区、春播晚熟区，春、夏兼播区和南方区。

2.2.6

大麦　barley

禾本科大麦属栽培种，学名 *Hordeum vulgare* L.，包括皮大麦（paper hully）、裸大麦（naked barley）。根据其生态要求及播种期的不同，又有冬大麦、春大麦之分。

2.2.6.1

冬大麦　winter barley

秋季播种，翌年春末夏初季收获。主要分布于黄淮、秦巴山地、长江中下游、四川盆地、西南高原以及华南等地。

2.2.6.2

春大麦　spring barley

春季播种，当年夏末秋初收获。主要分布于东北平原、晋冀北部、内蒙古高原、甘肃和新疆等地。

2.2.7

燕麦　oats

禾本科燕麦属栽培种，包括皮燕麦（*Avena sativa* L.）、裸燕麦（*Avena nuda* L.）。裸燕麦俗称莜麦、玉麦、铃铛麦。属长日照作物且喜凉爽和湿润。根据其生育特性和种植季节的不同，其生态环境有北方春播燕麦区、南方秋播燕麦区。

2.2.8

黍稷　common millet

禾本科黍属栽培种，学名 *Panicum miliaceum* L.，俗称糜子。糯性称黍，俗称软糜子；粳性称稷，俗称硬糜子。根据其生育特点和种植季节的不同，其生态环境有东北春播区、北方春播区、黄土高原春播区、西北春播区、青藏高原春播区；华北夏播区、黄土高原夏播区、西北夏播区以及南方秋、冬播区。

2.2.9

黑麦　rye

禾本科黑麦属栽培种，学名 *Secale cereale* L.。一年生栽培种，异花授粉。

2.2.10

小黑麦　triticale

由硬粒小麦或普通小麦与栽培黑麦经属间有性杂交，并对杂种染色体加倍而人工合成的六倍体或八倍体小黑麦。属粮草饲兼用作物，其生育特性亦有冬性、春性不同类别。

2.2.11

薏苡　job′s tears

禾本科薏苡属栽培变种，学名 *Coix lacryma-jobi* L.，又称药玉米、薏米仁、六谷子、川谷、菩提子、草珠子等，属短日性作物。根据其生育特性和播种季节的不同，其生态环境有南方晚熟区、长江中下游中熟区和北方早熟区。

2.2.12

食用稗　japanese millet

禾本科稗属栽培种，学名 *Echinochloa crus-galli*（L.），又称“湖南稷子”，属短日性作物，适应性广。

2.2.13

珍珠粟　pearl millet

禾本科狼尾草属栽培种，学名 *Pennisetum glaucum*（L.）R. Brown，又称御谷、蜡烛稗。

2.2.14

龙爪稷　finger millet

禾本科䅟属栽培种，学名 *Eleusine coracan*(L.)Gaertner，又称䅟子、龙爪粟。属光、温敏感作物，在广西、广东、海南、云南、贵州等地区有栽培。

2.3　豆类

2.3.1

大豆　soybean

豆科大豆属的栽培种，学名 *Glycine max*(L.)Merr.，又称黄豆。根据大豆品种地区适应性和耕作制度、播期的不同，又有春大豆、夏大豆、秋大豆和冬大豆之分。

2.3.1.1

春大豆　spring sowing soybean

北方一年一熟制的北方春大豆，黄淮流域一年两熟或两年三熟制的黄淮春播大豆，以及长江以南一年三熟或两年五熟制的春播大豆。

2.3.1.2

夏大豆　summer sowing soybean

黄淮流域一年两熟或两年三熟制的麦后夏播大豆以及长江以南一年三熟或两年五熟制的夏播大豆。

2.3.1.3

秋大豆　autumn sowing soybean

长江以南一年三熟或两年五熟制地区的秋播大豆。

2.3.1.4

冬大豆　winter sowing soybean

广东、广西、云南南部和海南等地区种植的冬播大豆。

2.3.2

绿豆　mung bean

豆科豇豆属 *Ceratoropis* 亚属栽培种，学名 *Vigna radiata*(L.)Wilczek，又称菉豆、植豆、文豆，属短日性、喜温作物。根据其生育特性和播种季节的不同，其生态环境有北方春绿豆区、北方夏绿豆区、南方夏绿豆区、南方夏秋绿豆区。

2.3.3

小豆　adzuki bean

豆科豇豆属 *Ceratoropis* 亚属栽培种，学名 *Vigna angularis*(Willd.)Ohashi，又称红豆、红小豆、赤豆、赤小豆，属短日性作物。根据其生育特性和播种季节的不同，其生态环境有北方春小豆区、北方夏小豆区、南方小豆区。

2.3.4

豌豆　pea

豆科豌豆属栽培种，学名 *Pisum sativum* L.，又称麦豌豆、寒豆、麦豆、荷兰豆(软荚豌豆)，属长日性作物。根据其生育特性和播种季节的不同，可将种植区域分为春豌豆、夏豌豆。

2.3.5

蚕豆　faba bean

豆科蚕豆属栽培种，学名 *Vicia faba* L.，又称胡豆、佛豆、罗汉豆，属长日性、喜光作物。根据其生育特性和播种季节的不同，可将种植区域分为北方春蚕豆、南方秋蚕豆。

2.3.6

豇豆　cowpea

豆科豇豆属 *vigna* 亚属栽培种，学名 *Vigna unguiculata*（L.），又称豆角、角豆、长豆、裙带豆、蔓豆、泼豇豆、黑脐豆，属短日性作物。根据其生育特性和播种季节的不同，其生态环境有北方春豇豆区、北方夏豇豆区、南方秋冬豇豆区。

2.3.7

饭豆　ricebean

豆科豇豆属 *Ceratoropis* 亚属栽培种，学名 *Vigna umbellata*（Thunb.）Tateishi & Maxted，又称精米豆、蔓豆、爬山豆、芒豆、竹豆、米豆，属短日性作物。根据其生育特性和播种季节的不同，可将种植区域分为北方春饭豆、南方夏饭豆。

2.3.8

普通菜豆　common bean

豆科菜豆属栽培种，学名 *Phaseolus vulgaris* L.，又称芸豆、四季豆、唐豆，属短日性作物。

2.3.9

多花菜豆　multiflorous bean

豆科菜豆属栽培种，学名 *Phaseolus multiflorus willd*，又称大白芸豆、大花豆，属短日性作物。

2.3.10

利马豆　lima bean

豆科菜豆属栽培种，学名 *Phaseolus lunatus* L.，又称荷包豆、棉豆、金甲豆、糖豆、洋扁豆，属短日性作物。

2.3.11

小扁豆　lentil

豆科小扁豆属栽培种，学名 *Lens esculenta Moench*，又称滨豆、兵豆、洋扁豆、鸡眼豆，属长日性作物。根据其生育特性和播种季节的不同，其生态环境有春小扁豆区、秋冬小扁豆区。

2.3.12

鹰嘴豆　chickpea

豆科鹰嘴豆属栽培种，学名 *Cicer arietinum* L.，又称桃豆、鸡豌豆、鸡豆、鸡头豆、回回豆、羊头豆、新疆俗称"诺胡提"，属长日性作物。根据其生育特性和播种季节的不同，其生态环境有春鹰嘴豆区、夏鹰嘴豆区、秋鹰嘴豆区。

2.3.13

黑吉豆　black gram

豆科豇豆属 *Ceratoropis* 亚属栽培种，学名 *Vigna mungo*（L.）Hepper，又称黑绿豆，属短日性作物。

2.3.14

木豆　pigeonpea

豆科木豆属栽培种，学名 *Cajanus cajan*（L.）Millsp.，又称鸽豆、无脐豆、树豆、柳豆、黄豆树、刚果豆，属短日性作物。

2.3.15

四棱豆　winged bean

豆科四棱豆属栽培种，学名 *Psophocarpus tetragonolobus*（L.）DC.，又称翼豆、四角豆、翅豆，属短日性作物。

2.3.16

刀豆　sword bean

豆科刀豆属栽培种，学名 *Canavalia gladiata*（L.）DC.，又称剑刀豆、刀豆子、关刀豆、刀鞘刀、马刀豆，属短日性作物。

2.3.17

黎豆 mucuna

豆科黎豆属栽培种，学名 *Stizolobium* P. Br.，又称虎豆、狸豆、巴山虎豆、猫爪豆、狗爪豆，属短日性作物。

2.3.18

藊豆 hyacinth bean

豆科藊豆属栽培种，学名 *Dolichos Lablab* L.，又称藊豆、沿篱豆、蛾眉豆，属短日性作物。

2.4 **薯类**

2.4.1

马铃薯 potato

茄科茄属栽培种，学名 *Solanum tuberosum* L.，又称土豆、洋芋、山药、山药蛋、地蛋、荷兰薯、爪哇薯。根据其生态类型和种植季节的不同，可将其栽培区域分为北方一季作区、中原春、秋二季作区、南方秋冬或冬春二季作区、西南单、双季混作区。

2.4.2

甘薯 sweet potato

旋花科甘薯属栽培种，学名 *Ipomoea batatas*（L.）Lam.，又称番薯、山芋、红薯、白薯、红苕、地瓜，属短日性作物。根据其生态类型和种植季节的不同，栽培区域可分为南方秋冬薯区、南方夏秋薯区、长江流域夏薯区、黄淮流域春夏薯区、北方春薯区。

2.4.3

木薯 cassava

大戟科木薯属栽培种，学名 *Manihot esculenta* Crantz，又称木番薯、树薯，属短日性、喜高温作物。主要分布于华南地区。

2.5 **油料类**

2.5.1

油菜 rapeseed

十字花科芸苔属油用栽培种的通称，包括白菜型油菜（*Brassica campestris* L.）、芥菜型油菜（*Brassica juncea* Czern. Et Coss.）和甘蓝型油菜（*Brassica napus* L.），又称油白菜、芸苔。根据其生态类型分为冬油菜、春油菜。

2.5.2

花生 peanut

豆科花生属栽培种，学名 *Arachis hypogaea* L.，又称落花生、长生果。各地均有种植，主要分布于辽宁、山东、河北、河南、四川、湖北、广西、广东、福建等省（区）。

2.5.3

芝麻 sesame

胡麻科胡麻属栽培种，学名 *Sesamum indicum* L.，又称胡麻。根据其生育特性和耕作制度的不同，其生态环境有东北、西北、华北春芝麻区；黄淮、江汉夏芝麻区；华中、华南春、夏、秋兼播芝麻区；西南高原以夏播为主兼春、秋播芝麻区。

2.5.4

向日葵 sunflower

菊科向日葵属栽培种，学名 *Helianthus annuus* L.，又称葵花、太阳花。

2.5.5

苏子 perilla seed

唇形科紫苏属栽培种，包括白苏[*Perila frutescens*（L.）Britt.]和紫苏[*Perila frutescens*（L.）Britt. var. *crispa* Decne.（P. *ocymoides* L.）]两个种。白苏又称野苏麻、荏、薄荷、水升麻、花子；紫苏又称红苏、黑苏、苏子、野苏。主要分布于东北、河北、山西、江苏、安徽、湖北、四川、福建、云南、贵州等省（区）。

2.5.6

红花　safflower

菊科红花属栽培种，学名 *Carthamus tinctorius* L.，又称怀红花、卫红花、草红花、杜红花、准红花、红花尾子、简红花、札郎子等。红花种植广泛，根据栽培特点和气候条件，可将其种植区域划分为新甘宁区、川滇区、冀鲁豫区和江浙闽区。

2.6　其他粮食作物类

2.6.1

荞麦　buckwheat

蓼科荞麦属栽培种，包括甜荞（*Fagopyrum. esculentum* Moench）、苦荞（*Fagopyrum. Tataricum*（L.）Gaertn）。甜荞又称乔麦、乌麦、花麦、三角麦、荞子；苦荞又称鞑靼荞麦。荞麦分布广泛，甜荞种植以黄土高原为主，包括内蒙古、甘肃、宁夏、陕西北部、山西和河北北部等；苦荞种植以西南地区的云南、贵州、四川及其周边省（区）为主。

2.6.2

籽粒苋　amaranthus

苋科苋属栽培种，学名 *Amaranthus hypochondriacus* L.，又称千穗谷、西黏谷、仁青菜、玉芝麻、御谷，属粮饲兼用作物。各地均可种植，无明显的主产区。

2.6.3

藜　goosefoot

蓼科藜属栽培种，学名 *Chenopodium quinoa* D. Don.，又称杖藜、奎诺藜。古老的栽培作物之一，属粮、饲、菜兼用作物。在湖北、西藏、云南、贵州、四川等地均有种植。

中 文 索 引

L

M

N

P

Q

R

S

W

X

Y

Z

英 文 索 引

I

J

L

M

O

P

R

ICS 67.080
B 23

中华人民共和国农业行业标准

NY/T 1963—2010

马铃薯品种鉴定

Cultivar identification of potato

2010-12-23 发布　　2011-02-01 实施

中华人民共和国农业部　发布

前　言

本标准遵照 GB/T 1.1—2009 给出的规则起草。

本标准由中华人民共和国农业部种植业管理司提出并归口。

本标准起草单位:农业部脱毒马铃薯种薯质量监督检验测试中心(哈尔滨)。

本标准主要起草人:吕典秋、王绍鹏、刘尚武、邱彩玲、宿飞飞、李勇、高云飞、王文重、张抒、王亚洲、李学湛。

马铃薯品种鉴定

1 范围

本标准规定了马铃薯品种鉴定 SSR 分子标记方法。

本标准适用于马铃薯品种及种质资源鉴定。

2 规范性引用文件

下列文件对于本文件的应用是必不可少的。凡是注日期的引用文件,仅注日期的版本适用于本文件。凡是不注日期的引用文件,其最新版本(包括所有的修改单)适用于本文件。

GB/T 6682 分析实验室用水规格和试验方法

GB 7331 马铃薯种薯产地检疫规程

GB 18133 马铃薯脱毒种薯

3 试剂

DNA 的提取及 PCR 扩增所使用的实验室独立,微量移液器为分子检测专用。试验中,溴化乙锭染色剂可诱发基因突变,丙烯酰胺水溶液具有神经毒性,操作人员在操作过程中需佩戴手套和口罩。电泳后的凝胶以及被溴化乙锭污染的物品要有专用收集处,集中进行无害化处理。

以下所用试剂,除特别注明者外均为分析纯试剂,水为符合 GB/T 6682 中规定的一级水。

3.1 1 mol/L 三羟基甲基氨基甲烷—盐酸(Tris-HCl)溶液(pH 8.0)

称取 Tris 碱 121.1 g,溶解于 800 mL 水中,用浓盐酸调 pH 至 8.0,加水定容至 1 000 mL,121℃高压灭菌 20 min。

3.2 0.5 mol/L 乙二铵四乙酸二钠溶液(pH 8.0)

称取乙二铵四乙酸二钠 186.1 g,溶于 700 mL 水中,用氢氧化钠调 pH 至 8.0,加水定容至 1 000 mL。

3.3 TE 缓冲液(pH 8.0)

量取 1 mol/L 三羟基甲基氨基甲烷—盐酸(Tris-HCl)溶液(3.1)2 mL、0.5 mol/L 乙二铵四乙酸二钠溶液(3.2)0.4 mL,加水溶解,定容至 200 mL,121℃高压灭菌 20 min 后,室温保存。

3.4 5×Tris-硼酸(TBE)电泳缓冲液

称取 Tris 碱 27 g、硼酸 13.75 g,量取 0.5 mol/L 乙二铵四乙酸二钠溶液(3.2)10 mL,加灭菌双蒸水 400 mL 溶解,定容至 500 mL。

3.5 1×Tris-硼酸(TBE)电泳缓冲液

量取 5×Tris-硼酸(TBE)电泳缓冲液(3.4)200 mL,加水定容至 1 000 mL。

3.6 样品提取缓冲液

称取氯化钠 15.2 g、十二烷基磺酸钠(SDS)0.4 g、聚乙烯基吡咯烷酮(PVP)2 g、二硫苏糖醇(DTT)0.309 g,溶于 100 mL 双蒸水中,再加入 0.5 mol/L 乙二铵四乙酸二钠溶液(3.2)20 mL、1 mol/L 三羟基甲基氨基甲烷—盐酸(Tris-HCl)溶液(3.1)20 mL、Tritron X100 1 mL、β-巯基乙醇 0.8 mL,混合均匀,加水定容至 200 mL,4℃贮存待用。

3.7 Tris 饱和酚+三氯甲烷+异戊醇混合液(现用现配)

量取 Tris 饱和酚 25 mL、三氯甲烷 24 mL、异戊醇 1 mL,混合均匀待用。

3.8　30%丙烯酰胺溶液

称取丙烯酰胺 29 g、N,N′-亚甲基双丙烯酰胺 1 g,加水溶解,定容至 100 mL,过滤,4℃储存。

3.9　10%过硫酸铵溶液(现用现配)

称取 0.1 g 过硫酸铵,加水溶解,定容至 1 mL。

3.10　12%聚丙烯酰胺凝胶(双板)

量取 30%丙烯酰胺溶液(3.8)20 mL、5×Tris-硼酸(TBE)电泳缓冲液(3.5)10 mL、灭菌双蒸水 25 mL、四甲基乙二胺(TEMED)50 μL,混匀,制板前加过硫酸铵溶液(3.9)500 μL,混匀,灌胶。

3.11　溴化乙锭贮液(10 mg/mL)

称取溴化乙锭 200 mg,加水溶解,定容至 20 mL。

3.12　溴化乙锭染色液(0.5 μg/mL)

量取溴化乙锭贮液(3.11)10 μL,加水定容至 200 mL。

3.13　3 mol/L 乙酸钠溶液(pH 5.2)

称取乙酸钠·$3H_2O$ 24.6 g,加水 80 mL 溶解,用冰乙酸调 pH 至 5.2,定容至 100 mL。

3.14　100 bp DNA 分子量标准物

3.15　SSR 标记引物序列情况

见附录 A。

4　仪器

4.1　分析天平(感量 0.000 1 g)。

4.2　台式低温高速离心机(≥12 000 r/min)。

4.3　微量移液器(0.5 μL～10 μL、10 μL～100 μL、20 μL～200 μL、100 μL～1 000 μL)。

4.4　冰箱(4℃、-20℃)。

4.5　稳压稳流电泳仪、水平板电泳槽、垂直板电泳槽。

4.6　液氮罐。

4.7　紫外凝胶成像仪。

4.8　PCR 扩增仪。

4.9　紫外分光光度计。

4.10　超净工作台。

5　分析步骤

5.1　样品的采集和制备

检测材料可以取马铃薯植株的叶片(嫩叶效果好)、休眠的块茎或试管苗。叶片样品采集按照 GB 18133 和 GB 7331 中要求,随机在田间采集。叶片样品用牛皮纸包装,利用冰盒携带,4℃条件下保存。块茎和芽样品采集后,利用冰盒携带,4℃条件下保存。试管苗提取 DNA 前不开封,防止污染。样品在 4℃条件下可保存 2 周,在-20℃条件下可保存 6 个月,在-70℃条件下可长期保存。设标样,与样品采用同样方法处理。

5.2　DNA 提取

5.2.1　称取 1 g 马铃薯待检测样品置于研钵中,液氮冷冻下迅速研磨至粉末状,加入 3 mL 样品提取缓冲液(3.6)使其混合均匀,吸取混合液置于 1.5 mL 离心管中。

5.2.2　加入等体积的 Tris 饱和酚+三氯甲烷+异戊醇混合液(3.7),充分混匀,离心 3 min(12 000 r/min),吸取上清液。此过程重复一次。

5.2.3 吸取上清液(5.2.2)加入等体积的三氯甲烷,12 000 r/min 离心 3 min。

5.2.4 吸取上清液(5.2.3)加入 1/10 体积的 3 mol/L 乙酸钠(3.13),再加入 2.5 倍体积预冷的无水乙醇,低温放置 4 h。

5.2.5 10 000 r/min 离心 15 min,弃上清,用 75%的乙醇清洗沉淀后,10 000 r/min 离心 3 min,清洗过程重复 1 次~2 次。

5.2.6 弃上清,将沉淀置于通风处干燥至变成白色或透明状态。

5.2.7 用 TE 缓冲液(3.5)溶解 DNA,并将溶解液置于-20℃冰箱保存。

5.3 PCR(聚合酶链式反应)扩增反应

5.3.1 PCR 反应体系(20 μL)

10×PCR 缓冲液	2 μL
$MgCl_2$(25 mmol/L)	2.4 μL
10 mmol/L dNTPs	0.8 μL
贮存浓度的引物(3.15)	各 1 μL
Taq DNA 聚合酶(5 u/μL)	0.15 μL
模板 DNA	1 μL
灭菌双蒸水	5.65 μL

先加入灭菌双蒸水,然后按顺序加入上述成分,缓慢颠倒 PCR 管混匀,瞬时离心;对于多个样品,可先将上述成分(模板 DNA 除外)混匀,分装到 PCR 管中,再加入模板 DNA。

5.3.2 PCR 扩增程序

95℃预变性 5 min;94℃变性 30 s,57℃复性 45 s,72℃延伸 90 s,共 35 个循环;72℃延伸 10 min,4℃保存。

5.4 电泳

5.4.1 制备 12%聚丙烯酰胺凝胶

取 30%丙烯酰胺溶液(3.8)10 mL,加入 5×Tris-硼酸(TBE)电泳缓冲液 5 mL、无菌水 10 mL,再加入 10%过硫酸铵溶液(3.9)250 μL、四甲基乙二胺(TEMED)30 μL,混合均匀,立刻倒入玻璃板中,并插入梳子。玻璃板、梳子的规格均为 1.5 mm。

5.4.2 加样

电泳槽中加入 1×Tris-硼酸(TBE)电泳缓冲液(3.5),取 5 μLPCR 产物与 1 μL 载样缓冲液混合均匀,加入到点样孔中,另取 100 bp DNA 分子量标准物(Marker)(3.14)5 μL 作为对照,加入到相邻的点样孔中。

5.4.3 电泳

在 100 V 电压下预电泳 30 min,然后在 160 V 电压下电泳约 4.5 h。当指示剂二甲苯腈距玻璃板底部 1 cm 时停止电泳。

5.5 电泳结果观察

5.5.1 聚丙烯酰胺凝胶染色

将电泳后的 12%聚丙烯酰胺凝胶(5.4.3)浸入到溴化乙锭染色液(3.12)中染色 30 min,用清水洗去染色液,5 min/次,重复一次。

5.5.2 紫外灯观察

利用紫外观察灯或紫外凝胶成像仪观察 PCR 反应扩增出的 DNA 条带,并拍照以记录实验结果。

6 结果判定

6.1 结果稳定性判定

将一已知马铃薯品种多次扩增，带型稳定后将其作为稳定性参照物，并记录带型及条带数量。将待检测马铃薯品种、稳定性参照物、100 bp DNA 分子量标准物(Marker)(3.14)一同操作。当此品种扩增带型与记录带型一致，且 100 bp DNA 分子量标准物(Marker)(3.14)泳道从上到下依次出现清晰的条带时，实验成立，可以进行结果判定，否则应重新进行实验。

6.2 品种真伪鉴定

将待检测的疑似品种与真实品种、稳定性测试品种、100 bp DNA 分子量标准物(Marker)(3.14)一同操作，在一块凝胶板上电泳。实验成立时，将疑似品种与真实品种进行直接对比，如果疑似品种与真实品种的条带数量、带型一致，则判定二者为同一品种；反之，为不同品种。

附　录　A
（资料性附录）
用于马铃薯品种鉴定的 SSR 标记引物

用于马铃薯品种鉴定的 SSR 标记正向引物序列、反向引物序列、贮存浓度及终浓度见表 A.1。

表 A.1　马铃薯品种鉴定 SSR 标记引物序列

引　物	序列（5′→3′）	贮存浓度 μmol/L	终浓度 μmol/L
SSI - F	TCT CTT GAC ACG TGT CAC TGA AAC	3	0.15
SSI - R	TCA CCG ATT ACA GTA GGC AAG AGA	3	0.15
Patatin - F	CAA CCA ACA AGG TAA ATG GTA CC	6	0.3
Patatin - R	TGG TCT GGT GCA TTA GAA AAA A	6	0.3
STM0014 - F	CAG TCT TCA GCC CAT AGG	3.6	0.18
STM0014 - R	TAA ACA ATG GTA GAC AAG ACA AA	3.6	0.18
UGP - F	GAA ACT GCT GCC GGT GC	8	0.4
UGP - R	TGG GGT TCC ATC AAA C	6	0.3

附　录　B
（资料性附录）
马铃薯品种真伪检测结果判定图

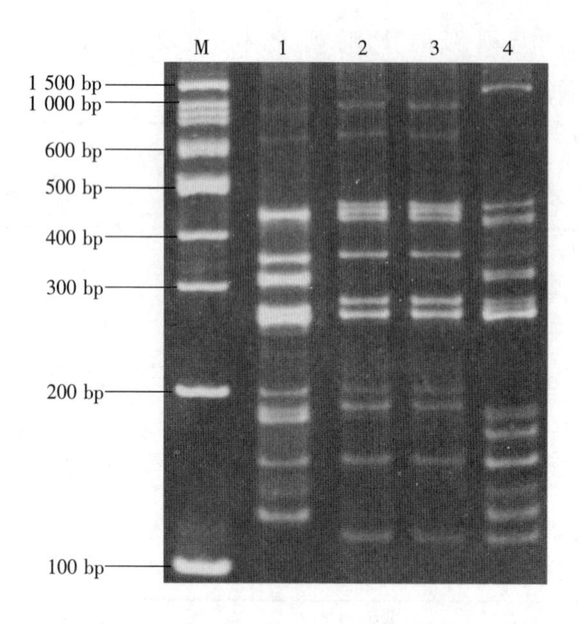

M. DL 1 500marker
1. 稳定性测试品种
2. 真实品种
3. 疑似品种Ⅰ
4. 疑似品种Ⅱ

注：稳定性测试品种是克新1号；真实品种为大西洋；疑似品种Ⅰ与真实品种条带数量、带型一致，判定为大西洋品种；疑似品种Ⅱ与真实品种条带数量、带型相异，判定不是大西洋品种。

ICS 65.040.30
B 91

中华人民共和国农业行业标准

NY/T 1966—2010

温室覆盖材料安装与验收规范 塑料薄膜

Code for acceptance of constructional quality of greenhouse glazing—Plastic film

2010-12-23 发布 2011-02-01 实施

中华人民共和国农业部 发布

前　　言

本标准依据 GB/T 1.1—2009 给出的规则起草。

本标准由农业部农业机械化管理司提出并归口。

本标准起草单位:农业部规划设计研究院。

本标准主要起草人:周长吉、张秋生、蔡峰、丁小明、齐飞。

温室覆盖材料安装与验收规范　塑料薄膜

1　范围

本标准规定了温室塑料薄膜安装前的准备、安装技术要求、验收程序与方法以及工程质量验收应提交的技术文件。

本标准适用于以塑料薄膜作为覆盖材料，以卡槽—卡簧和卡槽—压条方式固定薄膜的新建和改扩建温室。日光温室和塑料棚的塑料薄膜安装和更换可参照执行。

2　规范性引用文件

下列文件对于本文件的应用是必不可少的。凡是注日期的引用文件，仅注日期的版本适用于本文件。凡是不注日期的引用文件，其最新版本（包括所有的修改单）适用于本文件。

GB/T 23393—2009　温室园艺工程术语

NY/T 1420　温室工程质量验收通则

3　术语和定义

GB/T 23393—2009 界定的以及下列术语和定义适用于本文件。为了便于使用，以下重复列出了 GB/T 23393—2009 中的某些术语和定义。

3.1

塑料棚　plastic tunnel

以竹、木、钢材等材料作骨架（一般为拱形），以塑料薄膜为透光覆盖材料，内部无环境调控设备的单跨结构设施。

[GB/T 23393—2009，定义 3.4]

3.2

温室　greenhouse

采用透光覆盖材料作为全部或部分围护结构，具有一定环境调控设备，用于抵御不良气候条件，保证作物能正常生长发育的设施。

[GB/T 23393—2009，定义 3.8]

3.3

日光温室　solar greenhouse

由保温蓄热墙体、北向保温屋面（后屋面）和南向采光屋面（前屋面）构成，且可充分利用太阳能，夜间用保温材料对采光屋面外覆盖保温，可以进行作物越冬生产的单屋面温室。

[GB/T 23393—2009，定义 3.10]

3.4

卡槽　film fixing groove，channel

安装在温室骨架或墙体上，用于固定塑料薄膜的槽形型材。型材可以是钢、铝合金或塑料材料。

3.5

卡簧　spring wire

安装在卡槽内，用于固定塑料薄膜的波形弹性构件。

3.6

压条　channel cover

安装在卡槽压条座内,用于固定塑料薄膜的条形金属或塑料型材。

3.7

压条座　base of channel cover

安装在卡槽内,用于保护塑料薄膜、固定压条的条形金属或塑料型材。

3.8

压膜线　film fixing wire

安装在塑料薄膜外侧,用于压紧和辅助固定塑料薄膜的圆丝或扁带。

4　安装前的准备

4.1　塑料薄膜安装应在温室主体结构分项工程安装验收合格后进行。

4.2　塑料薄膜、卡槽、卡簧、压条、压膜线等产品的质量应符合设计要求,必要时可由专业检验机构进行取样检查,不符合设计要求的产品不得进入安装现场。

4.3　清除塑料薄膜接触面构件上的毛刺,保证接触面光滑、防腐层完整。

4.4　塑料薄膜按照设计要求的尺寸裁剪或焊合后,缠卷到表面无毛刺的钢管、木棒或纸管上,按不同规格分类包装并放置。缠卷塑料薄膜的钢管、木棒或纸管两端应至少各长出塑料薄膜 20 cm;薄膜焊缝应平整、连续;塑料薄膜放置处应清扫干净,防止划伤。

4.5　塑料薄膜应存放在遮阳、干燥处,不得日晒雨淋,存放地严禁烟火,存放期应不超过 6 个月。如在冬季安装塑料薄膜,宜在室温下放置 2 d～3 d 后进行。

5　安装技术要求

5.1　卡槽安装

5.1.1　沿构件长度方向布置的卡槽,一般应置于其固定构件(天沟除外)宽度的中部,除圆管等特殊情况外,卡槽边沿不宜超出其固定构件的边沿。

5.1.2　卡槽对接缝隙不应大于 2 mm,对抗风要求较高的温室宜采用缩口卡槽或卡槽连接片连接。

5.1.3　卡槽端部 2 cm 之内至少有 1 个固定点,中部每 100 cm 至少有 1 个固定点,固定点应均匀布置,并保证卡槽和骨架(构件)牢固连接。

5.1.4　在壁厚小于 2 mm 圆管上安装卡槽时,应用专用连接卡具固定,不应将卡槽直接用铆钉、自攻自钻螺钉或螺栓固定在圆管上。

5.1.5　卡槽现场截断时,应避免倾斜切口,垂直切口的垂直度偏差不宜大于 1 mm,且切口应打磨光滑。

5.1.6　一条卡膜线上卡槽须按设计连续安装,不得断续安装。

5.1.7　交叉处卡槽不应斜口对接或搭接;不得在卡槽侧壁上开槽;对接处应保持表面齐平。

5.1.8　卡槽安装应牢固、平整,不得有明显的扭曲等变形或松动。

5.1.9　设计有卡槽密封要求时,卡槽下的密封垫条应饱满、连续,卡槽与构件的固定点宜适当加密。

5.1.10　设计卡槽同时作为纵向系杆使用时,必须保证卡槽每个接头的可靠连接和卡槽与主体结构构件的牢固固定。

5.2　卡簧安装

5.2.1　卡簧两端的包塑应完整,不得将端头露尖的卡簧安装在温室上。

5.2.2　不得将一根完整的卡簧截成若干段连续使用。

5.2.3　卡簧须完全镶嵌在卡槽内,并与卡槽紧密配合。

5.2.4　卡簧连接处应至少保证两个波形段的搭接长度,且搭接段波向要相反。

5.2.5　卡簧不得在卡槽连接处中断。

5.2.6　采用双层卡簧固膜时,两层卡簧须按不同波向交叉安装,且两层卡簧不可在同一位置搭接。

5.3　压条(压条座)安装

5.3.1　安装压条(压条座)宜用专用工具。

5.3.2　压条(压条座)须完全镶嵌在卡槽内,并保持紧密配合。

5.3.3　压条(压条座)安装过程中不得损坏塑料薄膜。

5.3.4　压条(压条座)对接接缝不应大于 2 mm。

5.3.5　一条完整安装段的两端,压条(压条座)与卡槽应齐平。

5.3.6　现场切断压条(压条座)时,应保证切口平直,并剔除毛刺。

5.3.7　压条(压条座)不应在卡槽对接处对接。

5.3.8　对压条有自攻自钻螺钉、螺栓等固定要求时,按设计要求固定。

5.4　单层塑料薄膜安装

5.4.1　塑料薄膜安装应在卡槽安装验收合格并剔除卡槽表面毛刺、清除卡槽内杂质和污物后进行。

5.4.2　不得将破损或有表面污垢的塑料薄膜安装到温室上。

5.4.3　塑料薄膜安装宜选择无风、无雨和光照不很强烈的天气条件下进行,气温过高或过低时不宜作业。

5.4.4　塑料薄膜安装现场配置消防设施,严禁烟火,并设负责消防工作的安全负责人。

5.4.5　塑料薄膜安装顺序应为先侧墙(山墙),后屋面;对于墙体或屋面分段覆盖塑料薄膜时,应先下部后上部。对有卷膜开窗的墙面或屋面,安装次序应为先固定部位,后活动部位。

5.4.6　每个安装单元可以分为若干安装工段,一次完成,但不宜分为若干时段,分期安装。

5.4.7　安装过程中应有专门的支架支撑,不得将塑料薄膜在水泥地面、土地面等粗糙不平的平面上拖拽。

5.4.8　安装过程中不得在已经安装的塑料薄膜上放置工具或其他物品,不得在塑料薄膜上行走。

5.4.9　安装时应注意塑料薄膜的正反面,不得装反。

5.4.10　塑料薄膜固定边须完全安装在卡槽内,并使边沿超出卡槽 2 cm 以上,且裁剪整齐。

5.4.11　相邻两个平面内的两张塑料薄膜,用两组卡槽分别固定时,边沿连接处至少应有一张膜的边沿压入另一张膜的卡槽内;用一条卡槽两层卡簧分别固定时,应分层固定塑料薄膜,并使两层卡簧的波向相反。压膜的次序以保证顺畅排水为原则。

5.4.12　塑料薄膜安装后应保持张紧平整,不得出现明显的皱褶。

5.4.13　若由于施工不当造成薄膜孔洞或裂口时,裂口长度不得超过 5 cm 或孔洞面积不得大于 1 cm^2,且在每 300 m^2 表面内不得多于 1 处,并要用薄膜专用粘补胶带双面对接修补好,不得有漏水现象存在,否则应更换薄膜。

5.4.14　对扒缝通风的温室,扒缝处塑料薄膜应搭接,搭接尺寸以 20 cm～30 cm 为宜,且按排水方向将水流上游的薄膜安装在水流下游薄膜的外侧。

5.4.15　卷膜轴上安装的塑料薄膜,至少要在卷膜轴上缠绕两圈。卡具应按设计要求牢固固定塑料薄膜,不得将损坏或失效的卡具安装在卷膜轴上。

5.4.16　塑料薄膜全部安装完毕后,温室应留出足够的通风口,避免室内出现高温。

5.5　压膜线安装

5.5.1　固定膜上的压膜线应平行布置在支撑塑料薄膜的相邻两平行构件的中部;活动膜上的压膜线可采用与卷膜轴垂直或交叉方式布置。

5.5.2 在一条压膜线的两个固定端之间不应出现搭接接头。

5.5.3 压膜线的两个固定端应固定牢固,并留出 50 mm 以上的余量。

5.5.4 固定膜上的压膜线应压紧塑料薄膜;活动膜上的压膜线应保持一定的松紧度;一根压膜线同时固定活动膜和固定膜时,可分别固定或统一固定,但必须保证固定膜段压膜线压紧,活动膜上压膜线有一定的松紧度。

5.5.5 扁平压膜线应平整紧压在塑料薄膜上,不得出现扭拧现象。

5.6 双层充气膜安装与调试

5.6.1 双层充气膜安装

5.6.1.1 双层充气膜的安装应遵守 5.4.1~5.4.13,以及 5.4.15 的要求。

5.6.1.2 双层充气膜须用专用卡槽和卡具固定,如用卡簧固定,须用双层卡簧,且满足 5.2 的要求。

5.6.1.3 内层膜应绷紧,外层膜应松弛。充气后两层膜之间的最大距离为 50 cm。

5.6.2 充气风机及连接管安装

5.6.2.1 充气风机应牢固固定在温室内生产人员不易碰到的位置。

5.6.2.2 充气风机的供电电源须符合电气相关的规定和要求。

5.6.2.3 充气风机与塑料薄膜之间的连接管路应保证密封。

5.6.2.4 充气风机送气到塑料薄膜层间时,宜在送气口配套导流板。

5.6.2.5 充气风机的进风口宜安装在室外,并配套防雨罩。

5.6.3 系统调试

5.6.3.1 充气风机系统调试应在供电电路及控制系统调试完毕,确保安全的条件下进行。

5.6.3.2 塑料薄膜层间气压比大气压高(400±100) Pa,最大不宜超过 600 Pa。

5.6.3.3 充气风机开启 10 min 内应使双层充气膜达到充气压力。

5.6.3.4 充气风机关闭 30 min 后,双层充气膜内压力不应低于 300 Pa。

5.6.3.5 双层充气膜内的压力宜用量程在 1 kPa 的 U 形管微压计测量。

6 验收程序与方法

6.1 验收程序

6.1.1 塑料薄膜分项安装工程验收应符合 NY/T 1420 的要求。

6.1.2 塑料薄膜分项安装工程中卡槽的安装质量应按隐蔽工程的要求,在塑料薄膜安装之前先期验收,合格后再进行整体分项工程的安装与验收。

6.2 抽样方法与验收规则

6.2.1 抽样方法

6.2.1.1 卡槽、卡簧、压条(压条座)安装质量验收按照所有面上(屋面、墙面)卡槽直线段数总和为样本取样;塑料薄膜安装质量验收以所有面上完整的塑料薄膜总幅数为样本取样;压膜线安装质量验收以所有面上连续的压膜线条数总和为样本取样;充气风机安装质量验收以充气风机总数为样本取样。

注 1:卡槽直线段包括水平和竖直直线段,一个圆弧段按一条直线段计算。

注 2:连栋温室的屋面数按照完整弧面的数量计。

6.2.1.2 温室塑料薄膜安装质量验收采用随机抽样的方法,各种设备和材料的抽样数量如表 1~表 5。

6.2.2 验收规则

6.2.2.1 卡槽、卡簧、压条、压膜线以及塑料薄膜的安装质量按照表 1~表 5 所列检验项目逐条抽样检验,满足对应条款允许不合格数要求,检验项目验收合格;否则,对不合格检验项目加倍抽样,按照相应条款要求进行检验，如满足要求，改正检验处不合格项目后，该检验项目验收合格，如仍不能满足要求，则判定该检验项目验收不合格。

6.2.2.2 充气风机按照5.6.3的要求逐台进行检验，达不到正常工作的必须更换，否则，分项工程验收不合格。

6.2.2.3 所有检验项目验收合格，分项工程验收合格；对不合格检验项目，要求安装企业返工，并进行自检后重新提交验收。2次返工后，凡有允许不合格数为0的检验项目再次检验不合格，则分项工程验收不合格；其他检验项目再次检验不合格，由建设单位会同设计单位和安装企业协商解决。

7 工程质量验收应提交的技术文件

7.1 塑料薄膜、卡槽、卡簧、压条、充气风机等材料和设备的产品说明书(包括主要技术性能指标等)、执行标准、产品合格证及质量保证书等。

7.2 卡槽安装质量验收报告。

7.3 塑料薄膜分项安装工程自检报告。

7.4 塑料薄膜分项安装工程验收申请报告。

7.5 塑料薄膜分项安装工程日常维护、保养手册。

7.6 塑料薄膜分项安装工程验收后应提出分项工程验收报告。

表1 卡槽安装质量检验项目与验收规则

检验项目	抽样基数	抽样数	检验方法	允许不合格数	对应条款	备注
居中度	屋面和墙面上所有符合条件的卡槽直线段数总和	20%，最少5条	目测	2根/条	5.1.1	特殊设计除外
对接缝隙	所有屋面和墙面上卡槽直线段数总和	20%，最少5条	卡尺测量	5处/条	5.1.2	
固定点位置与间距		20%，最少5条	目测、钢尺测量	2处/条	5.1.3	
在薄壁圆管上的连接	屋面和墙面上所有符合条件的卡槽直线段数总和	20%，最少5条	目测	0处	5.1.4	
垂直切口的垂直度	所有屋面和墙面上卡槽直线段数总和	20%，最少5条	目测、钢尺测量	2处/条	5.1.5	1条直线段上截断卡槽数少于2根时，免检
安装的连续性		10%，最少5条		0处	5.1.6	
交叉点处的连接	所有面上十字、丁字、拐弯连接点总和	20%，最少5处	目测	0处	5.1.7	
安装的平整度和牢固性	所有屋面和墙面上卡槽直线段数总和	20%，最少5条	目测、手工测量	0处	5.1.8 5.1.10	
安装的密封性	屋面和墙面上所有有密封要求的卡槽直线段数总和	20%，最少2条	目测	2处/条	5.1.9	

表2 卡簧安装质量检验项目与验收规则

检验项目	抽样基数	抽样数	检验方法	允许不合格数	对应条款	备注
端头保护	所有面上的卡槽直线段数(包括水平和竖直直线段)总和	20%,最少5条	目测	0处	5.2.1	
截断使用		20%,最少5条	目测	0处	5.2.2	
与卡槽配合		20%,最少5条	目测	0处	5.2.3,5.2.5	
卡簧连接		20%,最少5条	目测	5处/条	5.2.4	
双层卡簧波向	所有面上安装双层卡簧的卡槽直线段数总和	20%,最少5条	目测	5处/条	5.2.6	
双层卡簧搭接		20%,最少5条	目测	0处	5.2.6	

表3 压条(压条座)检验项目与验收规则

检验项目	抽样基数	抽样数	检验方法	允许不合格数	对应条款	备注
与卡槽配合	所有面上安装压条(压条座)的卡槽直线段数总和	20%,最少5条	目测	0处	5.3.2	
对塑料薄膜的损伤		20%,最少5条	目测	0处	5.3.3	
对接接缝		20%,最少5条	钢尺测量	5处/条	5.3.4	
端头与卡槽齐平度		20%,最少5条	目测	1处/条	5.3.5	
对接位置		20%,最少5条	目测	0处	5.3.7	

表4 单层塑料薄膜安装质量检验项目与验收规则

检验项目	抽样基数	抽样数	检验方法	允许不合格数	对应条款	备注
正反面	所有面上完整的塑料薄膜总幅数	20%,最少5幅	目测	0处	5.4.9	
边沿固定		20%,最少5幅	目测、钢尺测量	0处	5.4.10	
相邻两个平面上的边沿搭接	所有棱脊上固定薄膜的总幅数	20%,最少5幅	目测	1幅/棱	5.4.11	
薄膜平整度	所有面上完整的塑料薄膜总幅数	20%,最少5幅	目测	1幅/面	5.4.12	
薄膜裂口或孔洞		全部	目测、钢尺测量	0处	5.4.13	
扒缝口处塑料薄膜搭接	所有扒缝口数	全部	目测、钢尺测量	1幅/口	5.4.14	
与卷膜轴的固定	所有卷膜轴处	20%,最少2根卷膜轴	目测	0处	5.4.15	

表5 压膜线安装质量检验项目与验收规则

检验项目	抽样基数	抽样数	检验方法	允许不合格数	对应条款	备　注
安装位置	所有面上平行布置压膜线条数总和	20%,最少10条	目测、钢尺测量	1条/10条	5.5.1	
中间接头	所有面上连续的压膜线条数总和	20%,最少10条	目　测	0条	5.5.2	
端部固定		20%,最少10条	目测、钢尺测量	1条/10条	5.5.3	
松紧度		20%,最少10条	目测、手工测量	1条/10条	5.5.4	
平整度		20%,最少10条	目　测	1条/10条	5.5.5	

ICS 65.040.30
B 91

中华人民共和国农业行业标准

NY/T 1967—2010

纸质湿帘性能测试方法

Test method for properties of wet pad made of paper

2010-12-23 发布　　2011-02-01 实施

中华人民共和国农业部 发布

前　言

本标准遵照 GB/T 1.1—2009 给出的规则起草。

本标准由农业部农业机械化管理司提出并归口。

本标准起草单位：农业部规划设计研究院、江阴市顺成空气处理设备有限公司。

本标准主要起草人：王莉、张耀顺、周长吉、丁小明、张月红、吴政文。

纸质湿帘性能测试方法

1 范围

本标准规定了纸质湿帘的性能参数及其测试方法。
本标准适用于纸质湿帘的性能测试。

2 规范性引用文件

下列文件对于本文件的应用是必不可少的。凡是注日期的引用文件，仅注日期的版本适用于本文件。凡是不注日期的引用文件，其最新版本(包括所有的修改单)适用于本文件。

GB/T 16491 电子式万能试验机

GB/T 23393—2009 设施园艺工程术语

QX/T 84—2007 气象低速风洞性能测试规范

3 术语和定义

下列术语和定义适用于本文件。

3.1

湿帘 wet pad;cooling pad

由良好吸水和耐水性材料制成，允许气流和水流交叉通过，用于蒸发降温的成型材料。

[GB/T 23393—2009,定义 8.1]

3.2

纸质湿帘 wet pad made of paper

由多片波纹纸交错叠放粘合制成的湿帘(以下简称湿帘)。

3.3

自然干燥状态 natural dried condition

湿帘在空气温度 20℃～35℃、相对湿度 80%以下放置 6 h 后的状态。

3.4

试验干燥状态 test dried condition

湿帘在标准试验环境条件温度(23±2)℃、相对湿度(50±5)%下放置 24 h 后的状态。

3.5

自然淋湿状态 spraying wet condition

在湿帘顶部均匀施水，依靠重力自然下流，使湿帘完全浸湿的状态。

3.6

饱和浸湿状态 saturation wet condition

湿帘完全浸泡在水中 4 h，取出沥水到无滴水的状态。

3.7

强化浸湿状态 boiled wet condition

湿帘在沸水中煮 2 h，取出沥水到无滴水的状态。

3.8

波纹高度 flute height

湿帘单片波纹纸的波峰与波谷外表面之间的垂直距离。

3.9

波纹角　flute angle

湿帘处于工作位置时，波纹纸的波棱方向相对于水平面的夹角。

3.10

吸水率　water absorptivity

湿帘在饱和浸湿状态下的质量相对于在试验干燥状态下质量的变化率。

3.11

宽度(高度、厚度)湿涨率　elongation in wet along width(height or depth)

湿帘在饱和浸湿状态下的宽度(高度、厚度)相对于试验干燥状态下宽度(高度、厚度)的变化率。

3.12

抗压强度　compressive strength

湿帘在高度方向承受压力时的屈服应力。

3.13

剥离强度　peel strength

湿帘波纹纸之间各胶粘点分离所需要载荷的平均值。

3.14

过帘风速　velocity across pad

通过湿帘的气流速度，通常用离开湿帘规定距离测得的气流速度表示。

[GB/T 23393—2009，定义 8.4]

3.15

湿帘换热效率　wet pad saturation efficiency

在一定过帘风速下，空气通过湿帘前后干球温度的差值与空气通过湿帘前干球温度与湿球温度的差值的比值。

[GB/T 23393—2009，定义 8.5]

3.16

湿帘通风阻力　wet pad resistance to air flow

在一定过帘风速下，湿帘进风侧与出风侧空气的静压差。

3.17

流速均匀性　uniformity of velocity

风洞试验段内同一横截面上气流速度分布的均匀程度，用该截面上各点气流速度的相对标准偏差表示。

[QX/T 84—2007，定义 2.3]

3.18

流速稳定性　stability of velocity

风洞试验段内气流速度随时间脉动的程度，用规定时间间隔内气流速度相对于气流平均速度变化量的最大值与平均速度之比表示。

[QX/T 84—2007，定义 2.4]

4　性能参数计算

4.1　性能参数一览表

纸质湿帘的性能参数见表 1。

表 1 纸质湿帘的性能参数

性 能	参数名称	参数符号	单 位
结构特性	宽度	W	mm
	高度	H	mm
	厚度	D	mm
	波纹高度	h_f	mm
	波纹角	α、β	(°)
吸水特性	吸水率	C	%
	宽度湿涨率	λ_W	%
	高度湿涨率	λ_H	%
	厚度湿涨率	λ_D	%
力学特性	干态抗压强度	σ_{yd}	N/mm²
	湿态抗压强度	σ_{yw}	N/mm²
	干态剥离强度	f_{Td}	N/胶粘点
	湿态剥离强度	f_{Tw}	N/胶粘点
	强化湿态剥离强度	f_{Td}	N/胶粘点
热工及风阻特性	换热效率	η	%
	通风阻力	Δp	Pa

4.2 结构特性

4.2.1 外形尺寸

湿帘外形尺寸用湿帘工作位置时的宽度 W、高度 H 和厚度 D 表示。宽度指与气流通过方向垂直的水平方向的尺寸；高度指与气流通过方向垂直的竖直方向的尺寸；厚度指气流通过方向的尺寸。见图 1。

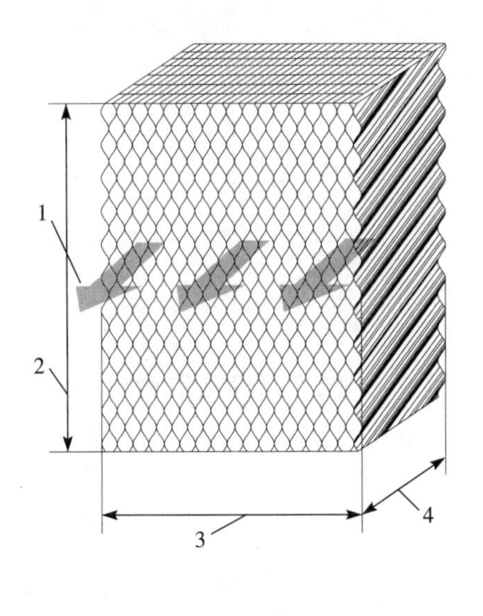

1——气流通过方向；
2——高度；
3——宽度；
4——厚度。

图 1 湿帘外形尺寸

4.2.2 波纹高度

波纹高度按式(1)计算：

$$h_f=\frac{W_s}{N_s} \quad \cdots\cdots (1)$$

式中：

h_f——波纹高度，单位为毫米(mm)；

W_s——试样宽度，单位为毫米(mm)；

N_s——试样波纹纸层数。

4.2.3 **波纹角**

波纹角按式(2)和式(3)计算,见图 2:

$$\alpha = \arctan \frac{H_{d\alpha}}{D_s} \cdots\cdots (2)$$

$$\beta = \arctan \frac{H_{d\beta}}{D_s} \cdots\cdots (3)$$

式中:

α、β——波纹角,单位为度(°);

$H_{d\alpha}$、$H_{d\beta}$——单条波纹棱线在两端面的高度差,单位为毫米(mm);

D_s——试样厚度,单位为毫米(mm)。

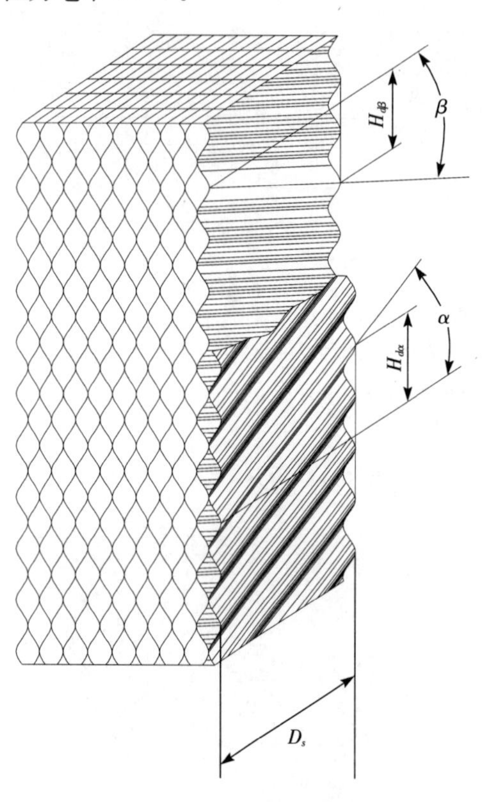

图 2 湿帘波纹角

4.3 **吸水特性**

4.3.1 **吸水率**

湿帘吸水率按式(4)计算:

$$c = \frac{m_w - m_d}{m_d} \times 100 \cdots\cdots (4)$$

式中:

c——吸水率,单位为百分率(%);

m_w——饱和浸湿状态下湿帘的质量,单位为克(g);

m_d——试验干燥状态下湿帘的质量,单位为克(g)。

4.3.2 **湿涨率**

4.3.2.1 湿帘宽度湿涨率按式(5)计算:

$$\lambda_W = \frac{W_w - W_d}{W_d} \times 100 \cdots\cdots (5)$$

式中：

λ_W——湿帘宽度湿涨率，单位为百分率(%)；

W_w——饱和浸湿状态下湿帘的宽度，单位为毫米(mm)；

W_d——试验干燥状态下湿帘的宽度，单位为毫米(mm)。

4.3.2.2 湿帘高度湿涨率按式(6)计算：

$$\lambda_H=\frac{H_w-H_d}{H_d}\times 100 \qquad (6)$$

式中：

λ_H——湿帘高度湿涨率，单位为百分率(%)；

H_w——饱和浸湿状态下湿帘的高度，单位为毫米(mm)；

H_d——试验干燥状态下湿帘的高度，单位为毫米(mm)。

4.3.2.3 湿帘厚度湿涨率按式(7)计算：

$$\lambda_D=\frac{D_w-D_d}{D_d}\times 100 \qquad (7)$$

式中：

λ_D——湿帘厚度湿涨率，单位为百分率(%)；

D_w——饱和浸湿状态下湿帘的厚度，单位为毫米(mm)；

D_d——试验干燥状态下湿帘的厚度，单位为毫米(mm)。

4.4 力学特性

4.4.1 抗压强度

4.4.1.1 抗压强度以湿帘高度方向受压时，随位移量增加而出现的第一个应力高峰值表示，如图3中所示的 F_y 对应的应力。

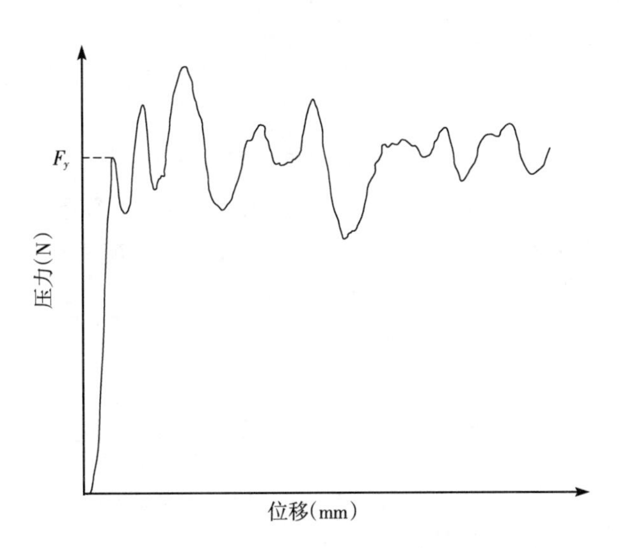

图3 压力试验时压力与位移的关系

4.4.1.2 抗压强度按式(8)计算：

$$\sigma_y=\frac{F_y}{W_s\times D_s} \qquad (8)$$

式中：

σ_y——抗压强度，单位为牛每平方毫米(N/mm²)；

F_y——试样受压时，随位移量增加而出现的第一个压力高峰值，单位为牛(N)；

W_s——试样宽度，单位为毫米(mm)；

D_s——试样厚度，单位为毫米(mm)。

4.4.1.3 抗压强度分为干态抗压强度 σ_{yd} 和湿态抗压强度 σ_{yw}。干态抗压强度指试样在试验干燥状态下测量的抗压强度，湿态抗压强度指试样在饱和浸湿状态下测量的抗压强度。

4.4.2 **剥离强度**

4.4.2.1 剥离强度以夹紧试样相邻两层波纹纸端部沿垂直于胶粘点波纹棱线方向施加拉力，随位移量增加剥离每排胶粘点时出现的最大拉力的和与试样总胶粘点数的比值，见图4。

4.4.2.2 剥离强度按式(9)计算：

$$f_T = \frac{F_{T1} + F_{T2} + F_{T3} + \cdots + F_{TN}}{N_T} \quad \cdots\cdots (9)$$

式中：

f_T——剥离强度，单位为牛每胶粘点(N/胶粘点)；

F_{T1}、F_{T2}…F_{TN}——第1排至第N排的剥离力，单位为牛(N)；

N_T——试样的总胶粘点数。

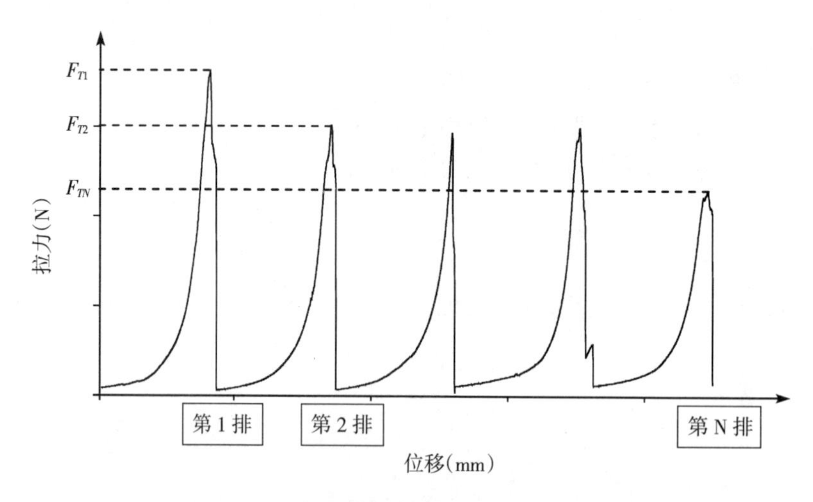

图4 剥离试验时拉力与位移的关系

4.4.2.3 剥离强度分为干态剥离强度 f_{Td}、湿态剥离强度 f_{Tw} 和强化湿态剥离强度 f_{Tb}。干态剥离强度指试样在试验干燥状态下测量的剥离强度；湿态剥离强度指试样在饱和浸湿状态下测量的剥离强度；强化湿态剥离强度指试样在强化浸湿状态下测量的剥离强度。

4.5 **热工及风阻特性**

4.5.1 **热工及风阻特性的描述**

热工特性用换热效率—过帘风速特性曲线描述，风阻特性用通风阻力—过帘风速特性曲线描述。

4.5.2 **过帘风速**

4.5.2.1 过帘风速以湿帘下游平均气流速度计量。

4.5.2.2 过帘风速按式(10)计算：

$$v = v_0 \times \frac{A_o}{A_{pd}} \quad \cdots\cdots (10)$$

式中：

v——过帘风速，单位为米每秒(m/s)；

v_0——测量截面平均风速，单位为米每秒(m/s)；

A_o——气流速度测量截面的面积，单位为平方米(m^2)；

A_{pd}——被测湿帘的过流面积，单位为平方米(m^2)。

4.5.3 湿帘换热效率

湿帘换热效率按式(11)计算：

$$\eta = \frac{t_o - t_i}{t_o - t_w} \times 100 \quad \cdots\cdots (11)$$

式中：

η——湿帘换热效率，单位为百分率(%)；

t_o——通过湿帘前的空气干球温度，单位为摄氏度(℃)；

t_i——通过湿帘后的空气干球温度，单位为摄氏度(℃)；

t_w——通过湿帘前的空气湿球温度，单位为摄氏度(℃)。

4.5.4 湿帘通风阻力

湿帘通风阻力按式(12)计算：

$$\Delta p = p_1 - p_2 \quad \cdots\cdots (12)$$

式中：

Δp——湿帘通风阻力，单位为帕(Pa)；

p_1——通过湿帘前空气的静压，单位为帕(Pa)；

p_2——通过湿帘后空气的静压，单位为帕(Pa)。

5 测试方法

5.1 结构特性和吸水特性

5.1.1 试样状态

5.1.1.1 湿帘外形尺寸、波纹高度和波纹角度的测量可在自然干燥状态和试验干燥状态下进行。

5.1.1.2 湿帘吸水率和湿涨率测量用湿帘试样应为试验干燥状态的试样。

5.1.2 试验设备和仪器

5.1.2.1 金属直尺：分度值应达到 0.5 mm，最大允许误差应不超过±0.15 mm。

5.1.2.2 直角尺：分度值应达到 0.5 mm，最大允许误差应不超过±0.15 mm。

5.1.2.3 卡尺：分度值/分辨力应达到 0.02 mm，最大允许误差应不超过±0.05 mm。

5.1.2.4 电子秤：分度值/分辨力应达到 1 g，最大允许误差应不超过±1 g。

5.1.3 方法

5.1.3.1 试样的宽度、高度和厚度

试样的宽度、高度和厚度应与湿帘的宽度、高度和厚度方向一致。

5.1.3.2 波纹高度 h_f

5.1.3.2.1 取样：湿帘宽度方向不少于 10 层，高度 200 mm，厚度 100 mm 或湿帘自然厚度。制样时，尽量避免试样在宽度方向受力。

5.1.3.2.2 放置：以湿帘宽度方向垂直于水平面，放置于平台上。

5.1.3.2.3 将直角尺基座靠放在平台上，沿湿帘高度方向间隔不少于 50 mm 选取测量位置，用直角尺刻度边读出湿帘外侧波纹纸波峰之间的距离，测点数不少于 3 点，记为 W_{s1}、W_{s2}…W_{sn}，见图 5。

5.1.3.2.4 记录试样的波纹纸层数 N_s。

5.1.3.2.5 按式(13)计算波纹高度：

$$h_f = \frac{W_{s1} + W_{s2} + \cdots + W_{sn}}{n_h \times N_s} \quad \cdots\cdots (13)$$

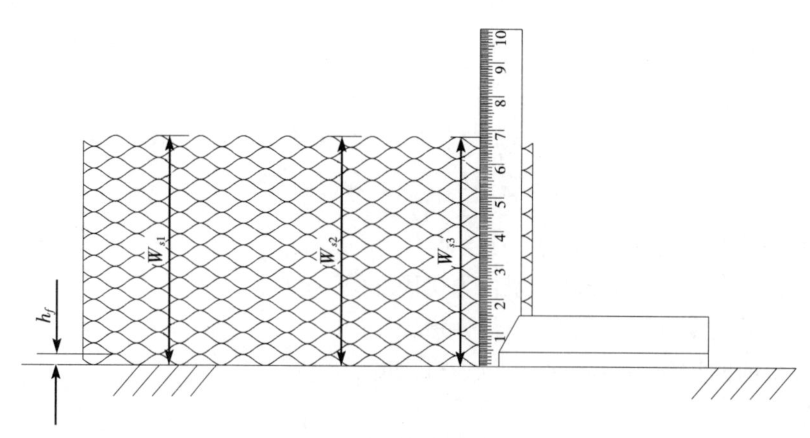

图5　波纹高度测量

式中：

h_f——波纹高度，单位为毫米(mm)；

W_{s1}、W_{s2}…W_{sn}——各测点试样宽度，单位为毫米(mm)；

n_h——测点数；

N_s——试样波纹纸层数。

5.1.3.3　**波纹角 α、β**

5.1.3.3.1　取样：宽度方向不少于20层，厚度100 mm或湿帘自然厚度，高度大于厚度的5倍。

5.1.3.3.2　放置：如图2所示方向，将试样放置于平台上，使通风端面和波纹纸平面(单层波纹纸的同侧波纹棱线所在的平面)与平台垂直。

5.1.3.3.3　相邻两层波纹纸的波纹角 α 和 β 分别进行测量和计算。

5.1.3.3.4　在波纹纸平面内测量单条波纹棱线的水平面投影长度(即试样厚度 D_s)和单条波纹棱线在两端面的高度差 $H_{d\alpha}$ 和 $H_{d\beta}$，测量位置应均匀分布，不少于3处。各测点波纹角按式(2)和式(3)计算。

5.1.3.3.5　按式(14)和式(15)计算波纹角平均值：

$$\bar{\alpha}=\frac{\alpha_1+\alpha_2+\cdots+\alpha_{n\alpha}}{n_\alpha} \quad (14)$$

$$\bar{\beta}=\frac{\beta_1+\beta_2+\cdots+\beta_{n\beta}}{n_\beta} \quad (15)$$

式中：

$\bar{\alpha}$、$\bar{\beta}$——波纹角平均值，单位为度(°)；

α_1、α_2…$\alpha_{n\alpha}$和β_1、β_2…$\beta_{n\alpha}$——各测点波纹角，单位为度(°)；

n_α、n_β——分别为 α 角和 β 角测点个数。

5.1.3.4　**吸水率 c**

5.1.3.4.1　取样：宽度方向不少于10层，高度200 mm，厚度200 mm或湿帘自然厚度，数量3个。

5.1.3.4.2　处理试样达到试验干燥状态后，称量其质量，记为 m_d。

5.1.3.4.3　处理试样达到饱和浸湿状态后，称量其质量，记为 m_w。

5.1.3.4.4　按式(4)计算单个试样的吸水率 c_1、c_2 和 c_3。

5.1.3.4.5　按式(16)计算吸水率平均值：

$$\bar{c}=\frac{c_1+c_2+c_3}{3} \quad (16)$$

式中：

$\bar{c}$——吸水率平均值，单位为百分率(%)；

c_1、c_2 和 c_3——各试样的吸水率，单位为百分率(%)。

5.1.3.5 **湿涨率 λ**

5.1.3.5.1 取样:同 5.1.3.4.1。

5.1.3.5.2 处理试样达到试验干燥状态后,测量其宽度、高度和厚度,分别记为 W_d、H_d 和 D_d。

5.1.3.5.3 处理试样达到饱和浸湿状态后,测量其宽度、高度和厚度,分别记为 W_w、H_w 和 D_w。

5.1.3.5.4 分别按式(5)、式(6)和式(7)计算单个试样的宽度湿涨率、高度湿涨率和厚度湿涨率,记为 λ_W、λ_H 和 λ_D。

5.1.3.5.5 按式(17)、式(18)和式(19)计算平均值:

$$\overline{\lambda_W} = \frac{\lambda_{W1} + \lambda_{W2} + \lambda_{W3}}{3} \quad \cdots\cdots (17)$$

$$\overline{\lambda_H} = \frac{\lambda_{H1} + \lambda_{H2} + \lambda_{H3}}{3} \quad \cdots\cdots (18)$$

$$\overline{\lambda_D} = \frac{\lambda_{D1} + \lambda_{D2} + \lambda_{D3}}{3} \quad \cdots\cdots (19)$$

式中:

$\overline{\lambda_W}$、$\overline{\lambda_H}$和$\overline{\lambda_D}$——分别为宽度湿涨率平均值、高度湿涨率平均值和厚度湿涨率平均值,单位为百分率(%);

λ_{W1}、λ_{W2}和 λ_{W3}——各试样宽度湿涨率,单位为百分率(%);

λ_{H1}、λ_{H2}和 λ_{H3}——各试样高度湿涨率,单位为百分率(%);

λ_{D1}、λ_{D2}和 λ_{D3}——各试样厚度湿涨率,单位为百分率(%)。

5.2 力学特性

5.2.1 试样状态

5.2.1.1 进行干态抗压强度和干态剥离强度试验的试样应达到试验干燥状态。

5.2.1.2 进行湿态抗压强度和湿态剥离强度试验的试样应达到饱和浸湿状态。

5.2.1.3 进行强化湿态剥离强度试验的试样应达到强化浸湿状态。

5.2.2 试验设备和仪器

5.2.2.1 试验机应满足 GB/T 16491 中 1 级的技术要求。

5.2.2.2 抗压强度用试验装置中的压板应大于与试样接触的尺寸。试验机应有浸湿状态试验时的防水保护措施。

5.2.2.3 剥离试验用夹持头宽度应大于试样宽度。

5.2.3 方法

5.2.3.1 **抗压强度 σ_y**

5.2.3.1.1 取样:宽度可为 10 层、15 层或 20 层,厚度为湿帘自然厚度或与宽度相等,高度 200 mm,数量 3 个。

5.2.3.1.2 测量并记录试样宽度、厚度和波纹纸层数。

5.2.3.1.3 在试样高度方向施加预紧力(5±2) N。

5.2.3.1.4 以 50 mm/min 的移动速度压缩试样,压缩量应不少于 60 mm。

5.2.3.1.5 力随位移变化的数据采集间隔应不大于 0.1 mm。

5.2.3.1.6 记录位移量增加而第一次出现载荷不增加时的力值 F_y。

5.2.3.1.7 按式(8)计算每个试样的抗压强度 σ_{y1}、σ_{y2}和 σ_{y3}。

5.2.3.1.8 按式(20)计算抗压强度的平均值:

$$\overline{\sigma_y} = \frac{\sigma_{y1} + \sigma_{y2} + \sigma_{y3}}{3} \quad \cdots\cdots (20)$$

式中：

$\overline{\sigma_y}$——抗压强度的平均值，单位为牛每平方毫米（N/mm^2）；

σ_{y1}、σ_{y2}和σ_{y3}——各试样抗压强度，单位为牛每平方毫米（N/mm^2）。

5.2.3.2 **剥离强度 f_T**

5.2.3.2.1 取样：参见图6，在湿帘高度和厚度方向形成的平面内截取矩形试样，试样长度方向为剥离方向，宽度方向与其中一层波纹纸的波纹方向平行，通过手工剥离的方法使试样保证有完整的两层波纹纸。试样宽度 b_{bl} 应保证平行于波纹棱线的方向，每排胶粘点数应相同并不少于3点，多余胶粘点应手工剥开。试样长度 l_{bl} 应保证减去夹持区长度 l_0 后的剩余长度内不少于5排胶粘点。夹持区长度 l_0 不小于15 mm，试样数3个。

5.2.3.2.2 手工将夹持区的胶粘点剥开，将两层波纹纸分别放入试验机的上下夹持头夹紧。

5.2.3.2.3 以50 mm/min的移动速度拉试样至全部拉开。

5.2.3.2.4 力随位移变化的数据采集间隔应不大于0.1 mm。

5.2.3.2.5 记录不少于2次出现的拉力峰值，F_{T1}、F_{T2}、…、F_{TN}。

5.2.3.2.6 按式(9)计算各试样剥离强度 f_{T1}、f_{T2}、f_{T3}。

5.2.3.2.7 按式(21)计算剥离强度的平均值：

$$\overline{f_T} = \frac{f_{T1} + f_{T2} + f_{T3}}{3} \quad \cdots\cdots (21)$$

式中：

$\overline{f_T}$——剥离强度的平均值，单位为牛每胶粘点（N/胶粘点）；

f_{T1}、f_{T2}和f_{T3}——各试样的剥离强度，单位为牛每胶粘点（N/胶粘点）。

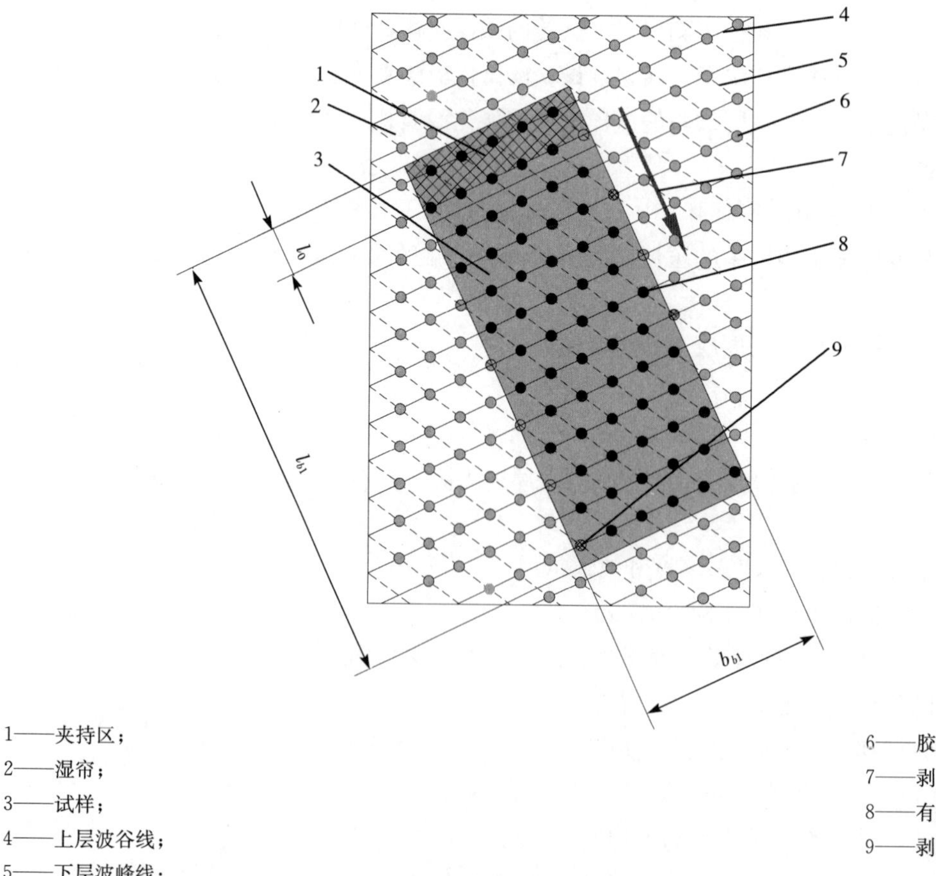

1——夹持区；
2——湿帘；
3——试样；
4——上层波谷线；
5——下层波峰线；
6——胶粘点；
7——剥离方向；
8——有效胶粘点；
9——剥开胶粘点。

图6 剥离试验取样

5.3 热工及风阻特性

5.3.1 基本要求

热工及风阻特性试验应在风洞中进行。

5.3.2 风洞技术要求

5.3.2.1 风洞应采用直流式结构。

5.3.2.2 安放风洞的空间应保证在风洞进风口和出风口周围不存在大于1 m/s的气流。

5.3.2.3 风洞试验段应包括湿帘安装试验段和过帘风速测试段两部分，试验段的流速均匀性应不大于1%，流速稳定性应不大于0.5%。

5.3.2.4 湿帘安装试验段的湿帘出风侧洞体材料的传热系数应不大于2 W/(m^2·℃)。

5.3.2.5 风洞湿帘安装试验段横截面的宽度和高度尺寸分别应不小于0.5 m，并且不小于待测湿帘厚度的4倍，试验段长度应不小于横截面水力直径的2.5倍。

5.3.2.6 湿帘装置应设置在湿帘安装试验段的中部，风洞应保证湿帘前后及通过湿帘的气流稳定，气流速度调节范围至少应满足过帘风速0.5 m/s～3.0 m/s，过帘风速大于3.0 m/s时应考虑湿帘出风侧可能有水滴产生，结构上应考虑排水。

5.3.2.7 湿帘装置应采用上淋水结构，供水系统应确保向湿帘连续供水，供水流量应不小于每平方米顶层面积90 L/min，配水装置应使水均匀到达湿帘顶层。供水系统管路应设置流量测试仪器，最大允许误差应不超过±2%测量值。

5.3.2.8 过帘风速测试段应位于湿帘出风侧，可与湿帘安装试验段为同截面风管，也可与湿帘安装试验段不同截面风管。与湿帘安装试验段同截面风管时，湿帘出风侧试验段可作为过帘风速测试段的一部分，其长度应不小于横截面水力直径；与湿帘安装试验段不同截面风管时，过帘风速测试段长度应不小于横截面水力直径的5倍。

5.3.2.9 风洞驱动系统应在给定转速下能稳定工作，使满足过帘风速范围要求内的风速连续可调。

5.3.3 测试仪器及传感器

5.3.3.1 温度测量

5.3.3.1.1 干、湿球温度测量用传感器测量范围应满足0℃～50℃温度区间的测量，分辨力应不低于0.1℃，最大允许误差应不超过±0.2℃。湿球温度测量采用温度传感器测温包缠绕棉纱虹吸管浸水的方法。

5.3.3.1.2 湿帘出风侧干球温度测量截面与湿帘的距离应在300 mm～500 mm的范围。

5.3.3.1.3 湿帘进风侧干球和湿球温度测量截面可位于进风口整流段的出风侧，也可位于进风口整流段的进风侧。

5.3.3.2 静压测量

5.3.3.2.1 静压测量用压力传感器最大允许误差应不超过±1 Pa。

5.3.3.2.2 静压测量截面与湿帘的距离应在100 mm～300 mm的范围。

5.3.3.3 气流速度

5.3.3.3.1 气流速度测量用传感器应满足测量截面试验风速的测量范围，最大允许误差应不超过±5%测量值。

5.3.3.3.2 气流速度测量截面离开湿帘的距离应不小于湿帘过流面水力直径的2倍，设置与湿帘安装试验段不同截面的过帘风速测试段时，气流速度测量截面应位于过帘风速测试段的中部。

5.3.4 试验步骤

5.3.4.1 启动湿帘供水系统，供水流量调整到每平方米顶层面积(60±5) L/min。

5.3.4.2 开启风机，运行时间不少于 30 min。

5.3.4.3 调整风机转速，改变过帘风速，设定试验工况点。记录湿帘进风侧干湿球温度、湿帘出风侧干球温度、湿帘前后静压差和气流速度。相同工况测量，连续记录不少于 3 次，两次间隔时间 5 min～15 min。按式(10)、式(11)和式(12)计算各工况点的过帘风速 v_1、$v_2\cdots v_n$，湿帘换热效率 η_1、η_2、…、η_n 和湿帘通风阻力 Δp_1、$\Delta p_2\cdots\Delta p_n$。按式(22)、式(23)和式(24)计算各工况点过帘风速、湿帘换热效率和湿帘通风阻力的平均值：

$$\bar{v}=\frac{v_1+v_2+\cdots+v_n}{n} \quad\cdots\cdots(22)$$

$$\bar{\eta}=\frac{\eta_1+\eta_2+\cdots+\eta_n}{n} \quad\cdots\cdots(23)$$

$$\overline{\Delta p}=\frac{\Delta p_1+\Delta p_2+\cdots+\Delta p_n}{n} \quad\cdots\cdots(24)$$

式中：

$\bar{v}$——某工况点过帘风速平均值，单位为米每秒(m/s)；

$\bar{\eta}$——某工况点湿帘换热效率平均值，单位为百分率(%)；

$\overline{\Delta p}$——某工况点湿帘通风阻力平均值，单位为帕(Pa)；

n——某工况点试验次数。

5.3.4.4 在不同过帘风速下测量湿帘换热效率和湿帘通风阻力，绘制湿帘换热效率 η 和湿帘通风阻力 Δp 随过帘风速 v 的变化曲线，即 η—v 曲线和 Δp—v 曲线。测量工况点应不少于 5 点。

ICS 65.020.20
B 31

中华人民共和国农业行业标准

NY 5359—2010

无公害食品　香辛料产地环境条件

2010-09-21 发布　　2010-12-01 实施

中华人民共和国农业部　发布

前　言

本标准遵照 GB/T 1.1—2009 给出的规则起草。

本标准由中华人民共和国农业部农产品质量安全监管局提出。

本标准由农业部农产品质量安全中心归口。

本标准起草单位：农业部食品质量监督检验测试中心(成都)。

本标准主要起草人：雷绍荣、杨定清、周娅。

无公害食品　香辛料产地环境条件

1　范围

本标准规定了无公害食品香辛料产地环境条件要求、采样与试验方法和判定原则。

本标准适用于无公害食品胡椒、花椒、八角等香辛料产地。

2　规范性引用文件

下列文件对于本文件的应用是必不可少的。凡是注日期的引用文件，仅注日期的版本适用于本文件。凡是不注日期的引用文件，其最新版本(包括所有的修改单)适用于本文件。

GB/T 6920　水质　pH 值的测定　玻璃电极法

GB/T 7467　水质　六价铬的测定　二苯碳酰二肼分光光度法

GB/T 7475　水质　铜、锌、铅、镉的测定　原子吸收分光光度法

GB/T 7484　水质　氟化物的测定　离子选择电极法

GB/T 7486　水质　氰化物的测定　第一部分　总氰化物的测定

GB/T 11914　水质　化学需氧量的测定　重铬酸盐法

GB/T 15262　环境空气　二氧化硫的测定　甲醛吸收—副玫瑰苯胺分光光度法

GB/T 15432　环境空气　总悬浮颗粒物的测定　重量法

GB/T 15433　环境空气　氟化物的测定　石灰滤纸·氟离子选择电极法

GB/T 15434　环境空气　氟化物的测定　滤膜·氟离子选择电极法

GB/T 15435　环境空气　二氧化氮的测定　Saltzman 法

GB/T 16488　水质　石油类的测定　红外光度法

GB/T 17137　土壤质量　总铬的测定　火焰原子吸收分光光度法

GB/T 17138　土壤质量　铜、锌的测定　火焰原子吸收分光光度法

GB/T 17139　土壤质量　镍的测定　火焰原子吸收分光光度法

GB/T 17141　土壤质量　铅、镉的测定　石墨炉原子吸收分光光度法

GB/T 22105.1　土壤质量总汞、总砷、总铅的测定　原子荧光法　第 1 部分:土壤中总汞的测定

GB/T 22105.2　土壤质量总汞、总砷、总铅的测定　原子荧光法　第 2 部分:土壤中总砷的测定

NY/T 395　农田土壤环境质量监测技术规范

NY/T 396　农用水源环境质量监测技术规范

NY/T 397　农区环境空气质量监测技术规范

NY/T 1121.2　土壤质量 pH 的测定　玻璃电极法

SL 327.1～4　水质　砷、汞、硒、铅的测定　原子荧光光度法

3　要求

3.1　产地环境选择

无公害食品香辛料产地应选择在生态条件良好，远离污染源，能适宜某品种香辛料生长并具有可持续生产能力的农业生产区域。

3.2　产地环境保护

不得在香辛料生产基地填埋城市垃圾及各种有害废弃物。若生产过程中必须施用肥料，其有毒有害物质应符合国家相关标准、推广测土配方施肥措施，避免肥料浪费并污染环境。在无公害香辛料产地

设置相应的标识牌，包括面积、范围、防污染警示等。

医药、生物制品、化学试剂、农药、石化、焦化和有机化工等行业的废水（包括处理后的废水），未经处理或处理不合格的生活废水或畜禽养殖废水不应作为无公害食品香辛料产地的灌溉水。

3.3 环境空气质量

产地周围 5 km，主导方向 20 km 以内没有工矿企业污染源的区域可免测空气。其他区域空气质量应符合表 1 的规定。

表 1　环境空气质量要求

环境空气质量基本控制项目		浓度限值	
		日平均	1h 平均
二氧化硫 SO_2（标准状态），mg/m^3		≤0.15	≤0.50
氟化物 F（标准状态）	滤膜法，$\mu g/m^3$	≤7	≤20
	石灰滤纸法，$\mu g/(dm^2 \cdot d)$	≤1.8	—
总悬浮颗粒物（TSP）（标准状态），mg/m^3		≤0.30	—
二氧化氮 NO_2（标准状态），mg/m^3		≤0.12	≤0.24

注 1：各项污染物数据统计的有效性按 GB 3095 中第 7 章的规定执行。

注 2：日平均浓度指任何一日的平均浓度。

注 3：1 h 平均指任何一小时的平均浓度。

3.4 灌溉水质量

对以天然降水为灌溉水的地区，可以不采灌溉水样。其他区域灌溉水质应符合表 2 的规定。

表 2　灌溉水质量要求

单位为毫克每升

项　　目	限　　值
灌溉水质量基本控制项目	
pH	5.5～8.5
总汞	≤0.001
总砷	≤0.1
铅	≤0.2
镉	≤0.01
铬（六价）	≤0.1
化学需氧量	≤200
灌溉水质量选择控制项目	
氟化物	≤3（高氟区），≤2（一般地区）
氰化物	≤0.5
石油类	≤10

3.5 土壤环境质量

土壤环境质量应符合表 3 的规定。

表 3　土壤环境质量要求

单位为毫克每千克

项　　目	限　　值		
	pH<6.5	pH 6.5～7.5	pH>7.5
土壤环境质量基本控制项目			
汞	≤0.30	≤0.50	≤1.0
砷	≤40	≤30	≤25
铅	≤250	≤300	≤350
土壤环境质量选择控制项目			
镉	≤0.30	≤0.30	≤0.60
铬	≤150	≤200	≤250

表 3（续）

项　目	限　　值		
	pH<6.5	pH 6.5～7.5	pH>7.5
铜	≤50	≤100	≤100
锌	≤200	≤250	≤300
镍	≤40	≤50	≤60
注：重金属（铬主要是三价）和砷均按元素量计，适用于阳离子交换量>5 cmol(+)/kg 的土壤，若阳离子交换量≤5 cmol(+)/kg，其标准值为表内数值的半数。			

4 采样与试验方法

4.1 采样

4.1.1 环境空气质量

执行 NY/T 397 的规定。

4.1.2 灌溉水质量

执行 NY/T 396 的规定。

4.1.3 土壤环境质量

执行 NY/T 395 的规定。

4.2 试验方法

4.2.1 环境空气质量指标的测定

4.2.1.1 二氧化硫

执行 GB/T 15262 的规定。

4.2.1.2 氟化物

执行 GB/T 15433 和 GB/T 15434 的规定。

4.2.1.3 总悬浮颗粒物

执行 GB/T 15432 的规定。

4.2.1.4 二氧化氮

执行 GB/T 15435 的规定。

4.2.2 灌溉水质量指标的测定

4.2.2.1 pH

执行 GB/T 6920 的规定。

4.2.2.2 总汞、总砷

执行 SL 327.1～4 的规定。

4.2.2.3 镉、铅

执行 GB/T 7475 的规定。

4.2.2.4 六价铬

执行 GB/T 7467 的规定。

4.2.2.5 化学需氧量

执行 GB/T 11914 的规定。

4.2.2.6 氟化物

执行 GB/T 7484 的规定。

4.2.2.7 氰化物

执行 GB/T 7486 的规定。

4.2.2.8 石油类

执行GB/T 16488的规定。

4.2.3 土壤环境质量指标的测定

4.2.3.1 土壤pH

执行NY/T 1121.2的规定。

4.2.3.2 汞

执行GB/T 22105.1的规定。

4.2.3.3 砷

执行GB/T 22105.2的规定。

4.2.3.4 铅、镉

执行GB/T 17141的规定。

4.2.3.5 铬

执行GB/T 17137的规定。

4.2.3.6 铜、锌

执行GB/T 17138的规定。

4.2.3.7 镍

执行GB/T 17139的规定。

5 判定原则

5.1 判定方法

无公害食品香辛料产地环境质量，土壤和水采用单项污染指数法和综合污染指数法（内梅罗指数法）进行评价；大气采用单项污染指数法和上海大气质量指数法进行评价。根据综合污染指数法的计算结果得出评价结果。

5.2 空气质量的判定

按NY/T 397的规定执行。

5.3 灌溉水质的判定

按NY/T 396的规定执行。

5.4 土壤质量的判定

按NY/T 395的规定执行。

5.5 产地环境质量综合评价

产地的灌溉水、土壤、空气中，只要有一类综合污染指数＞1.0，则判该产地环境条件不适宜无公害香辛料生产。

ICS 65.020.20
B 05

中华人民共和国农业行业标准

NY 5360—2010

无公害食品　可食花卉产地环境条件

2010-09-21 发布　　2010-12-01 实施

中华人民共和国农业部 发布

前　言

本标准遵照 GB/T 1.1—2009 给出的规则起草。

本标准由中华人民共和国农业部农产品质量安全监管局提出。

本标准由农业部农产品质量安全中心归口。

本标准起草单位：农业部花卉产品质量监督检验测试中心（昆明）、云南省农业科学院质量标准与检测技术研究所、农业部农产品质量监督检验测试中心（昆明）。

本标准主要起草人：瞿素萍、黎其万、王丽花、汪禄祥、张丽芳、苏艳、彭绿春、杨秀梅。

无公害食品　可食花卉产地环境条件

1　范围

本标准规定了无公害食品可食花卉的产地环境选择、产地环境保护、环境空气质量、灌溉水质量、土壤环境质量、采样及试验方法等要求。

本标准适用于无公害食品玫瑰花、菊花、茉莉花、槐花、桂花的产地。

2　规范性引用文件

下列文件对于本文件的应用是必不可少的。凡是注日期的引用文件，仅注日期的版本适用于本文件。凡是不注日期的引用文件，其最新版本(包括所有的修改单)适用于本文件。

GB/T 4284　农用污泥中污染物控制标准
GB/T 5750　生活饮用水标准检验法
GB/T 6920　水质　pH 值的测定　玻璃电极法
GB/T 7467　水质　铬(六价)的测定　二苯碳酰二肼分光光度法
GB/T 7475　水质　铜、锌、铅、镉的测定　原子吸收分光光度法
GB/T 7484　水质　氟化物的测定　离子选择电极法
GB/T 8172　农用粉煤灰中污染物控制标准
GB/T 8173　城镇垃圾农用控制标准
GB/T 8321　农药合理使用准则(所有部分)
GB/T 11896　水质　氯化物的测定　硝酸银滴定法
GB/T 11914　水质　化学需氧量的测定　重铬酸盐法
GB/T 14550　土壤质量　六六六和滴滴涕的测定　气相色谱法
GB/T 15262　环境空气　二氧化硫的测定　甲醛吸收—副玫瑰苯胺分光光度法
GB/T 15432　环境空气　总悬浮颗粒物的测定　重量法
GB/T 15433　环境空气　氟化物的测定　石灰滤纸·氟离子选择电极法
GB/T 15434　环境空气　氟化物的测定　滤膜·氟离子选择电极法
GB/T 15435　环境空气　二氧化氮的测定　Saltzman 法
GB/T 17137　土壤质量　总铬的测定　火焰原子吸收分光光度法
GB/T 17138　土壤质量　铜、锌的测定　火焰原子吸收分光光度法
GB/T 17139　土壤质量　镍的测定　火焰原子吸收分光光度法
GB/T 17141　土壤质量　铅、镉的测定　石墨炉原子吸收分光光度法
GB/T 22105　土壤质量　总汞、总砷、总铅的测定　原子荧光法
NY/T 395　农田土壤环境质量监测技术规范
NY/T 396　农用水源环境质量监测技术规范
NY/T 397　农区环境空气质量监测技术规范
NY/T 496　肥料合理使用准则　通则
NY/T 1121.2　土壤质量 pH 的测定　玻璃电极法
NY/T 5295—2004　无公害食品　产地环境评价准则
SL 327.1～4　水质　砷、汞、硒、铅的测定　原子荧光光度法

3 要求

3.1 产地环境选择

3.1.1 根据可食花卉种类或品种的特性要求，选择生态条件良好，远离污染源，具可持续生产能力的农业生产区域。

3.1.2 设施栽培，要求设施的结构与性能满足可食花卉生产要求，所选用的建筑材料、构建制品及配套机电设备等不对环境和产品造成污染。

3.2 产地环境保护

3.2.1 禁止使用生活污水、医药、生物制品、化工试剂、农药、石化、焦化和有机化工等行业废水（包括处理后的废水）进行灌溉。

3.2.2 严禁使用剧毒、高毒、高残留或致癌、致畸、致突变的农药。允许使用的农药按GB8321规定的使用次数、施用量、使用方法和安全间隔期进行施用，并注意防止污染产地水源和环境。

3.2.3 所施用的肥料是农业行政主管部门登记或免于登记，符合NY/T 496要求的肥料。推行配方施肥，所用配方肥料具备法定质检机构出具的有效成分检测报告。

3.2.4 结合产地实际，因地制宜，加强农机化与农艺技术的集成配套，推荐全程机械化生产工艺。

3.2.5 废旧不用的塑膜、地膜、喷滴灌、大棚支架等设施材料采用人工或机械捡拾方法及时回收。

3.2.6 设置标识牌包括品种名称、面积、范围、负责人、防污染警示等。

3.3 产地环境空气质量

执行NY/T 5295—2004中3.2.1.3.3的规定，产地周围5 km，主导风向20 km以内没有工矿企业污染源的产区，可免测空气，其余产区的空气质量符合表1的规定。

表1 产地环境空气质量要求

项目		浓度限值	
		日平均①	1h平均②
基本控制项目			
二氧化硫 SO_2（标准状态），mg/m^3		≤0.15	≤0.50
氟化物F（标准状态）	石灰滤纸法 $\mu g/dm^2 \cdot d$	≤1.80	—
	滤膜法，$\mu g/m^3$	≤7	≤20
二氧化氮 NO_2（标准状态），mg/m^3		≤0.12	≤0.24
总悬浮颗粒物（TSP）（标准状态），mg/m^3		≤0.30	—
注：①日平均指任何1 d的平均浓度。②1 h平均指任何1 h的平均浓度。			

3.4 产地灌溉水质量

执行NY/T 5295—2004中3.2.1.1.1的规定，以天然降雨、山泉水或其他可直接饮用水作为灌溉水的产区可免测灌溉水，其余产区灌溉水除符合3.2.1的要求外，还应符合表2的规定。在有工矿、化工等企业的产区监测氟化物与氯化物两个选择控制项目，施用农家肥的产区监测粪大肠菌群。

表2 灌溉水质量要求

项目	浓度限值
基本控制项目	
pH	5.5～8.5
汞，mg/L	≤0.001
镉，mg/L	≤0.01
砷，mg/L	≤0.05
铬（六价），mg/L	≤0.1

表 2（续）

项　　目	浓度限值
铅，mg/L	≤0.2
化学需氧量，mg/L	≤200
选择控制项目	
氟化物，mg/L	≤2.0（一般地区） ≤3.0（高氟地区）
氯化物，mg/L	≤350
粪大肠菌群，个/100mL	≤1 000（鲜食） ≤2 000（加工食用）
注：鲜食花卉的粪大肠菌群为必测项。	

3.5 产地土壤环境质量

用于改良土壤的污泥、粉煤灰和城镇垃圾，其污染物含量应分别符合 GB 4284、GB 8173 与 GB 8172 的规定。且无公害食品可食花卉产地土壤环境质量应符合表 3 的规定。在有工矿、化工等企业的产区监测表 3 中的 4 个选择控制项目指标。

表 3　土壤环境质量要求　　单位为毫克每千克

项　　目	含量限值①		
	pH<6.5	pH6.5～7.5	pH>7.5
基本控制项目			
镉	≤0.3	≤0.3	≤0.6
汞	≤0.3	≤0.5	≤1.0
砷	≤40	≤30	≤25
铅	≤250	≤300	≤350
铬	≤150	≤200	≤250
选择控制项目			
锌	≤200	≤250	≤300
镍	≤40	≤50	≤60
六六六②	≤0.5		
滴滴涕③	≤0.5		
注：①重金属（铬主要是三价）和砷均按元素量计，适用于阳离子交换量>5 cmol(+)/kg 的土壤；若阳离子交换量≤5 cmol(+)/kg，其标准值为表内数值的半数。②六六六为四种异构体的总量。③滴滴涕为四种异构体的总量。			

4 采样与试验方法

4.1 采样

4.1.1 环境空气质量

执行 NY/T 397 的规定。

4.1.2 灌溉水质量

执行 NY/T 396 的规定。

4.1.3 土壤环境质量

执行 NY/T 395 的规定。

4.2 试验方法

4.2.1 环境空气质量指标的测定

4.2.1.1 二氧化硫

执行 GB/T 15262 的规定。

4.2.1.2 **氟化物**

石灰滤纸法执行 GB/T 15433 的规定;滤膜法执行 GB/T 15433 的规定。

4.2.1.3 **二氧化氮**

执行 GB/T 15435 的规定。

4.2.1.4 **总悬浮颗粒物**

执行 GB/T 15432 的规定。

4.2.2 **灌溉水质量指标的测定**

4.2.2.1 **pH**

执行 GB/T 6920 的规定。

4.2.2.2 **汞**

执行 SL 327.1～4 的规定。

4.2.2.3 **镉、铅**

执行 GB/T 7475 的规定

4.2.2.4 **砷**

执行 SL 327.1～4 的规定。

4.2.2.5 **六价铬**

执行 GB/T 7467 的规定。

4.2.2.6 **化学需氧量**

执行 GB/T 11914 的规定。

4.2.2.7 **氟化物**

执行 GB/T 7484 的规定。

4.2.2.8 **氯化物**

执行 GB/T 11896 的规定。

4.2.2.9 **粪大肠菌群数**

执行 GB/T 5750 的规定。

4.2.3 **土壤环境质量指标的测定**

4.2.3.1 **土壤 pH**

执行 NY/T 1121.2 的规定。

4.2.3.2 **镉**

执行 GB/T 17141 的规定。

4.2.3.3 **汞**

执行 GB/T 22105 的规定。

4.2.3.4 **砷**

执行 GB/T 22105 的规定。

4.2.3.5 **铅**

执行 GB/T 17141 的规定。

4.2.3.6 **铬**

执行 GB/T 17137 的规定。

4.2.3.7 **锌**

执行 GB/T 17138 的规定。

4.2.3.8 **镍**

执行 GB/T 17139 的规定。

4.2.3.9 六六六和滴滴涕

执行 GB/T 14550 的规定。

5 判定

5.1 判定方法

环境空气质量采用单项污染指数法和上海大气质量指数法进行判定；灌溉水和土壤质量采用单项污染指数法和综合污染指数法(内梅罗指数法)进行判定。

5.2 环境空气质量的判定

按 NY/T 397 的规定执行。

5.3 灌溉水质量的判定

按 NY/T 396 的规定执行。

5.4 土壤质量的判定

按 NY/T 395 的规定执行。

5.5 产地环境质量综合评价

环境空气、灌溉水、土壤的单项判定结果，只要有一类综合污染指数>1.0，则判定该产地为不适宜生产区。

ICS 65.020.20
B 31

中华人民共和国农业行业标准

NY/T 5363—2010

无公害食品　蔬菜生产管理规范

2010-09-21 发布　　2010-12-01 实施

中华人民共和国农业部 发布

前　言

本标准遵照 GB/T 1.1—2009 给出的规则起草。

本标准由中华人民共和国农业部种植业管理司提出。

本标准由农业部农产品质量安全中心归口。

本标准起草单位:湖北省农业科学院经济作物研究所、湖北省蔬菜办公室。

本标准主要起草人:姚明华、邱正明、肖长惜、郭兰、王飞、戴照义、郭凤领、袁尚勇、朱凤娟。

无公害食品　蔬菜生产管理规范

1　范围

本标准规定了无公害蔬菜生产的产地环境选择、生产投入品管理、生产管理、包装和贮运、质量管理和生产档案管理的基本要求。

本标准适用于无公害蔬菜的生产管理。

2　规范性引用文件

下列文件对于本文件的应用是必不可少的。凡是注日期的引用文件，仅注日期的版本适用于本文件。凡是不注日期的引用文件，其最新版本(包括所有的修改单)适用于本文件。

GB 4285　农药安全使用标准
GB/T 8321　农药合理使用准则
GB 15063　复混肥料
GB 16715.1～16715.5　瓜菜作物种子
GB/T 20014.5　良好农业规范　第五部分　水果和蔬菜控制点和符合性规范
NY/T 496　肥料合理使用准则
NY/T 1654　蔬菜安全生产关键控制技术规程
NY 5010　无公害食品　蔬菜产地环境条件
NY 5294　无公害食品　设施蔬菜产地环境条件
NY 5331　无公害食品　水生蔬菜产地环境条件

3　蔬菜产地环境

无公害露地蔬菜产地应符合 NY 5010 的规定；无公害设施蔬菜产地应符合 NY 5294 的规定；无公害水生蔬菜产地应符合 NY 5331 的规定。

4　生产投入品管理

4.1　生产投入品的选择

无公害蔬菜生产过程中投入品如种子、农膜、农药和肥料等生产资料应符合国家相关法律、法规和标准的要求。

4.2　生产投入品的存储

生产投入品应有专门存储设施，并符合其存储要求。以上投入品应在有效期或保质期内使用。

5　生产管理

5.1　种子管理

5.1.1　品种选择

5.1.1.1　品种应适合当地气候、土壤及市场需求。在兼顾高产、优质、优良商品性状的同时，应选择对当地的主要病虫害具有抗性的品种，推荐选用经过省级及省级以上农作物品种审定委员会审定或认定的品种。

5.1.1.2　选用转基因蔬菜种子应符合国家有关法律法规的规定。

5.1.1.3 引进国外品种应按照《中华人民共和国植物检疫条例》的规定检验检疫。

5.1.2 种子处理

根据不同蔬菜种类，分别选用干热处理、温烫浸种、药剂消毒和种子催芽等方法，以便提高种子发芽率、降低生长期病虫害发生和后期农药使用量。

5.1.3 种子使用

5.1.3.1 生产用种子质量应符合 GB 16715.1～16715.5 中的二级以上要求，国标中没有规定的蔬菜种子质量应符合相应的行业标准无公害蔬菜生产技术规程的要求。

5.1.3.2 规模化生产播种时，应留有少许样品和购种凭证。

5.2 播种和定植

5.2.1 根据栽培季节和品种特征选择适宜播种期、定植时间及定植密度。

5.2.2 应根据土壤状况、气候条件、市场需求，科学合理地安排蔬菜种类与茬口。

5.2.3 根据不同蔬菜种类选择直播或营养钵育苗，苗床和栽培地土壤熏蒸及基质应符合 GB/T 20014.5的规定。

5.3 施肥

5.3.1 肥料使用应符合 NY/T 496 的规定。

5.3.2 根据土壤理化特性、蔬菜种类及长势，确定合理的肥料种类、施肥数量和时间，实施测土配方平衡施肥。

5.3.3 宜施用充分腐熟且符合经无害化处理达到肥料卫生标准要求的有机肥，化学肥料与有机肥料应配合使用。使用化学肥料应注意氮、磷、钾及微量元素的合理搭配，复混肥料必须符合 GB 15063 的要求。

5.3.4 根据蔬菜生长状况，可以使用叶面肥。叶面肥应经国家登记注册，并与土壤施肥相结合。

5.3.5 禁止使用未经国家有关部门登记的化学肥料、生物肥料；禁止直接使用城镇生活垃圾；禁止使用工业垃圾和医院垃圾。

5.4 排灌

5.4.1 应根据不同种类蔬菜的需水规律、不同生长发育时期及气候条件、土壤水分状况，适时、合理灌溉或排水，保持土壤良好的通气条件。

5.4.2 灌溉用水、排水不应对蔬菜作物和环境造成污染或其他不良影响，灌溉水质应符合 NY 5010、NY 5294 和 NY 5331 的相应规定。

5.5 病虫草害防治

5.5.1 遵循“预防为主，综合防治”的植保方针，优先采用农业防治、物理防治、生物防治，科学合理地使用化学防治，将农药残留降低到规定标准的范围。

5.5.2 农药使用应符合 GB 4285 和 GB/T 8321 的规定。宜使用安全、高效、低毒、低残留农药，严格遵循农药安全间隔期。严禁使用国家明令禁止使用的农药和蔬菜上不得使用和限制使用的高毒、高残留农药。

5.5.3 蔬菜病虫害的防治参照 NY/T 1654 蔬菜安全生产关键控制技术规程执行。

5.5.4 农药的使用应在专业技术人员的指导下，由经过培训的人员严格按产品说明书使用。

5.5.5 合理混用、轮换交替使用不同作用机制或具有负交互抗性的药剂，防止和延迟病虫害抗药性的产生和发展。

5.5.6 应将废弃、过期农药及用完的农药瓶或袋深埋或集中销毁。

5.6 采收与清洗

蔬菜采收与清洗应符合 GB/T 20014.5 的规定。

6 包装和贮运

蔬菜包装和贮运应符合 GB/T 20014.5 的规定。

7 质量管理

7.1 蔬菜生产企业和专业合作组织应设质量管理部门,负责制订和管理质量文件,并监督实施;负责生产资料及蔬菜产品的内部检验,主要包括农残、硝酸盐和重金属等;负责蔬菜无公害生产技术的培训。

7.2 质量管理部门应配备与蔬菜生产规模、品种、产品检验要求相适应的人员、场所、仪器和设备。

7.3 质量管理部门对有关蔬菜质量问题的反映应有专人处理,追查原因,及时改进,保证产品质量。

8 生产档案管理

8.1 生产者应建立生产档案,记录每茬蔬菜生产过程,记录内容包括种苗、播种与定植、灌溉、施肥、病虫草害防治、采收、贮运等。记录样式参见附录 A。

8.2 所有记录应真实、准确、规范,并具有可追溯性。

8.3 生产档案文件至少保存 2 年,档案资料应有专人专柜保管。

附　录　A
(资料性附录)
记 录 样 式

A.1　种苗记录样式见表 A.1。

表 A.1　种苗记录样式

种苗名称	供应商	产品批号	产品数量	处理方法	签字	备注

A.2　播种(定植)记录样式见表 A.2。

表 A.2　播种(定植)记录样式

蔬菜名称	品种名称	播种(定植)面积	播种(定植)日期	土地位置	签字	备注

A.3　灌溉记录样式见表 A.3。

表 A.3　灌溉记录样式

灌溉水来源	灌溉方法	灌溉量	灌溉日期	签字	备注

A.4　施肥记录样式见表 A.4。

表 A.4　施肥记录样式

肥料名称	供应商	有效成分	施肥方法	施肥用量	施肥日期	签字	备注

A.5　病虫草害防治记录样式见表 A.5。

表 A.5　病虫草害防治记录样式

农药名称	供应商	有效成分	防治对象	使用方法	施药用量	使用日期	签字	备注

A.6　采收记录样式见表 A.6。

表 A.6　采收记录样式

采收品种	采收日期	采收方式	包装材料	采收量	签字	备注

A.7　贮藏记录样式见表 A.7。

表 A.7　贮藏记录样式

贮藏品种	贮藏地点	贮藏时间	贮藏方式	贮藏条件	签字	备注

A.8　运输记录样式见表 A.8。

表 A.8　运输记录样式

运输品种	运输始地	运输终地	运输时间	运输方式	运输条件	签字	备注

附录

中华人民共和国农业部公告
第 1390 号

《茭白等级规格》等 122 项标准业经专家审定通过，我部审查批准，现发布为中华人民共和国农业行业标准。自 2010 年 9 月 1 日起实施。

特此公告

二〇一〇年五月二十日

序号	标准号	标准名称	代替标准号
1	NY/T 1834—2010	茭白等级规格	
2	NY/T 1835—2010	大葱等级规格	
3	NY/T 1836—2010	白灵菇等级规格	
4	NY/T 1837—2010	西葫芦等级规格	
5	NY/T 1838—2010	黑木耳等级规格	
6	NY/T 1839—2010	果树术语	
7	NY/T 1840—2010	露地蔬菜产品认证申报审核规范	
8	NY/T 1841—2010	苹果中可溶性固形物、可滴定酸无损伤快速测定　近红外光谱法	
9	NY/T 1842—2010	人参中皂苷的测定	
10	NY/T 1843—2010	葡萄无病毒母本树和苗木	
11	NY/T 1844—2010	农作物品种审定规范　食用菌	
12	NY/T 1845—2010	食用菌菌种区别性鉴定　拮抗反应	
13	NY/T 1846—2010	食用菌菌种检验规程	
14	NY/T 1847—2010	微生物肥料生产菌株质量评价通用技术要求	
15	NY/T 1848—2010	中性、石灰性土壤铵态氮、有效磷、速效钾的测定　联合浸提—比色法	
16	NY/T 1849—2010	酸性土壤铵态氮、有效磷、速效钾的测定　联合浸提—比色法	
17	NY/T 1850—2010	外来昆虫引入风险评估技术规范	
18	NY/T 1851—2010	外来草本植物引入风险评估技术规范	
19	NY/T 1852—2010	内生集壶菌检疫技术规程	
20	NY/T 1853—2010	除草剂对后茬作物影响试验方法	
21	NY/T 1854—2010	马铃薯晚疫病测报技术规范	
22	NY/T 1855—2010	西藏飞蝗测报技术规范	
23	NY/T 1856—2010	农区鼠害控制技术规程	
24	NY/T 1857.1—2010	黄瓜主要病害抗病性鉴定技术规程　第1部分:黄瓜抗霜霉病鉴定技术规程	
25	NY/T 1857.2—2010	黄瓜主要病害抗病性鉴定技术规程 第2部分:黄瓜抗白粉病鉴定技术规程	
26	NY/T 1857.3—2010	黄瓜主要病害抗病性鉴定技术规程　第3部分:黄瓜抗枯萎病鉴定技术规程	
27	NY/T 1857.4—2010	黄瓜主要病害抗病性鉴定技术规程　第4部分:黄瓜抗疫病鉴定技术规程	
28	NY/T 1857.5—2010	黄瓜主要病害抗病性鉴定技术规程　第5部分:黄瓜抗黑星病鉴定技术规程	
29	NY/T 1857.6—2010	黄瓜主要病害抗病性鉴定技术规程　第6部分:黄瓜抗细菌性角斑病鉴定技术规程	
30	NY/T 1857.7—2010	黄瓜主要病害抗病性鉴定技术规程　第7部分:黄瓜抗黄瓜花叶病毒病鉴定技术规程	
31	NY/T 1857.8—2010	黄瓜主要病害抗病性鉴定技术规程　第8部分:黄瓜抗南方根结线虫病鉴定技术规程	
32	NY/T 1858.1—2010	番茄主要病害抗病性鉴定技术规程　第1部分:番茄抗晚疫病鉴定技术规程	
33	NY/T 1858.2—2010	番茄主要病害抗病性鉴定技术规程　第2部分:番茄抗叶霉病鉴定技术规程	
34	NY/T 1858.3—2010	番茄主要病害抗病性鉴定技术规程　第3部分:番茄抗枯萎病鉴定技术规程	
35	NY/T 1858.4—2010	番茄主要病害抗病性鉴定技术规程　第4部分:番茄抗青枯病鉴定技术规程	

（续）

序号	标准号	标准名称	代替标准号
36	NY/T 1858.5—2010	番茄主要病害抗病性鉴定技术规程　第5部分：番茄抗疮痂病鉴定技术规程	
37	NY/T 1858.6—2010	番茄主要病害抗病性鉴定技术规程　第6部分：番茄抗番茄花叶病毒病鉴定技术规程	
38	NY/T 1858.7—2010	番茄主要病害抗病性鉴定技术规程　第7部分：番茄抗黄瓜花叶病毒病鉴定技术规程	
39	NY/T 1858.8—2010	番茄主要病害抗病性鉴定技术规程　第8部分：番茄抗南方根结线虫病鉴定技术规程	
40	NY/T 1859.1—2010	农药抗性风险评估　第1部分：总则	
41	NY/T 1464.27—2010	农药田间药效试验准则　第27部分：杀虫剂防治十字花科蔬菜蚜虫	
42	NY/T 1464.28—2010	农药田间药效试验准则　第28部分：杀虫剂防治阔叶树天牛	
43	NY/T 1464.29—2010	农药田间药效试验准则　第29部分：杀虫剂防治松褐天牛	
44	NY/T 1464.30—2010	农药田间药效试验准则　第30部分：杀菌剂防治烟草角斑病	
45	NY/T 1464.31—2010	农药田间药效试验准则　第31部分：杀菌剂防治生姜姜瘟病	
46	NY/T 1464.32—2010	农药田间药效试验准则　第32部分：杀菌剂防治番茄青枯病	
47	NY/T 1464.33—2010	农药田间药效试验准则　第33部分：杀菌剂防治豇豆锈病	
48	NY/T 1464.34—2010	农药田间药效试验准则　第34部分：杀菌剂防治茄子黄萎病	
49	NY/T 1464.35—2010	农药田间药效试验准则　第35部分：除草剂防治直播蔬菜田杂草	
50	NY/T 1464.36—2010	农药田间药效试验准则　第36部分：除草剂防治菠萝地杂草	
51	NY/T 1860.1—2010	农药理化性质测定试验导则　第1部分：pH值	
52	NY/T 1860.2—2010	农药理化性质测定试验导则　第2部分：酸(碱)度	
53	NY/T 1860.3—2010	农药理化性质测定试验导则　第3部分：外观	
54	NY/T 1860.4—2010	农药理化性质测定试验导则　第4部分：原药稳定性	
55	NY/T 1860.5—2010	农药理化性质测定试验导则　第5部分：紫外/可见光吸收	
56	NY/T 1860.6—2010	农药理化性质测定试验导则　第6部分：爆炸性	
57	NY/T 1860.7—2010	农药理化性质测定试验导则　第7部分：水中光解	
58	NY/T 1860.8—2010	农药理化性质测定试验导则　第8部分：正辛醇/水分配系数	
59	NY/T 1860.9—2010	农药理化性质测定试验导则　第9部分：水解	
60	NY/T 1860.10—2010	农药理化性质测定试验导则　第10部分：氧化—还原/化学不相容性	
61	NY/T 1860.11—2010	农药理化性质测定试验导则　第11部分：闪点	
62	NY/T 1860.12—2010	农药理化性质测定试验导则　第12部分：燃点	
63	NY/T 1860.13—2010	农药理化性质测定试验导则　第13部分：与非极性有机溶剂混溶性	
64	NY/T 1860.14—2010	农药理化性质测定试验导则　第14部分：饱和蒸气压	
65	NY/T 1860.15—2010	农药理化性质测定试验导则　第15部分：固体可燃性	
66	NY/T 1860.16—2010	农药理化性质测定试验导则　第16部分：对包装材料腐蚀性	
67	NY/T 1860.17—2010	农药理化性质测定试验导则　第17部分：密度	
68	NY/T 1860.18—2010	农药理化性质测定试验导则　第18部分：比旋光度	
69	NY/T 1860.19—2010	农药理化性质测定试验导则　第19部分：沸点	
70	NY/T 1860.20—2010	农药理化性质测定试验导则　第20部分：熔点	
71	NY/T 1860.21—2010	农药理化性质测定试验导则　第21部分：黏度	
72	NY/T 1860.22—2010	农药理化性质测定试验导则　第22部分：溶解度	
73	NY/T 1861—2010	外来草本植物普查技术规程	
74	NY/T 1862—2010	外来入侵植物监测技术规程　加拿大一枝黄花	
75	NY/T 1863—2010	外来入侵植物监测技术规程　飞机草	
76	NY/T 1864—2010	外来入侵植物监测技术规程　紫茎泽兰	

（续）

序号	标准号	标准名称	代替标准号
77	NY/T 1865—2010	外来入侵植物监测技术规程　薇甘菊	
78	NY/T 1866—2010	外来入侵植物监测技术规程　黄顶菊	
79	NY/T 1867—2010	土壤腐殖质组成的测定　焦磷酸钠—氢氧化钠提取重铬酸钾氧化容量法	
80	NY/T 1868—2010	肥料合理使用准则　有机肥料	
81	NY/T 1869—2010	肥料合理使用准则　钾肥	
82	NY 1870—2010	藏獒	
83	NY/T 1871—2010	黄羽肉鸡饲养管理技术规程	
84	NY/T 1872—2010	种羊遗传评估技术规范	
85	NY/T 1873—2010	日本脑炎病毒抗体间接检测　酶联免疫吸附法	
86	NY 1874—2010	制绳机械设备安全技术要求	
87	NY/T 1875—2010	联合收割机禁用与报废技术条件	
88	NY/T 1876—2010	喷杆式喷雾机安全施药技术规范	
89	NY/T 1877—2010	轮式拖拉机质心位置测定　质量周期法	
90	NY/T 1878—2010	生物质固体成型燃料技术条件	
91	NY/T 1879—2010	生物质固体成型燃料采样方法	
92	NY/T 1880—2010	生物质固体成型燃料样品制备方法	
93	NY/T 1881.1—2010	生物质固体成型燃料试验方法　第1部分:通则	
94	NY/T 1881.2—2010	生物质固体成型燃料试验方法　第2部分:全水分	
95	NY/T 1881.3—2010	生物质固体成型燃料试验方法　第3部分:一般分析样品水分	
96	NY/T 1881.4—2010	生物质固体成型燃料试验方法　第4部分:挥发分	
97	NY/T 1881.5—2010	生物质固体成型燃料试验方法　第5部分:灰分	
98	NY/T 1881.6—2010	生物质固体成型燃料试验方法　第6部分:堆积密度	
99	NY/T 1881.7—2010	生物质固体成型燃料试验方法　第7部分:密度	
100	NY/T 1881.8—2010	生物质固体成型燃料试验方法　第8部分:机械耐久性	
101	NY/T 1882—2010	生物质固体成型燃料成型设备技术条件	
102	NY/T 1883—2010	生物质固体成型燃料成型设备试验方法	
103	NY/T 1884—2010	绿色食品　果蔬粉	
104	NY/T 1885—2010	绿色食品　米酒	
105	NY/T 1886—2010	绿色食品　复合调味料	
106	NY/T 1887—2010	绿色食品　乳清制品	
107	NY/T 1888—2010	绿色食品　软体动物休闲食品	
108	NY/T 1889—2010	绿色食品　烘炒食品	
109	NY/T 1890—2010	绿色食品　蒸制类糕点	
110	NY/T 1891—2010	绿色食品　海洋捕捞水产品生产管理规范	
111	NY/T 1892—2010	绿色食品　畜禽饲养防疫准则	
112	SC/T 1106—2010	渔用药物代谢动力学和残留试验技术规范	
113	SC/T 8139—2010	渔船设施卫生基本条件	
114	SC/T 8137—2010	渔船布置图专用设备图形符号	
115	SC/T 8117—2010	玻璃纤维增强塑料渔船木质阴模制作	SC/T 8117—2001
116	NY/T 1041—2010	绿色食品　干果	NY/T 1041—2006
117	NY/T 844—2010	绿色食品　温带水果	NY/T 844—2004，NY/T 428—2000
118	NY/T 471—2010	绿色食品　畜禽饲料及饲料添加剂使用准则	NY/T 471—2001
119	NY/T 494—2010	魔芋粉	NY/T 494—2002
120	NY/T 528—2010	食用菌菌种生产技术规程	NY/T 528—2002
121	NY/T 496—2010	肥料合理使用准则 通则	NY/T 496—2002
122	SC 2018—2010	红鳍东方鲀	SC 2018—2004

中华人民共和国农业部公告
第 1418 号

《加工用花生等级规格》等 44 项标准业经专家审定通过，我部审查批准，现发布为中华人民共和国农业行业标准，自 2010 年 9 月 1 日起实施。

特此公告

二〇一〇年七月八日

序号	标准号	标准名称	代替标准号
1	NY/T 1893—2010	加工用花生等级规格	
2	NY/T 1894—2010	茄子等级规格	
3	NY/T 1895—2010	豆类、谷类电子束辐照处理技术规范	
4	NY/T 1896—2010	兽药残留实验室质量控制规范	
5	NY/T 1897—2010	动物及动物产品兽药残留监控抽样规范	
6	NY/T 1898—2010	畜禽线粒体 DNA 遗传多样性检测技术规程	
7	NY/T 1899—2010	草原自然保护区建设技术规范	
8	NY/T 1900—2010	畜禽细胞与胚胎冷冻保种技术规范	
9	NY/T 1901—2010	鸡遗传资源保种场保护技术规范	
10	NY/T 1902—2010	饲料中单核细胞增生李斯特氏菌的微生物学检验	
11	NY/T 1903—2010	牛胚胎性别鉴定技术方法 PCR 法	
12	NY/T 1904—2010	饲草产品质量安全生产技术规范	
13	NY/T 1905—2010	草原鼠害安全防治技术规程	
14	NY/T 1906—2010	农药环境评价良好实验室规范	
15	NY/T 1907—2010	推土(铲运)机驾驶员	
16	NY/T 1908—2010	农机焊工	
17	NY/T 1909—2010	农机专业合作社经理人	
18	NY/T 1910—2010	农机维修电工	
19	NY/T 1911—2010	绿化工	
20	NY/T 1912—2010	沼气物管员	
21	NY/T 1913—2010	农村太阳能光伏室外照明装置　第 1 部分:技术要求	
22	NY/T 1914—2010	农村太阳能光伏室外照明装置　第 2 部分:安装规范	
23	NY/T 1915—2010	生物质固体成型燃料术语	
24	NY/T 1916—2010	非自走式沼渣沼液抽排设备技术条件	
25	NY/T 1917—2010	自走式沼渣沼液抽排设备技术条件	
26	NY 1918—2010	农机安全监理证证件	
27	NY 1919—2010	耕整机 安全技术要求	
28	NY/T 1920—2010	微型谷物加工组合机　技术条件	
29	NY/T 1921—2010	耕作机组作业能耗评价方法	
30	NY/T 1922—2010	机插育秧技术规程	
31	NY/T 1923—2010	背负式喷雾机安全施药技术规范	
32	NY/T 1924—2010	油菜移栽机质量评价技术规范	
33	NY/T 1925—2010	在用喷杆喷雾机质量评价技术规范	
34	NY/T 1926—2010	玉米收获机 修理质量	
35	NY/T 1927—2010	农机户经营效益抽样调查方法	
36	NY/T 1928.1—2010	轮式拖拉机　修理质量　第 1 部分:皮带传动轮式拖拉机	
37	NY/T 1929—2010	轮式拖拉机静侧翻稳定性试验方法	
38	NY/T 1930—2010	秸秆颗粒饲料压制机质量评价技术规范	
39	NY/T 1931—2010	农业机械先进性评价一般方法	
40	NY/T 1932—2010	联合收割机燃油消耗量评价指标及测量方法	
41	NY/T 1121.22—2010	土壤检测　第 22 部分:土壤田间持水量的测定　环刀法	
42	NY/T 1121.23—2010	土壤检测 第 23 部分:土粒密度的测定	
43	NY/T 676—2010	牛肉等级规格	NY/T 676—2003
44	NY/T 372—2010	重力式种子分选机质量评价技术规范	NY/T 372—1999

中华人民共和国农业部公告
第 1466 号

《大豆等级规格》等 33 项行业标准报批稿业经专家审定通过、我部审查批准，现发布为中华人民共和国农业行业标准，自 2010 年 12 月 1 日起实施。

特此公告

二〇一〇年九月二十一日

序号	标准号	标准名称	代替标准号
1	NY/T 1933—2010	大豆等级规格	
2	NY/T 1934—2010	双孢蘑菇、金针菇贮运技术规范	
3	NY/T 1935—2010	食用菌栽培基质质量安全要求	
4	NY/T 1936—2010	连栋温室采光性能测试方法	
5	NY/T 1937—2010	温室湿帘 风机系统降温性能测试方法	
6	NY/T 1938—2010	植物性食品中稀土元素的测定 电感耦合等离子体发射光谱法	
7	NY/T 1939—2010	热带水果包装、标识通则	
8	NY/T 1940—2010	热带水果分类和编码	
9	NY/T 1941—2010	龙舌兰麻种质资源鉴定技术规程	
10	NY/T 1942—2010	龙舌兰麻抗病性鉴定技术规程	
11	NY/T 1943—2010	木薯种质资源描述规范	
12	NY/T 1944—2010	饲料中钙的测定 原子吸收分光光谱法	
13	NY/T 1945—2010	饲料中硒的测定 微波消解—原子荧光光谱法	
14	NY/T 1946—2010	饲料中牛羊源性成分检测 实时荧光聚合酶链反应法	
15	NY/T 1947—2010	羊外寄生虫药浴技术规范	
16	NY/T 1948—2010	兽医实验室生物安全要求通则	
17	NY/T 1949—2010	隐孢子虫卵囊检测技术 改良抗酸染色法	
18	NY/T 1950—2010	片形吸虫病诊断技术规范	
19	NY/T 1951—2010	蜜蜂幼虫腐臭病诊断技术规范	
20	NY/T 1952—2010	动物免疫接种技术规范	
21	NY/T 1953—2010	猪附红细胞体病诊断技术规范	
22	NY/T 1954—2010	蜜蜂螨病病原检查技术规范	
23	NY/T 1955—2010	口蹄疫接种技术规范	
24	NY/T 1956—2010	口蹄疫消毒技术规范	
25	NY/T 1957—2010	畜禽寄生虫鉴定检索系统	
26	NY/T 1958—2010	猪瘟流行病学调查技术规范	
27	NY 5359—2010	无公害食品 香辛料产地环境条件	
28	NY 5360—2010	无公害食品 可食花卉产地环境条件	
29	NY 5361—2010	无公害食品 淡水养殖产地环境条件	
30	NY 5362—2010	无公害食品 海水养殖产地环境条件	
31	NY/T 5363—2010	无公害食品 蔬菜生产管理规范	
32	NY/T 460—2010	天然橡胶初加工机械 干燥车	NY/T 460—2001
33	NY/T 461—2010	天然橡胶初加工机械 推进器	NY/T 461—2001

中华人民共和国农业部公告
第 1485 号

根据《中华人民共和国农业转基因生物安全管理条例》规定,《转基因植物及其产品成分检测 耐除草剂棉花 MON1445 及其衍生品种定性 PCR 方法》等 19 项标准业经专家审定通过和我部审查批准,现发布为中华人民共和国国家标准。自 2011 年 1 月 1 日起实施。

特此公告

二〇一〇年十一月十五日

序号	标准名称	标准代号
1	转基因植物及其产品成分检测　耐除草剂棉花 MON1445 及其衍生品种定性 PCR 方法	农业部 1485 号公告—1—2010
2	转基因微生物及其产品成分检测　猪伪狂犬 $TK^{-}/gE^{-}/gI^{-}$ 毒株(SA215 株)及其产品定性 PCR 方法	农业部 1485 号公告—2—2010
3	转基因植物及其产品成分检测　耐除草剂甜菜 H7-1 及其衍生品种定性 PCR 方法	农业部 1485 号公告—3—2010
4	转基因植物及其产品成分检测　DNA 提取和纯化	农业部 1485 号公告—4—2010
5	转基因植物及其产品成分检测　抗病水稻 M12 及其衍生品种定性 PCR 方法	农业部 1485 号公告—5—2010
6	转基因植物及其产品成分检测　耐除草剂大豆 MON89788 及其衍生品种定性 PCR 方法	农业部 1485 号公告—6—2010
7	转基因植物及其产品成分检测　耐除草剂大豆 A2704—12 及其衍生品种定性 PCR 方法	农业部 1485 号公告—7—2010
8	转基因植物及其产品成分检测　耐除草剂大豆 A5547—127 及其衍生品种定性 PCR 方法	农业部 1485 号公告—8—2010
9	转基因植物及其产品成分检测　抗虫耐除草剂玉米 59122 及其衍生品种定性 PCR 方法	农业部 1485 号公告—9—2010
10	转基因植物及其产品成分检测　耐除草剂棉花 LLcotton25 及其衍生品种定性 PCR 方法	农业部 1485 号公告—10—2010
11	转基因植物及其产品成分检测　抗虫转 Bt 基因棉花定性 PCR 方法	农业部 1485 号公告—11—2010
12	转基因植物及其产品成分检测　耐除草剂棉花 MON88913 及其衍生品种定性 PCR 方法	农业部 1485 号公告—12—2010
13	转基因植物及其产品成分检测　抗虫棉花 MON15985 及其衍生品种定性 PCR 方法	农业部 1485 号公告—13—2010
14	转基因植物及其产品成分检测　抗虫转 Bt 基因棉花外源蛋白表达量检测技术规范	农业部 1485 号公告—14—2010
15	转基因植物及其产品成分检测　抗虫耐除草剂玉米 MON88017 及其衍生品种定性 PCR 方法	农业部 1485 号公告—15—2010
16	转基因植物及其产品成分检测 抗虫玉米 MIR604 及其衍生品种定性 PCR 方法	农业部 1485 号公告—16—2010
17	转基因生物及其产品食用安全检测 外源基因异源表达蛋白质等同性分析导则	农业部 1485 号公告—17—2010
18	转基因生物及其产品食用安全检测 外源蛋白质过敏性生物信息学分析方法	农业部 1485 号公告—18—2010
19	转基因植物及其产品成分检测 基体标准物质候选物鉴定方法	农业部 1485 号公告—19—2010

中华人民共和国农业部公告
第 1486 号

根据《中华人民共和国兽药管理条例》和《中华人民共和国饲料和饲料添加剂管理条例》规定，《饲料中苯乙醇胺 A 的测定　高效液相色谱—串联质谱法》等 10 项标准业经专家审定通过和我部审查批准，现发布为中华人民共和国国家标准，自发布之日起实施。

特此公告

二〇一〇年十一月十六日

附　录

序号	标准名称	标准代号
1	饲料中苯乙醇胺A的测定　高效液相色谱—串联质谱法	农业部1486号公告—1—2010
2	饲料中可乐定和赛庚啶的测定　液相色谱—串联质谱法	农业部1486号公告—2—2010
3	饲料中安普霉素的测定　高效液相色谱法	农业部1486号公告—3—2010
4	饲料中硝基咪唑类药物的测定　液相色谱—质谱法	农业部1486号公告—4—2010
5	饲料中阿维菌素药物的测定　液相色谱—质谱法	农业部1486号公告—5—2010
6	饲料中雷琐酸内酯类药物的测定　气相色谱—质谱法	农业部1486号公告—6—2010
7	饲料中9种磺胺类药物的测定　高效液相色谱法	农业部1486号公告—7—2010
8	饲料中硝基呋喃类药物的测定　高效液相色谱法	农业部1486号公告—8—2010
9	饲料中氯烯雌醚的测定　高效液相色谱法	农业部1486号公告—9—2010
10	饲料中三唑仑的测定　气相色谱—质谱法	农业部1486号公告—10—2010

中华人民共和国农业部公告
第1515号

《农业科学仪器设备分类与代码》等50项标准业经专家审定通过，我部审查批准，现发布为中华人民共和国农业行业标准，自2011年2月1日起实施。

特此公告。

二〇一〇年十二月二十三日

序号	标准号	标准名称	代替标准号
1	NY/T 1959—2010	农业科学仪器设备分类与代码	
2	NY/T 1960—2010	茶叶中磁性金属物的测定	
3	NY/T 1961—2010	粮食作物名词术语	
4	NY/T 1962—2010	马铃薯纺锤块茎类病毒检测	
5	NY/T 1963—2010	马铃薯品种鉴定	
6	NY/T 1151.3—2010	农药登记用卫生杀虫剂室内药效试验及评价　第3部分:蝇香	
7	NY/T 1964.1—2010	农药登记用卫生杀虫剂室内试验试虫养殖方法　第1部分:家蝇	
8	NY/T 1964.2—2010	农药登记用卫生杀虫剂室内试验试虫养殖方法　第2部分:淡色库蚊和致倦库蚊	
9	NY/T 1964.3—2010	农药登记用卫生杀虫剂室内试验试虫养殖方法　第3部分:白纹伊蚊	
10	NY/T 1964.4—2010	农药登记用卫生杀虫剂室内药效试验及评价　第4部分:德国小蠊	
11	NY/T 1965.1—2010	农药对作物安全性评价准则　第1部分:杀菌剂和杀虫剂对作物安全性评价室内试验方法	
12	NY/T 1965.2—2010	农药对作物安全性评价准则　第2部分:光合抑制型除草剂对作物安全性测定试验方法	
13	NY/T 1966—2010	温室覆盖材料安装与验收规范　塑料薄膜	
14	NY/T 1967—2010	纸质湿帘性能测试方法	
15	NY/T 1968—2010	玉米干全酒糟(玉米 DDGS)	
16	NY/T 1969—2010	饲料添加剂　产朊假丝酵母	
17	NY/T 1970—2010	饲料中伏马毒素的测定	
18	NY/T 1971—2010	水溶肥料腐植酸含量的测定	
19	NY/T 1972—2010	水溶肥料钠、硒、硅含量的测定	
20	NY/T 1973—2010	水溶肥料水不溶物含量和 pH 值的测定	
21	NY/T 1974—2010	水溶肥料铜、铁、锰、锌、硼、钼含量的测定	
22	NY/T 1975—2010	水溶肥料游离氨基酸含量的测定	
23	NY/T 1976—2010	水溶肥料有机质含量的测定	
24	NY/T 1977—2010	水溶肥料总氮、磷、钾含量的测定	
25	NY/T 1978—2010	肥料汞、砷、镉、铅、铬含量的测定	
26	NY 1979—2010	肥料登记　标签技术要求	
27	NY 1980—2010	肥料登记　急性经口毒性试验及评价要求	
28	NY/T 1981—2010	猪链球菌病监测技术规范	
29	NY 886—2010	农林保水剂	NY 886—2004
30	NY/T 887—2010	液体肥料密度的测定	NY/T 887—2004
31	NY 1106—2010	含腐殖酸水溶肥料	NY 1106—2006
32	NY 1107—2010	大量元素水溶肥料	NY 1107—2006
33	NY 1110—2010	水溶肥料汞、砷、镉、铅、铬的限量要求	NY 1110—2006
34	NY/T 1117—2010	水溶肥料钙、镁、硫、氯含量的测定	NY/T 1117—2006
35	NY 1428—2010	微量元素水溶肥料	NY 1428—2007
36	NY 1429—2010	含氨基酸水溶肥料	NY 1429—2007
37	SC/T 1107—2010	中华鳖　亲鳖和苗种	
38	SC/T 3046—2010	冻烤鳗良好生产规范	
39	SC/T 3047—2010	鳗鲡储运技术规程	
40	SC/T 3119—2010	活鳗鲡	
41	SC/T 9401—2010	水生生物增殖放流技术规程	
42	SC/T 9402—2010	淡水浮游生物调查技术规范	
43	SC/T 1004—2010	鳗鲡配合饲料	SC/T 1004—2004

（续）

序号	标准号	标准名称	代替标准号
44	SC/T 3102—2010	鲜、冻带鱼	SC/T 3102—1984
45	SC/T 3103—2010	鲜、冻鲳鱼	SC/T 3103—1984
46	SC/T 3104—2010	鲜、冻蓝圆鲹	SC/T 3104—1986
47	SC/T 3106—2010	鲜、冻海鳗	SC/T 3106—1988
48	SC/T 3107—2010	鲜、冻乌贼	SC/T 3107—1984
49	SC/T 3101—2010	鲜大黄鱼、冻大黄鱼、鲜小黄鱼、冻小黄鱼	SC/T 3101—1984
50	SC/T 3302—2010	烤鱼片	SC/T 3302—2000

中华人民共和国卫生部
中华人民共和国农业部 公告

2010年第13号

根据《食品安全法》规定，经食品安全国家标准审评委员会审查通过，现发布《食品安全国家标准食品中百菌清等12种农药最大残留限量》(GB 25193—2010)，自2010年11月1日起实施。

特此公告。

二〇一〇年七月二十九日

中华人民共和国卫生部
中华人民共和国农业部 公告

2011年第2号

根据《食品安全法》规定，经食品安全国家标准审评委员会审查通过，现发布食品安全国家标准《食品中百草枯等54种农药最大残留限量》(GB 26130—2010)，自2011年4月1日起实施。

特此公告。

二〇一一年一月二十一日